应用型人才培养系列教材

网络编辑实务项目教程

主　编　卢金燕

副主编　袁　泉　卢　奋　王小丹

　　　　刘　浩　姚建明　张仲雯

主　审　王相虎

西安电子科技大学出版社

内 容 简 介

　　本书共有六个项目和两个附录，内容包括网络文稿编辑、网络多媒体编辑、网络频道与栏目设计、网络专题策划、网络互动管理及网络平台建设，附录内容包括网络编辑职业素养及相关法律法规知识。

　　本书以实现人才培养与企业岗位需求适应对接为宗旨，从网络编辑人员必备的职业素质和专业技能出发，全面系统地介绍了网络编辑相关理论及其实际应用。本书的实践操作与企业的业务技术紧密结合，具有很强的实用性、职业性和适应性。

　　本书既可以作为普通高等院校电子商务、网络传播、市场营销、经济贸易、工商管理等相关专业的教材，也可作为电子商务工作者、企业管理人员和营销人员的参考用书。

图书在版编目（CIP）数据

网络编辑实务项目教程 / 卢金燕主编. —西安：
西安电子科技大学出版社，2018.7(2022.5 重印)
ISBN 978–7–5606–4928–3

Ⅰ. ① 网… Ⅱ. ① 卢… Ⅲ. ① 互联网络—新闻编辑 Ⅳ. ① G213

中国版本图书馆 CIP 数据核字(2018)第 105844 号

策　　划　陈婷
责任编辑　陈婷
出版发行　西安电子科技大学出版社(西安市太白南路 2 号)
电　　话　(029)88202421　88201467　　　邮　　编　710071
网　　址　www.xduph.com　　　　　　　电子邮箱　xdupfxb001@163.com
经　　销　新华书店
印刷单位　陕西日报社
版　　次　2018 年 7 月第 1 版　　2022 年 5 月第 3 次印刷
开　　本　787 毫米×1092 毫米　1/16　印　张　18
字　　数　426 千字
印　　数　3001～4000 册
定　　价　40.00 元

ISBN 978–7–5606–4928–3 / G

XDUP 5230001–3

如有印装问题可调换

序

近年来随着互联网技术、管理科学、信息科学、计算机科学与通信技术的迅速发展和相互交融，电子商务这门新兴的学科逐渐成为了一门综合性边缘学科。"互联网+"概念的提出，加速了传统产业的技术改造与创新，以信息化带动工业化实现生产力跨越式发展，已成为国民经济和社会发展的重大战略目标，培养高素质的电子商务人才已成为一项紧迫的任务。

经过多年的公司经营管理，我们发现，在新员工的招聘过程中，应届毕业的学生基础理论知识普遍掌握得较好，但在与企业结合的实践操作技能方面稍有欠缺。如何更好地体现学生的学习需求，提高学生的就业技能，已经成为各高校电子商务专业教学普遍关心的问题。

作为电子商务企业的经营管理者，我也曾拜读过多部与电子商务相关的书籍，但当我接过这本书稿时，仍然被其中新颖、清晰的内容和与实践相结合的案例深深吸引和打动。和同类书籍相比，我认为该书更能突出体现以就业为导向，立足基础，面向应用的编写要求。

互联网的飞速发展对网络编辑的职业素养和专业水平提出了极高的要求，作为新媒体时代的"把关人"，网络编辑从业人员素质的高低直接影响着网站的整体水平与形象。网络编辑的工作内容既有与传统媒体编辑的相似之处，也有不同之处，这就要求网络编辑不但要具备传统编辑所需要的基本素质，还要具备相当的信息处理能力。

全书结合企业对网络编辑人员的能力要求，为读者构建了一个清晰、完整的关于网络编辑的知识体系。它充分体现了新知识、新技术与新方法，重点培养学生思考问题、解决问题及创新的能力等综合素质，注重能力培养专业化、教学内容职业化，并体现了"工学结合"的人才培养模式。

本书在结构安排上，设置了项目概要、项目知识、项目任务及项目总结等模块，分为网络文稿编辑、网络多媒体编辑、网络频道与栏目设计、网络专题策划、网络互动管理与网络平台建设等六个项目，每个项目以公司实际项目为载体，使学生在完成企业的真实岗位任务中学习专业的理论和方法。翔实、生动的实战任务，既提高了学生自身的专业技能又锻炼了工作能力，可为今后的就业打下坚实的基础。本书真正使学生做到"在学中做，在做中学"，重点培养学生的应用能力、动手能力和创业能力。每个项目里也穿插了相应具有前沿性、新颖性的阅读材料，有助于学生在学习书内知识的基础上进行一些引申性思考与研究，拓展学生的知识面，增强学生的知识应用能力与解决问题的能力。

庄子说过"吾生也有涯，而知也无涯。以有涯随无涯，殆已"，以有限的人生去追求无限的知识是必然要失败的。如果每个人每天都去深入学习所有的知识一定会一事无成，而只有做到专心、专注、专业，把有限的精力用在精确的课程和研究方向上，用在有价值的地方，并付诸行动，才会产生更好的效果。

本书的内容是由企业专家与学校老师一起构思，针对网络编辑岗位专业学习的需求而编写的。它立足于"以学生为本""以学校为基地""以教师为主体""以专家为指导"。相信此书能够很好地适应现代高校教学的需求，为社会培养出更多优秀的电子商务专业人才，为我国电子商务的发展作出应有的贡献。

王相京

2018 年 2 月 26 日于西安

前　言

随着信息技术的迅速发展，网络成为人们获取信息的重要渠道，人们已经认识到互联网对媒体发展的重要作用，学界对于网络媒体的研究也日渐增多。网络媒体的快速扩张使社会对网站内容策划、编辑人员的需求大量增加。

本书编者根据多年的教学经验，依托陕西神舟计算机有限公司，围绕网络编辑相关岗位技能，从网络编辑从业人员必备的专业素质和技能出发，将理论知识与网络编辑实际工作相结合，引导学生进行实战演练，最终提升学生的网络编辑能力和职业化操作技能。

在本书的编写过程中，编者力图突破传统教材侧重理论阐述的思路，以强化实训为指导，侧重技能练习，在内容编排上采用"项目导向、任务驱动"的模式，通过真实的工作内容构建教学情景，达到"在教中做、在做中学、在学中练"的目的，实现"教、学、做"一体化。

本书包括六个项目和两个附录，分别是项目一网络文稿编辑、项目二网络多媒体编辑、项目三网络频道与栏目设计、项目四网络专题策划、项目五网络互动管理及项目六网络平台建设，附录内容有网络编辑职业素养及相关法律法规知识，每个项目设置知识点和相应的实战任务及参考阅读资料，图文并茂，生动活泼，可帮助学生明确学习目标，巩固知识结构。在工作任务的设计中突出职业场景，案例来源于企业真实项目，在给出任务描述和任务分析后提供任务的具体实现步骤，然后提炼出完成任务涉及的主要知识点，具有实用性、职业性、适应性和先进性的特点。

本书每个项目都与企业技术业务相结合，保证了对企业资源最大限度的整合和利用。本书主审王相虎先生，是陕西神舟计算机有限公司总经理，创办企业二十多年，对互联网有着深刻的理解与认识，他拥有多年网络编辑经验，同时在企业战略规划、创业团队建设方面有着丰富的实践经验。在此特别感谢王相虎总经理提供的大量案例素材及建议，对本书的创作和完善大有裨益。

本书既可作为普通高等院校电子商务、网络传播、市场营销、经济贸易、工商管理等相关专业的教材，也可作为电子商务工作者、企业管理人员和营销人员的参考用书。

　　本书由桂林电子科技大学教师卢金燕主编，陕西神舟计算机有限公司总经理王相虎主审，桂林电子科技大学教师袁泉、卢奋、王小丹、刘浩、姚建明、张仲雯任副主编，桂林电子科技大学教师卢佳、唐丽琼、何克奎参与编写，全书由卢金燕、王相虎统稿。

　　本书在编写过程中依照高校人才培养模式和教学模式的创新，针对大学生就业创业的需要，对教材的编写模式进行了改革和创新。本书在编写的过程中不仅参考了大量相关书籍，还参考了大量的论文专著、网络信息，包括论坛和博客等诸多内容，在此对所有作者一并致谢。

　　由于编者水平有限，加之新媒体的迅猛发展，书中难免存在疏漏与不当之处，敬请广大专家和读者批评指正。

编　者

2018 年 2 月

目　录

项目一 网络文稿编辑

模块一 项 目 概 要

一、项目实施背景

近年来互联网技术、管理科学、信息科学、计算机科学与通信技术的迅速发展和相互交融以及"互联网+"概念的提出，加速了传统产业的技术改造与创新。媒体的形态，信息传播的载体、主体和内容都发生了颠覆性的变化，每个个体所接受的信息比任何一个时代都更加充分、更加多元，也更加自主。我们可以看到，许多海外华文媒体已经形成"网站＋移动端＋社交"的媒体传播新模式以覆盖不同受众人群。各媒体的发展也正遵循着新闻传播规律和新兴媒体发展规律两个规律在运行。

随着网络在中国的快速发展，国内众多新闻媒体也纷纷与网络"联姻"，获取了一种前所未有的"网络版"或"电子版"的新形态。1995 年 1 月 12 日，《神州学人》杂志开内地刊物上网之先河(www.chisa.edu.cn)，成为中国首家网络新闻媒体；1995 年 10 月 20 日，《中国贸易报》开内地报纸上网之先河(www.chinatradenews.com.cn)，成为新闻媒体上网的先行者。1996 年 10 月广东人民广播电台建立网站(www.radioguangdong.com)，1996 年 12 月中央电视台建立网站(www.cctv.com)，两座网站的建成标志着中国广播电视媒体在网络传播领域迈出了第一步。中国新闻社香港分社更是早在 1995 年 4 月就登上了网络快车(www.chinanews.com)。

中国社科院新闻与传播研究所研究员闵大洪认为：中国网络媒体表现出的影响力、社会地位、政治认可度以及对重大事件的报道能力都清楚地证明了它已经成为中国的主流媒体之一。虽然网络媒体成为中国重要的传媒形态，但是新媒体的发展模式还存在不确定性。我们在"互联网+"时代怎么才能走得更远，现在需要一个新的模型——媒介融合模型。这个融合不是一个简单的多元性发展，也不是简单的加减法，这个融合可能是一次革命。

国内的知名媒体——人民日报曾在深圳专门举行了媒体融合的研讨会。在研讨会上，人民日报对"互联网+"时代下的媒体发展提供了非常多的思路，他们对如何解决资本力量和人才问题的想法，让人们受到了启发。

网络媒体发展需要大批具有原创能力、新闻采编及丰富策划经验的从业人员。毫无疑问，只会用"剪刀＋糨糊"的编辑已经难以适应网络媒体发展的需要。网络编辑除了为网站转载内容外，还需要掌握技巧、了解需求、挖掘更有质量的稿件。脱离了"搬运工"的尴尬角色后，网络编辑需要拥有较高的职业素养和职业技能。

二、项目预期目标任务评价

网络文稿编辑项目预期目标的完成情况可使用任务评价表(见表1-1)，按行为、知识、技能、情感四个指标进行自我评价、小组评价和教师评价。

表1-1　网络文稿编辑任务评价表

一级评价指标	二级评价指标	评 价 内 容	分值	自我评价	小组评价	教师评价
行为指标	安全文明操作	是否按照要求完成任务	5分			
		是否善于学习，学会寻求帮助	5分			
		实验室卫生清洁情况	5分			
		实验过程是否做与课程无关的事情	5分			
知识目标	理论知识掌握	预习和查阅资料的能力	5分			
		观察分析问题的能力	5分			
		网络信息采集与归类	5分			
		网络文稿加工与整合	5分			
		网络稿件标题构成要素	5分			
技能目标	技能操作的掌握	解决问题的方法与效果	5分			
		网络信息采集工具熟悉应用	10分			
		网络文稿加工处理技巧	10分			
		网络文稿标题制作	10分			
情感指标	综合运用能力	创新能力	10分			
		课堂效率	5分			
		拓展能力	5分			
合计			100分			
综合评价：						

三、项目实施条件

(1) 多媒体教室一间，适合项目小组讨论和可以连接 Internet 的机房各一间。

(2) 准备 10 篇左右的网络文稿资料，内容可以是论坛热帖、博文、时事新闻、娱乐信息等。

(3) 将教学对象分为 4～6 人的项目小组，利用搜索引擎、网络、论坛、网络数据库等收集信息并对收集到的信息进行价值判断。

模块二 项目知识

单元一 网络信息采集与归类

一、网络信息基本知识

(一) 网络信息资源的分类

网络信息资源极其丰富，包罗万象，其内容涉及农业、生物、化学、数学、天文学、航天、气象、地理、计算机、医疗和保险、历史、大学介绍、法律、政治、环境保护、文学、商贸、旅游、音乐和电影等几乎所有专业领域，它是知识、信息的巨大集合，是人类的资源宝库。

网络信息资源的种类，从各个不同的角度可以有不同的分类方式，可从网络信息资源的传播范围与信息加工的层次两个角度对网络信息资源进行分类。

1. 按照网络信息资源的传播范围划分

根据网络信息资源的传播范围，可以将网络信息资源分成光盘局域网信息、联机检索信息和 Internet 信息。从这三种资源的应用范围和使用情况，不难看出网络信息资源的发展趋势。

1) 光盘局域网信息资源

20 世纪 80 年代以来，在计算机技术、激光技术和精密电子技术等现代科技成果的基础上发展起来了一种新型电子出版物——光盘，光盘以其存储信息密度高、容量大、读取速度快、存储信息类型多等显著特点，深受用户的欢迎。1984 年世界上第一个商品化的 CD-ROM 光盘数据库——BiblioFile(美国国会图书馆的 MARC 机读目录)问世。之后随着网络技术的发展，特别是大容量的硬盘、光盘塔和光盘网络系统的出现和广泛应用，使光盘的多用户检索和共享成为现实。供单机使用的光盘数据库，也可以实现在局域网、广域网、Internet 上共享，还可以与远程联机系统联网，这一技术使光盘的利用率被大大提高。

我国在光盘数据库方面的研究和开发起步较晚。1992 年重庆微普公司推出我国第一张中文 CD-ROM 光盘版数据库——《中文科技期刊数据库》，它突破了传统中文信息的存储介质，在国内图书、情报界引起巨大反响。同年 4 月，我国第一家开发制作多媒体光盘电子图书的专业公司——北京金盘电子有限公司诞生。目前，国内已有一定规模的电子出版物制作企业达 100 多家，生产了大量的光盘资源产品，如《中国法律法规检索系统》、《中国企事业单位名录大全》、《人大报刊复印资料》、《人民日报》、《中国学术期刊(光盘版)》，其中，《中国学术期刊(光盘版)》收录了我国各学科核心和有专业特色的期刊达 3500 多种，开创了我国电子期刊全文光盘的先河，同时它还开发出先进的检索软件，建成全文电子期刊检索系统，在单机或局域网环境下供用户使用。1999 年利用大型存储设备在各地设立光盘镜像站点，为注册用户提供服务，这一举措方便了用户检索，极大地提高了检索效率。

2) 传统的联机检索信息资源

20 世纪 60 至 70 年代，世界上发达国家和地区相继建立起计算机联机信息服务系统，如美国的 Dialog、德国的 STN 系统等，均向世界范围内有限的用户提供信息检索服务。

传统的联机检索是一种集中式的网络系统，它由联机检索中心、通信网络和检索终端组成。联机检索中心主要包括中央计算机、联机数据库和数据库检索软件等，是联机检索网络的中心部分；通信网络是连接检索终端与检索中心的桥梁，其作用是保障信息传递的畅通；而检索终端是用户与系统进行人机对话的设备。当用户通过检索终端，将一定的信息需求转化为特定的检索语言和检索表达式经由通信网络传至系统的主机时，主机将其与系统数据库中存储数据进行匹配运算，并将检索结果按用户需求传至终端设备，再由终端设备显示或打印。在整个联机检索过程中，大部分工作都是在主机上完成的，因此联机检索对主机的处理速度和功能的要求相当高。

传统联机检索系统的优点和缺陷都十分明显。优点是整个系统都在系统管理员的集中管理下，安全可靠。缺点是：① 主机负担重，一旦出现故障，整个网络将瘫痪；② 网络扩展困难；③ 由于所采用的技术标准不公开，因此相关技术缺乏发展动力，灵活性差。

由于 Internet 的发展和冲击，传统联机网络的局限性日益明显，其发展受到严重制约，大有逐渐消亡的趋势。经过多年的努力，世界知名的联机系统如 Dialog、STN 和 Compuserve Amercian Online 等纷纷采取措施应对新局势的发展，比如建立自己的 WWW 服务器，开发 Internet 接口，改善用户界面，增加服务项目与内容，将其服务对象从原来有限的用户扩展到世界各地，这些举措大大增加了数据库的使用率。

由于这些联机检索系统在信息加工上的优势和在信息服务方面的独到之处，使得联机网络信息资源以其加工标引规范、检准率高、数据库涉及学科范围广、专业性强等特点而逐渐成为 Internet 上不可忽视的一种重要信息资源。由此看来，传统的联机检索系统面对 Internet 的冲击而进行的战略调整是十分成功的。

3) Internet 信息资源

Internet 是近年来发展最迅速的信息资源，由于操作简便，检索界面友好，资源丰富多彩而受到广大用户的喜爱，其信息不仅包括目录、索引、全文等，还包括程序、声音、图像和多媒体信息。

这里所指的 Internet 信息资源是一个狭义的概念，是针对传统的联机网络资源而言的。这类资源大多是由机构、团体、协会、公司甚至个人提供的，这些信息并没有一个传统的信息过滤机制，因此信息质量参差不齐，而且这类信息在网络上的产生和消亡都十分频繁。Internet 上的信息变化日新月异，其发展速度远远超出了人们的想象。

总的来看，光盘局域网信息、传统的联机网络信息和狭义的 Internet 信息资源共同构建了 Internet 上的网络信息资源，它们的共同特点是都需通过计算机网络才能获取。

2. 按照信息加工层次划分

网络信息按照信息加工层次，可以分为网络资源指南和搜索引擎、联机馆藏目录、网络数据库、电子期刊、电子图书、电子报纸、参考工具书和其他动态信息。

1) 网络资源指南和搜索引擎

各种各样的网络信息检索工具有数千个，根据提供检索与否，可分为资源指南和搜索引擎。

资源指南是按主题的等级排列的主题类目索引，类别目录按一定的主题分类体系组织，排列方法有字顺法、时序法、地序法、主题法或各种方法的综合使用。用户通过逐层浏览类别目录、逐步细化的方式来寻找合适的类别直至找到具体资源。资源指南是人工编制和维护的，在信息的收集、编排、HTML 编码以及信息注解上要花大量的人力物力。常见的有美国国会图书馆编辑的 WWW Meta Index and Search Tools 和美国伊利诺大学的国家超级电脑应用中心编辑的 Internet Resources Meta Index。

搜索引擎强调的则是它的检索功能，能提供布尔逻辑检索、短语或邻近检索、模糊检索、自然语言检索等方式查询信息。搜索引擎的数据库主要是由机器人自动建立的，不需要人工干预。常见的搜索引擎有 Alta Vista 和 Yahoo 等。

2) 联机馆藏目录

网络上有许多机构提供的馆藏书目信息、中外文期刊联合目录信息。其中包括各图书馆和信息机构提供的公共联机检索(OPAC)馆藏目录、地区或行业的图书馆联合目录等，如中国国家图书馆、中科院图书馆和许多高校图书馆都有自己的 OPAC。中国国家图书馆在网上提供图书目录在线检索，有题名、责任者、关键词、标准书刊号、分类号、出版地、出版国等 10 个检索途径。在四川大学图书馆文理分馆主页上也可以检索该馆的图书目录，用户可以从责任者、题名、主题、分类号、ISBN、ISSN、索引号七个检索入口进行检索，并且可以利用出版时间和其他限制条件对检索结果进行限制，以缩小检索范围。另外，全国高等教育文献保障体系(CALIS)(www.calis.edu.cn)提供 61 所高校的馆藏期刊、书目和学位论文联合查询服务。

3) 网络数据库

网络数据库包括综合性和专业性期刊数据库、专利数据库等信息资源。这类信息资源可分为商业性和非商业性两种数据库。

许多著名的国际联机数据库检索系统(如 Dialog、STN、OCLC)都开设了与 Internet 的接口，用户可通过远程登录或 WWW 方式进行付费检索。另外，有许多从事传统信息服务的机构开发了网络数据库，如 ISI 公司推出的 Web of Science、美国工程信息公司开发的 EI Village、英国的 INSPEC 数据库、EBSCO 公司提供的 BSP(商业资源数据库)、UMI 公司的 PQDD(硕、博士论文数据库)、中国科技信息所与万方数据公司开发的万方数据资源系统等。这些数据库由专门的信息机构或公司专业制作和维护，信息质量高，是专业领域内常用的数据库。

非商业性数据库因为可以免费使用，用户以较低的成本可获得所需的信息，所以也有很高的吸引力。如 IBM 公司的免费专利文献数据库可提供大量专利的免费检索，用户可检索到自 1971 年以来的美国专利说明书的内容，包括专利书目和专利项，浏览自 1974 年以来的专利文献中的附图。美国 SPO(www.spo.eds.com/patent.html)提供免费电子邮件专利服务，可查到美国专利与商标局自 1972 年以来的专利。美国的 Questel-Orbit 公司的 QPAT-US 专利数据库提供美国专利扉页的免费检索和全文的收费检索。

4) 电子出版物

由于网上信息传播速度快，越来越多的出版商注重网上报刊发行。目前国内外已有很多出版商和信息服务中心介入电子出版行业。电子出版物有电子图书、电子期刊和电子报纸。

5) 参考工具书

网络中许多参考资料是可以免费使用的，如英国大不列颠百科全书、汉语词典、学校或企业名录、中国国家统计局统计资料等大型工具书已加入因特网。

6) 软件资源

Internet 上的软件资源十分丰富，大部分可供免费下载使用，其中有许多的共享软件，也有很多在线注册购买的软件，还有很多的程序代码供用户使用或二次开发，这对广大的计算机用户有较大的吸引力。

7) 其他动态信息

各级政府机构、高等院校、团体、公司在网上发布的消息、政策法规、会议消息、研究成果、产品目录、出版目录和广告等。

总之，Internet 是信息的海洋，通过它，我们可以了解发生在世界各地的国际大事与生活趣闻，我们应充分利用这个巨大的信息资源获取我们需要的信息。

(二) 网络信息资源的特点

在网络环境下，信息资源在数量、结构、分布和传播范围、类型、控制机制和传递手段方面都与传统的信息资源有了显著差异，呈现出新的特点。

1. 以网络为传播媒体

在网络时代，信息的存在需要借助一种不同于以往载体的信息载体——网络，为用户提供的信息是来自 Internet 的各种网络服务器上的虚拟信息，而不是实实在在的实体形式的信息。信息的存储和查询更加方便，而且存储信息密度高、容量大，可以无损耗地被重复利用。

2. 以多媒体为内容特征

Internet 上的信息资源的存储和处理采用文本、超文本、多媒体和超媒体形式。

文本形式的信息资源的知识单元是按线性顺序排列的。读者阅读时，是跟随文本的线性流向逐级向下浏览，当需要了解某一内容的全面或相关信息时，需要另外查阅相关参考资料。

超文本形式的信息资源是按知识单元及其关系建立的知识结构网络。它通过网上各节点的链路把相关信息(文字信息、图片、地图和其他直观信息)有机地编织在一个网状结构内，检索用户能够从任何一个节点开始，从不同角度检索到感兴趣的信息。超文本信息资源是人—机交互式的，可随时调用、检索和存储信息。

多媒体信息资源是包括文本、图像和声音在内的各种信息表达或传播形式的总称。它提供的信息集图、文、声于一体，可为用户提供文本、图像、声音信息以及它们的组合。

3. 以现代信息技术为纪录手段

网络信息以数字形式存在，可以借助网络进行远距离传播，从而使全球信息资源的共享成为可能。

4. 通用性、开放性和标准化

数据结构的通用性、开放性和标准化使得信息资源易于扩充，各个系统之间易实现互联和互操作。

5. 高度的整合性，便于多种媒体一体化

易于实现各种网络资源的相互转化和二次开发，在新的平台上形成新的综合性信息产品，便于检索，增加了信息资源的利用价值。

6. 交互性能增强

传播方式的多样性、交互性，从多方面贴近人们的生活。它具有潜在活力，也最具表现力。

二、网络信息采集途径

(一) 搜索引擎

搜索引擎(Search Engine)是指根据一定的策略、运用特定的计算机程序从互联网上搜集信息，在对信息进行组织和处理后，为用户提供检索服务，将用户检索相关的信息展示给用户的系统。搜索引擎包括全文索引、目录索引、元搜索引擎、垂直搜索引擎、集合式搜索引擎、门户搜索引擎与免费链接列表等。

1. 搜索引擎作用

搜索引擎是网站建设中针对用户使用网站的便利性所提供的必要功能，同时也是研究网站用户行为的一个有效工具。高效的站内检索可以让用户快速准确地找到目标信息，从而更有效地促进产品或服务的销售，而且通过对网站访问者搜索行为的深度分析，对于进一步制定更为有效的网络营销策略具有重要价值。从网络营销的环境看，搜索引擎营销的环境发展为网络营销的推动起到了重要的作用；从效果营销看，很多公司之所以可以应用网络营销正是利用了搜索引擎营销的特点；就完整型电子商务概念组成部分来看，网络营销是其中最重要的组成部分，是向终端客户传递信息的重要环节。

2. 搜索引擎分类

1) 全文索引

全文搜索引擎就是从网站提取信息建立网页数据库的系统。搜索引擎的自动信息搜集功能分两种。一种是定期搜索，即每隔一段时间(比如 Google 一般是 28 天)，搜索引擎主动派出"蜘蛛"程序，对一定 IP 地址范围内的互联网网站进行检索，一旦发现新的网站，它会自动提取网站的信息和网址加入自己的数据库。另一种是提交网站搜索，即网站拥有者主动向搜索引擎提交网址，它在一定时间内(2 天到数月不等)定向向你的网站派出"蜘蛛"程序，扫描网站并将有关信息存入数据库，以备用户查询。随着搜索引擎索引规则的巨大变化，主动提交网址并不保证你的网站能进入搜索引擎数据库，最好的办法是多获得一些外部链接，让搜索引擎有更多机会找到你并自动将你的网站收录。

当用户以关键词查找信息时，搜索引擎会在数据库中进行搜寻，如果找到与用户要求内容相符的网站，便采用特殊的算法——通常根据网页中关键词的匹配程度、出现的位置、

频次、链接质量——计算出各网页的相关度及排名等级，然后根据关联度高低，按顺序将这些网页链接返回给用户。这种引擎的特点是搜全率比较高。

全文搜索引擎是名副其实的搜索引擎，如 Google、百度等都是比较典型的全文搜索引擎系统。图 1-1 所示为百度(www.baidu.com)搜索界面。

图 1-1　百度搜索界面

2) 目录索引

目录索引也称为分类检索，是因特网上最早提供 WWW 资源查询的服务，主要通过搜集和整理因特网的资源，根据搜索到网页的内容，将其网址分配到相关分类主题目录的不同层次的类目之下，形成像图书馆目录一样的分类树形结构索引。目录索引无需输入任何文字，只要根据网站提供的主题分类目录，层层点击进入，便可查到所需的网络信息资源。如搜狐、新浪、网易分类目录。图 1-2 所示为新浪(www.sina.com.cn)搜索界面。

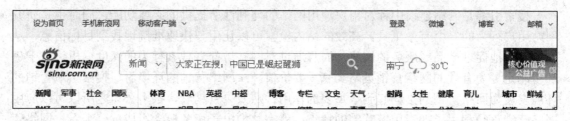

图 1-2　新浪网搜索界面

虽然有搜索功能，但严格意义上不能称为真正的搜索引擎，只是按目录分类的网站链接列表而已。用户完全可以按照分类目录找到所需要的信息，不依靠关键词(Keywords)进行查询。

与全文搜索引擎相比，目录索引有许多不同之处。

首先，搜索引擎属于自动网站检索，而目录索引则完全依赖手工操作。用户提交网站后，目录编辑人员会亲自浏览你的网站，然后根据一套自定的评判标准甚至编辑人员的主观印象决定是否接纳你的网站。

其次，搜索引擎收录网站时，只要网站本身没有违反有关的规则，一般都能登录成功；而目录索引对网站的要求则高得多，有时即使登录多次也不一定成功。尤其像 Yahoo 这样的超级索引，登录更是困难。

此外，在登录搜索引擎时，一般不用考虑网站的分类问题，而登录目录索引时则必须将网站放在一个最合适的目录(Directory)中。

最后，搜索引擎中各网站的有关信息都是从用户网页中自动提取的，所以从用户的角度看，他们拥有更多的自主权；而目录索引则要求必须手工另外填写网站信息，而且还有各种各样的限制。更有甚者，如果工作人员认为你提交网站的目录、网站信息不合适，他可以随时对其进行调整。

搜索引擎与目录索引有相互融合渗透的趋势。一些纯粹的全文搜索引擎也提供目录搜索，如 Google 就借用 Open Directory 目录提供分类查询。而像 Yahoo 这些老牌目录索引则通过与 Google 等搜索引擎合作扩大搜索范围。在默认搜索模式下，一些目录类搜索引擎首先返回的是自己目录中匹配的网站，如中国的搜狐、新浪、网易等；而另外一些则默认的是网页搜索，如 Yahoo。这种引擎的特点是搜索的准确率比较高。

3) 元搜索

元搜索引擎(MetaSearch Engine)是接受用户查询请求后，同时在多个搜索引擎上搜索，并将结果返回给用户的搜索引擎。著名的元搜索引擎有 InfoSpace、Dogpile、Vivisimo 等，中文元搜索引擎中具代表性的是搜星搜索引擎。在搜索结果排列方面，有的直接按来源排列搜索结果，如 Dogpile；有的则按自定的规则将结果重新排列组合，如 Vivisimo。如图 1-3 所示为搜星网(www.9112.com)搜索界面。

图 1-3　搜星网搜索界面

另外，垂直搜索引擎，是 2006 年后逐步兴起的一类搜索引擎。不同于通用的网页搜索引擎，垂直搜索专注于特定的搜索领域和搜索需求(例如机票搜索、旅游搜索、生活搜索、小说搜索、视频搜索、购物搜索等)，在其特定的搜索领域有更好的用户体验。相比通用搜索动辄数千台检索服务器，垂直搜索需要的硬件成本低、用户需求特定、查询的方式更加多样化。

3. 搜索引擎使用方法

1) 简单查询

在搜索引擎中输入关键词，然后点击"搜索"，系统很快会返回查询结果，这是最简单的查询方法，使用方便，但是查询的结果却不准确，可能包含着许多无用的信息。

2) 高级查询

(1) 双引号(" ")。给要查询的关键词加上双引号(半角，以下要加的其他符号同此)，可以实现精确的查询，这种方法要求查询结果要精确匹配，不包括演变形式。例如在搜索引擎的文字框中输入"电传"，它就会返回网页中有"电传"这个关键字的网址，而不会返回诸如"电话传真"之类网页。

(2) 使用加号(+)。在关键词的前面使用加号，也就等于告诉搜索引擎该单词必须出现在搜索结果中的网页上。例如，在搜索引擎中输入"＋电脑＋电话＋传真"就表示要查找的内容必须要同时包含"电脑、电话、传真"这三个关键词。

(3) 使用减号(-)。在关键词的前面使用减号，也就意味着在查询结果中不能出现该关键词。例如，在搜索引擎中输入"电视台-中央电视台"，它就表示最后的查询结果中一定不包含"中央电视台"。

(4) 通配符(＊和？)。通配符包括星号(＊)和问号(？)，前者表示匹配的数量不受限制，后者表示匹配的字符数要受到限制，主要用在英文搜索引擎中。例如输入"computer*"，就可以找到"computer、computers、computerised、computerized"等单词，而输入"comp?ter"，则只能找到"computer、compater、competer"等单词。

(5) 使用布尔检索。所谓布尔检索，是指通过标准的布尔逻辑关系来表达关键词与关键词之间逻辑关系的一种查询方法，这种查询方法允许我们输入多个关键词，各个关键词之间的关系可以用逻辑关系词来表示。

and，称为逻辑"与"，用 and 进行连接，表示它所连接的两个词必须同时出现在查询结果中。例如，输入"computer and book"，它要求查询结果中必须同时包含"computer"和"book"。

or，称为逻辑"或"，它表示所连接的两个关键词中任意一个出现在查询结果中就可以。例如，输入"computer or book"，就要求查询结果中可以只有"computer"，或只有"book"，或同时包含"computer"和"book"。

not，称为逻辑"非"，它表示所连接的两个关键词中应从第一个关键词概念中排除第二个关键词。例如输入"automobile not car"，就要求查询的结果中包含"automobile"(汽车)，但同时不能包含"car"(小汽车)。

near，它表示两个关键词之间的词距不能超过 n 个单词。

在实际的使用过程中，你可以将各种逻辑关系综合运用，灵活搭配，以便进行更加复杂的查询。

(6) 使用元词检索。大多数搜索引擎都支持"元词"功能，依据这类功能用户把元词放在关键词的前面，这样就可以告诉搜索引擎你想要检索的内容具有哪些明确的特征。例如，你在搜索引擎中输入"title：清华大学"，就可以查到网页标题中带有清华大学的网页；在键入的关键词后加上"domainrg"，就可以查到所有以 org 为后缀的网站。

其他元词还包括：image：用于检索图片；link：用于检索链接到某个选定网站的页面；URL：用于检索地址中带有某个关键词的网页。

(7) 区分大小写。这是检索英文信息时要注意的一个问题，许多英文搜索引擎可以让用户选择是否要求区分关键词的大小写，这一功能对查询专有名词有很大的帮助。例如：Web 专指万维网或环球网，而 web 则表示蜘蛛网。

(8) 特殊搜索命令。"intitle："是多数搜索引擎都支持的针对网页标题的搜索命令。例如，输入"intitle：家用电器"，表示要搜索标题含有"家用电器"的网页。

(二) 网站

网站(Website)是指在因特网上根据一定的规则，使用 HTML(标准通用标记语言下的一个应用)等工具制作的用于展示特定内容相关网页的集合。简单地说,网站是一种沟通工具,人们可以通过网站来发布自己想要公开的资讯或者利用网站来提供相关的网络服务。人们可以通过网页浏览器来访问网站,获取自己需要的资讯或者享受网络服务。

网站可以按照不同方式分类,通常的分类方式有如下几种:

(1) 根据网站所用编程语言分类:例如 asp 网站、php 网站、jsp 网站、Asp. net 网站等;

(2) 根据用途分类:例如门户网站(综合网站)、行业网站、娱乐网站等;

(3) 根据功能分类:例如单一网站(企业网站)、多功能网站(网络商城)等;

(4) 根据持有者分类:例如个人网站、商业网站、政府网站、教育网站等;

(5) 根据商业目的分类:营利型网站(行业网站、论坛)、非营利性型网站(企业网站、政府网站、教育网站)。

专业网站是最简单、最直接获取信息的方式,专业网站所提供的信息容量大、内容全面,数据准确。网络编辑要熟悉所在领域和栏目的专业网站,下面介绍一些常用的专业性网站。

1. 新闻信息网站

综合性的新闻网站有新浪网、新华网、中国新闻网、人民网、千龙网以及各个地方媒体设立的网站,例如北海新闻网、湖南在线等。如图 1-4 所示为千龙网(www.qianlong.com)首页界面。

图 1-4　千龙网首页界面

2. 财经信息网站

财经信息网站主要提供专业财经信息,其网站主要有和讯财经、东方财富网、中国证券网、中金在线、人民银行网站、各门户网站财经频道、各证券公司网站等。如图 1-5 所示为东方财富网(www.eastmoney.com)首页界面。

图 1-5　东方财富网首页界面

3. 教育信息网站

教育信息网站主要提供教育相关信息，比如中国教育和科研计算机网、教育部网站、中国教育在线、中国教育考试网、中国教师网、桂林电子科技大学等各大学网站、各门户网站教育频道等。如图 1-6 所示为中国教育和科研计算机网(www.edu.cn)首页界面。

图 1-6　中国教育和科研计算机网首页界面

4. 科技信息网站

科技信息网站主要提供各类科技信息，比如中国公众科技网、硅谷动力、天极网、首都科技网、中国科普博览、各门户网站科技频道等。如图 1-7 所示为硅谷动力网站(www.enet.com.cn)首页界面。

图 1-7　硅谷动力网站首页界面

5. 网络文学网站

网络文学类网站主要提供各类文学信息，比如榕树下、起点中文网、白鹿书院、小说阅读网、各门户网站读书频道等。图 1-8 所示为起点中文网(www.qidian.com)首页界面。

图 1-8　起点中文网首页界面

(三) 论坛

论坛可简单理解为发帖、回帖讨论的平台，它是 Internet 上的一种电子信息服务系统。论坛为用户提供一块公共电子白板，每个用户都可以在上面书写，可发布信息或提出看法。

论坛是一种交互性强，内容丰富而及时的 Internet 电子信息服务系统，用户在站点上可以获得各种信息服务、发布信息、进行讨论、聊天等。

　　因此，论坛中的信息质量参差不齐，很多原创内容被埋没在大量的垃圾内容中。网络编辑要到各种论坛中寻找内容、发现信息源。

1. 综合类论坛

　　综合类的论坛包含的信息比较丰富和广泛，能够吸引大部分的网民来到论坛，但是由于广便难于精，所以这类的论坛往往存在的弊端就是不能全部做到精细和面面俱到。

　　通常大型的门户网站有足够的人气和凝聚力以及强大的后盾支持能够把门户类网站做到很强大，但是对于小型规模的网络公司或个人论坛网站，就倾向于选择专题性的论坛来做到精致。如图 1-9 所示网易论坛(news.163.com/special/00012J7L/fengyubang.html)首页界面。

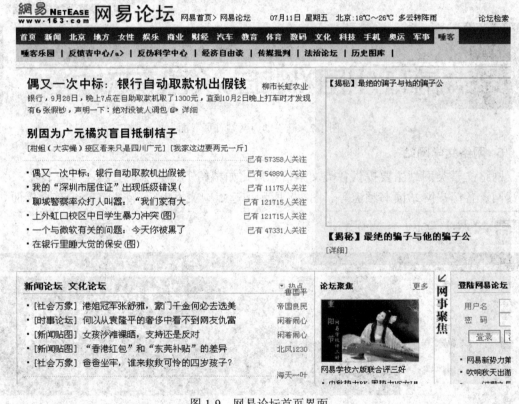

图 1-9　网易论坛首页界面

2. 专题类论坛

　　此类论坛是相对于综合类论坛而言的，专题类的论坛，能够吸引真正志同道合的人一起来交流探讨，有利于信息的分类整合和搜集，专题性论坛对学术科研教学起到重要的作用，例如购物类论坛、军事类论坛、情感倾诉类论坛、电脑爱好者论坛、动漫论坛等，这样的专题性论坛能够在单独的一个领域里进行版块的划分设置，甚至有的论坛把专题性直接做到最细化，这样往往能够取到更好的效果。如图 1-10 所示为 55BBS 论坛-中国第一女性购物消费打折分享社区(bbs.55bbs.com)首页界面。

图 1-10　55BBS 论坛-中国第一女性购物消费打折分享社区首页界面

网上形形色色的论坛有很多，其中热门的论坛有百度贴吧、QQ 论坛、人人网、京津冀生活网论坛等，综合性的论坛有天涯社区、猫扑、新浪论坛、凤凰论坛、搜狐论坛等，专业性的论坛有强国论坛、铁血军事论坛、瑞丽女性论坛等。

(四) 邮件列表

邮件列表(Mailing List)的起源可以追溯到 1975 年，它是互联网上最早的社区形式之一，也是 Internet 上的一种重要工具，用于各种群体之间的信息交流和信息发布。

邮件列表有公开、封闭、管制 3 种类型。

1. 公开类型

公开类型的邮件列表可供所有人自由讨论，即使不是这个邮件列表的订户也可以自由地发送邮件给这个邮件列表的所有订户，常见于公开的论坛。

2. 封闭类型

封闭类型的邮件列表是指只有邮件列表的订户才能互相发送邮件。常见于网络社团、俱乐部或公司内部讨论组等。

3. 管制类型

管制类的邮件列表是只有经过邮件列表管理者许可的电子邮件，才能发送给邮件列表的其他订户，常见于电子刊物。

对于企业来说，可以运用邮件列表来进行新产品发布宣传，向客户提供更好的技术支持，并及时得到客户的意见反馈；对于用户来说，通过订阅邮件列表可以及时、全面地跟踪所关注的人、事、话题等方面的各种信息，监控新闻报道的进展情况，追踪竞争对手或业界最新信息，了解事件最新动态等。

国内提供邮件列表服务的网站有索易、希网等，此外，百度、谷歌等网站也提供分类或关键词邮件新闻订阅等服务。

(五) 网络数据库

数据和资源共享这两种技术结合在一起，即成为广泛使用的网络数据库(Web 数据库)，它是以后台(远程)数据库为基础，加上一定的前台(本地计算机)程序，通过浏览器或客户端完成数据存储、查询等操作的系统。

网络数据库具有信息量大、更新快、品种齐全、内容丰富、检索功能完善等特点，是获取信息尤其是文献信息的一个有效途径。如用于查询期刊论文的数据库有中国知网、万方数据资源系统、维普资讯等，图 1-11 所示为中国知网(www.cnki.net)首页界面。

图 1-11　中国知网首页界面

网络数据库分为收费数据库和免费数据库。收费数据库一般需要购买使用权，如 Oracle 数据库、SqlServer 数据库。

免费数据库提供的信息主要是专利、标准、政府出版物，一般是政府、学会、非营利性组织创建并维护的数据库，如杭州图书馆的免费学术资源数据库等。

三、网络稿件归类基本知识

网络稿件归类是根据网站内容属性、受众及其特征，将网站信息分门别类地列出，并按照一定体系系统地组织起来，将网络文稿分别归入网站既定频道和栏目中。网络信息归类的作用在于提示出网站各类信息的内容，便于浏览查找，便于编辑管理和开展工作。一般网络稿件可以分为以下几类：

(一) 按稿件主题归类

主题有两种不同的含义：一种是指文稿的主要内容；一种是指文稿的中心思想。文稿的主要内容与中心思想既有联系又有区别，中心思想是在主要内容的基础之上提炼出来的，但又不等同于主要内容。这里的"按主题归类"实际上指的是按文稿的主要内容以及基于主要内容的中心思想进行归类。

要确定文稿的主要内容，可借助文中的关键词。"关键词"以名词为主，常涉及人物、事件、人物所属领域、事件所属领域或所影响的领域等。

要确定关键词，首先应寻找文中多次出现的词。其次，注意文章的题名、摘要、层次标题和正文的重要段落，因为题名、摘要、层次标题和正文的重要段落本身就是经过作者提炼的、隐含着关键的信息。

确定关键词以后，还要明确文章的主题。有的文章主题比较隐晦，不易明确，这就需要网络编辑对其加以提炼。如图 1-12 新浪网新闻中心(news.sina.com.cn)首页界面所示，方框内就是按稿件主题方式进行归类。

图 1-12　新浪网新闻中心页面

(二) 按地域归类

按作者地域对文学稿进行归类或按新闻发生地对新闻稿进行归类是网络文稿归类的一种常用方法。比较通用的有国内、国际之分，国内则有某省某市之分。鉴于网络媒体信息容量大的特性和传播效果的最大化目标，各网站多从以下 3 方面着想，设法解决因地域引起的文稿分类困惑：

1. 依据文稿写作侧重点不同，放不同栏目。个别牵涉稿件改写问题；

2. 同时放置于两个或多个栏目。在按地域归类文稿时还可考虑与按主题归类方法结合使用；

3. 加设相关频道、栏目，如跨国公司、华人新闻、海外拓展等。例如人民网"跨国公司"频道、新华网"华人新闻"栏目等的设置，能有效解决因地域原因引起的稿件归类问题。如图 1-13 新浪网城市频道(city.sina.com.cn)界面所示，方框内即为按地域进行文稿分类。

图 1-13　新浪网新浪城市页面

(三) 按稿源归类

从稿源看，网站内容可分为原创内容、协议转载内容和社区内容。原创内容是网站的生命所在。社区内容当然也有原创成分，但因其影响面有限而未成为人们研究的重点。原创文学、首发新闻等成为网站原创内容中的重要组成部分。互联网中有专门的原创文学网站，也有专门的原创文学频道或栏目。首发新闻则是国内新闻网站在大量转载新闻基础上的一个补充、一种创新、一方特色。国内有的新闻网站如新华网、人民网中首发新闻的比重已经相当大。图 1-14 方框内所示为榕树下(www.rongshuxia.com)首页"优秀原创"栏目。

图 1-14　榕树下首页

(四) 按受众年龄等特征归类

按受众年龄等特征归类也是网络稿件归类的一种常用方法。它直接以目标受众的喜好、需求对栏目进行定位，不同栏目目标受众非常明确。

按受众年龄等特征归类时，仍然考虑了不同年龄段受众的不同关注内容与主题，在归类时需要适当结合文稿主题归类法进行。

(五) 按时效性归类

"最新新闻"、"滚动新闻"、"即时新闻"、"最新原创"、"最近更新"等栏目都是从时效性角度对网络文稿进行归类。从时效性角度对网络文稿进行归类，充分利用读者对文稿时效性的关注，能够达到有效吸引读者注意、扩大传播效果的目的。

按文稿的时效性归类，还须参考该文稿的价值和它对目标读者的重要性。如果价值不大，再强的时效性也不会增强读者的注意，久而久之读者会对该栏目视而不见，无法实现设置该栏目的初衷。

千龙新闻网的新闻排行榜将新闻分为最新新闻、48小时新闻、周新闻和月新闻排行榜四类，既按时效性归类，又按受众的关注度进行排名，是一种很好的尝试。

(六) 按稿件重要性归类

"要闻"、"焦点"、"专稿"、"重点推荐"、"精品阅读"等栏目是一些网站对重要新闻稿、文学稿进行推介而专设的。

判定稿件重要程度的依据在于信息的价值(时效性、重要性、显著性、接近性、趣味性)。频道的先后顺序和栏目的前后排列本身即已隐性地体现稿件的重要程度，单设相关频道或栏目无疑再次提醒受众关注它们以及置于其中的文稿。图1-15方框内所示即为新浪网新闻中心(news.sina.com.cn)首页界面"要闻"栏目。

图1-15　新浪网新闻中心首页

(七) 按作者归类

按稿件的不同作者对稿件进行归类，满足受众对不同个性的作者、不同风格作品的需求。按作者分类的好处在于归类简单易行，编辑省心省力；不足之处在于作者对自己的稿件处置权大，而作者本人喜好与受众喜好不一致，如何对作者写作进行引导成为推广作者，增加网页点击量，扩大网站知名度成为首要问题。

(八) 按信息形式归类

从信息形式看，网站内容分文字、视频、互动三大板块。目前看来，文字仍然是网站内容信息的主要形式。视频和图片是次要的或辅佐性的信息形式。文字抽象但信息量大，所占网络空间小；图像、视频形式新颖，所占网络空间大。

网络编辑可以把图片、图表、Flash、音视频等形式的稿件放入相关的栏目，也可以把它们与文字搭配使用，按上述归类方法归入不同栏目。图 1-16 所示为新华网 (www.xinhuanet.com)首页界面，该界面就是按信息形式归类的页面之一。

图 1-16　新华网首页界面

(九) 按文稿体裁归类

传统的新闻稿和文学稿都有不同体裁之分，这已经影响到人们对网络文稿的分类。如许多网站专设"评论"栏目，其中就依据新闻评论这一体裁形式；有的网站设"随笔"等栏目，这又是依据文学随笔这一体裁。专业的新闻网站和文学网站更多地考虑了按体裁对文稿进行归类。图 1-17 所示为和讯网(www.hexun.com)首页"评论"栏目。

图 1-17　和讯网首页界面

单元二　网络文稿加工与整合

一、网络文稿的加工

(一) 网络稿件存在问题

对网络文稿进行加工之前，编辑应通读全文，目的在于认识原稿。一是把握稿件的主题、材料、结构、语言等方面的情况；二是发现稿件存在的问题，并设想解决这些问题的方法。通常网络稿件存在的主要问题包括以下几个方面：

(1) 政治性错误。新闻中体现的观点不能与党和国家的路线、方针、政策相违背。在对领导人的新闻报道中，要特别注意新闻中报道的观点和事实是否符合大政方针，是否客观准确地对事实进行了报道。

具体来说，网络文稿中的政治性错误主要包括有违反宪法所确定的基本原则；危害国家安全，泄露国家机密，煽动颠覆国家政权，破坏国家统一；损害国家荣誉和利益；散布谣言，扰乱社会秩序，破坏社会稳定；散布淫秽、色情、赌博、暴力、恐怖信息或教唆犯罪等。上述的政治性错误在编辑工作中要坚决杜绝，由于这类错误激化矛盾，造成的社会影响大，往往成为稿件修改中最应关注的问题。

(2) 辞章性错误。辞章性错误主要表现在文字表达的方面，例如错别字、标点符号误用、语法错误以及数字单位表达不规范、不准确等。

(3) 结构性问题。新闻稿件，无论是消息、通讯还是评论等，大都有自己特定的结构，特别是消息，其结构要求是十分严格的。如果一篇稿件不符合它的体裁要求，那么就需要进行相应的修改使其结构规范化。

(4) 知识性错误。如诗词引用时不准确，错误使用科学名词，在涉及历史人物或事件时出现差错等。对于这类问题，编辑既要善于发现错误，又要准确改正错误。

(5) 事实性错误。编辑要通过调查核实或分析推理等不同手段，对稿件中涉及的事实的真实性和准确性做出判断，并采取相应手段对出现的问题进行处理。

(6) 观点性错误。很多稿件不仅是事实的陈述，还或明或暗地表达了各种观点。新闻稿件中的观点错误最显而易见的一种情况是直接出现在用字及用词上，由于语言陈述不当使新闻报道与党和国家目前的方针、政策和指导思想相违背，这是一种显性的观点差错。另外，新闻记者对客观存在的事实的认识和反映受到个人的认识水平，采访活动的客观条件和稿件篇幅的限制，因此，新闻稿件表现出的立场与观点，也与这些限制有关。如果记者在采访时因为行动受到限制不能获得全面的信息，或者是因为认识水平有限，看问题片面，对所报道的事实理解得不准确，对新闻素材的选择不全面，报道角度不恰当，那么稿件对新闻事实的反映也往往会有问题，而且这一类问题是隐藏在字里行间的，不仔细分析推敲很难发现。

修改新闻稿件与修改一般稿件有许多不同之处：首先，新闻稿件是以客观存在的新闻事实为报道内容的，因此稿件的内容必须与客观事实相符合，必须能真实、准确地反映事实。第二，新闻稿件要在大众传媒上公开发表，受众广泛，社会影响力大，因此更加强调舆论引导的正确性，在政治上有更高的要求。第三，新闻稿件强调时效性，受截稿时间的约束，必须迅速而高质量地完成工作。

(二) 稿件事实的核实和订正

1. 分析法

采用分析法，主要从以下几方面对稿件进行检查和分析：

(1) 检查新闻内容是否违反常识或不合情理，情节是否过于蹊跷，对事实的表述是否含糊其辞。

(2) 检查稿件的前后内容是否有自相矛盾之处。

(3) 分析消息来源的可靠性。

(4) 分析作者是否具备采写稿件的条件。

2. 核对法

对所用资料有以下三点要求：

(1) 要有权威性。权威性的资料通常是由有关方面的最高机构公开发布的，正确率高，值得信任。

(2) 最新发布的。

(3) 直接的，而非转抄的。

3. 调查法

以下稿件特别要注意调查：

(1) 特别重要的新闻，如重大典型、重大成果和发明，牵连重大政策问题的稿件。这类稿件由于社会影响大，务必准确无误。

(2) 批评性新闻。这类稿件容易引起被批评者的挑剔，只要有一点内容与实情不符都可能招来官司，必须注意调查核实。

(3) 新作者的稿件。不少新作者对新闻报道的要求不甚明确，在稿件中"犯规"的可能性相对来说要大一些，因此对他们的来稿应多加调查核实。

4．新闻稿件中思想政治方面差错的校正

对新闻稿件中出现的立场观点方面的问题进行修正，主要应从以下几个方面着手：

(1) 对新闻稿件中涉及敏感的政治和政策问题的文字表述要特别注意审查，严格把关。

(2) 对新闻稿件中的新闻事实与观点的内在逻辑关系进行分析，修正因事实与观点不一致导致的差错。

(3) 对新闻稿件的选材和角度进行分析，修正因选材与角度不当导致的新闻立场观点方面的偏差。

(4) 对于新闻稿件中涉及案件和法律方面的内容，要特别慎重地把握分寸，注意防止"报纸审判"。所谓"报纸审判"，是指法院对案件进行审决前，新闻媒介就对案件擅自作出评判。

(5) 对于新闻稿件中可能造成"泄密"的内容要从严把关。

(三) 文字稿件修改的主要任务

先看一则新闻，如图 1-18 为网易新闻(news.163.com/11/0515/02/ 742H9S2900014AED.html)《故宫丢物又丢人》。

图 1-18　网易新闻《故宫丢物又丢人》

新闻大致内容为：故宫博物院相关负责人来到市公安局赠送锦旗，对市公安局迅速破获故宫博物院展品被盗案表示感谢。然而，一面写有"撼祖国强盛，卫京都泰安"的锦旗却招来了大批网友的质疑：堂堂故宫，难道也写错别字，而且还是意思截然相反的错别字？有网友揶揄，仅仅 10 个字就有 10%的差错率，故宫安保的差错率会有多大？

粗粗一看，锦旗上两句话的字头合拼成"撼卫"，但稍一细想，捍卫之"捍"并非撼动之"撼"。在商务印书馆出版的《现代汉语词典》中，"捍"的解释是保卫、防御；而"撼"则是摇，摇动。用在"祖国强盛"之前，一个的意思是保卫祖国的强盛局面；另一个则是让祖国强盛的局面"摇晃"起来。

从以上内容我们可以看出，一字之差，可能会导致所要表达的意思完全相反。所以编辑人员在编辑过程中一定要认真核对，避免出错。在文字的稿件修改上，主要进行错别字、语法、标点符号等问题的修改。

1. 改正稿件中的错别字

错别字出现在稿件中的频率是相当高的，清除稿件中的错别字，是修改稿件的首要任务之一。

2. 修改稿件中的语法错误

(1) 用词错误。即运用词语不恰当，例如，句子"他一进教室，同学们的眼睛都集中到他身上。"应该把"眼睛"改成"目光"。

(2) 搭配不当：搭配不当有两种情况，一种是语义上的搭配不当：主语和谓语、动词和宾语、修饰词和中心词以及关联词语在语义上的搭配有问题；一种是词性上的搭配不当：词语的组合不合词性的要求，例如，句子"报晓的公鸡是起床的信号。"句子主语是公鸡，公鸡不能是信号。

(3) 指代不明：指代不明有两种情况，第一种情况是指某个词语在文中没有出现或者没有交代清楚，而使用代词。另一种是用相同的代词指代不同的对象，例如，句子"今天老师又在班会上表扬了自己，但是我觉得还需要继续努力。"句中"自己"指代不明，应改为"我"。

(4) 句式杂糅：同一个意思可以选择不同的格式来表达，但每次只能选择一种格式，不能兼用，否则会造成结构上的混乱。例如，句子"我们向政府提意见是人民的责任"。句中"我们向政府提意见"和"向政府提意见是人民的责任"句式杂糅，应该删去"我们"。

(5) 词语位置不当：修饰语的位置不当；代词位置不当；前后错位；主客倒置；关联词语位置不当。例如，句子"我不仅笑了，我笑得很大声而且。"，"不仅……而且……"在句子里要求处于对称的位置上，应更改为"我不仅笑了，而且我笑得很大声。"。

(6) 数量表达混乱：表示数量减少时使用倍数说法；混淆含义不同的数量表达法。例如，句子"北海市人均收入超过千元以上。"句中"超过"后面应该是确定的数，而"千元以上"是不确定的，应该删掉"以上"二字。

(7) 逻辑问题：自相矛盾；因果关系表述不当；否定失当；并列不当。例如，句子"这种产品已经出口到英国、美国、欧洲等地。"中"英国"属于欧洲，属于形式逻辑问题。

3. 修改稿件中的标点符号错误

标点符号的类型：常用的 16 种标点符号分为点号和标号两类：

(1) 点号：主要表示说话时的停顿和语气。点号分为句内点号和句末点号，句内点号包括顿号、逗号、分号和冒号；句末点号包括句号、问号和叹号。

(2) 标号：主要表示语句的性质和作用，常用的有引号、括号、破折号、省略号、着重号、连接号、间隔号、书名号和专名号。

4. 注意稿件中单位与数字的使用

(1) 单位的使用：应该使用国家的法定计量单位。

(2) 阿拉伯数字的使用场合：公历的世纪、年代、年、月、日和时刻以及日本年号纪年；统计表中的数值；物理量值；整数与小数；部队番号、文件编号、证件号码和其他序号；引文标注中的版次、卷次、页码(除古籍与所据版本一致外，一般均使用阿拉伯数字)。

(3) 汉字的使用场合：定型的词、词组、成语、惯用语、缩略语和具有修辞色彩的在词语中作为语素的数字，必须用汉字数字。

(4) 数量增加或减少的正确表示：特别主要在表达数字减小时，不宜用倍数，而应采用分数。

5. 规范稿件的结构

一般来说，一条消息主要由导语和主体部分组成。导语是信息的开头，它是以凝练的形式、简洁的文字，表达信息中心内容的头一个单元或部分。主体部分常见的结构形式有倒金字塔式、沙漏式及按逻辑顺序组织材料三种形式。

(四) 文字稿件修改的方式

对于不同的稿件，针对不同类别的问题，编辑可以用不同的方式进行处理。修改稿件可分为两种：一种是绝对性修改，即原稿中的确存在着观点、事实、辞章等方面的错误，编辑的任务是要发现并改正这些错误。另一种是相对性修改，即稿件本身没有太大缺陷，但是在篇幅、角度等方面与网站的要求有一定的距离或者不完全符合网络传播的要求，需要通过对稿件的角度、内容进行调整，使之更符合本网站的传播目标，适应网络传播的特点。

1. 稿件的改正

稿件的改正也称校正，校正即改正稿件中不正确的写法，包括稿件中的事实、思想、语法、修辞、逻辑等各个方面。校正是修改稿件时运用得最广泛的改稿方法，也是一种最基础的改稿方法。校正的方法有三种：

第一，替代，就是以正确的内容和叙述代替原稿件中不正确的内容和叙述。

第二，删节，就是直接删除稿件中有错误的部分。采用删节方式处理稿件一个很重要的前提条件是，被删除的内容在新闻中不是至关重要的，这些内容的删除不会影响到整条新闻的真实性和准确性，也不会影响读者对新闻的理解。

第三，加按语，就是对原稿中的错误不直接改动，而以另外加按语的方式指出差错。

2. 稿件的统一

在编辑中稿件注意统一，需要统一的地方有名词、术语、人名、地名、机构、译名、注释方法、数字表示方法、计量单位等，要做到全文一致。

3. 稿件的压缩

稿件的压缩就是通过对稿件的删意、删句和删字，使原稿在内容上更加突出重点，在章节上更加紧凑，在表述上更加简练。

压缩稿件主要从以下几个方面着手：

(1) 对稿件导语的压缩。对稿件导语的压缩要看新闻稿件的导语是否言之有物，是否简洁明了，如果长而空泛，就必须进行压缩。

(2) 对稿件背景材料的压缩。稿件的背景材料运用不当，主要表现为这几种情况：

第一，一写背景就从"三皇五帝"写起，生怕漏掉了什么过程和细节，结果，有价值的背景材料和没有什么价值的背景材料搅成一团，历史跨度太大，使读者厌烦。

第二，背景材料的写作格式化、文件化。

第三，对背景材料的运用不灵活，没有按照层次进行分段，写作也不生动，使读者觉得索然无味。

(3) 对稿件主体的压缩。稿件主体是稿件中除导语和背景材料之外，主要报道事实和观点的部分。一般情况下，稿件主体部分的篇幅在全篇中最长，有时如果不把它作为压缩的对象，就很难为稿件"消肿"。压缩稿件主体大致有以下几种方法：

第一，通过比较，删除最典型以外的材料，在用材料说明主体事实和观点时，尽量选用最具说服力、最具典型性、最接近事实本质的材料，力求做到"窥一斑而知全豹"。有些稿件本身已经符合简洁精练的要求，但因为要满足特定传媒对它的篇幅限制，不得已要压缩，这种情况同样可通过比较的方法，先把稿件的内容或段落作一个最重要、次重要、不重要的排列，把相对不重要的部分删掉。

第二，在所有事实依据都必须保留，删除任何一个部分都将造成缺失的情况下，可以采取"留要点，舍详情，存骨架，剔筋肉"的办法。

4. 稿件的增补

稿件的增补是对稿件中所缺乏的一些信息进行适当的补充。

增补主要有两种情况：一种是对稿件的内容做一些必要的资料性的补充；一种是对最新报道的事实的背景资料做一些必要的复述。

资料性的补充是对新闻中的人物、事件、地点的历史、背景和知识进行介绍。对于专业性较强的报道，编辑要特别注意资料的增补，国际性的报道也应该注意补充必要的资料。

对最新发生的事实的报道，经常需要对其过去的状况进行必要的交代，让读者更好地了解它的来龙去脉和现实意义。

编辑在运用增补手法修改稿件时，所补充的内容一定要有确实可靠的根据，也就是要有充分的可以信赖的资料。对这种资料的要求，一要有权威性，第二要是最新的，三要是直接的而非转抄来的。其次，对稿件的增补应尽量征得作者的同意，使他们了解增补的情况与具体内容。第三，对资料的运用，应紧扣新闻事实，不能离题万里；应该用得少而精，不能喧宾夺主。对通讯社的新闻稿一般不能自行增补，如果认为有内容必须补充说明的话，可以采取在文前或文中另加"编者按"的方式。

5. 稿件的改写

1) 缩减篇幅

有些稿件本身内容没有多大问题，但是篇幅太长，不符合网站的规定，此时就要对它进行"挤水分"或"蒸发"的工作，将精华保留下来。

2) 修改主题

主题是一篇新闻中提出的重要问题和体现的中心思想，是选择和组织新闻素材的主要依据。改写稿件一般首先考虑主题的提炼。

修改主题有两种方式：一是深化主题，如果原稿主题基本正确，但不够深刻有力，就要进一步提炼；二是改变主题，如果原稿的主题不够确切，就要做较大的改动，甚至重新确立主题。

3) 改变角度

改变角度就是对稿件重新进行开掘，把最有意义的内容放在主导地位来写，应选择与读者最贴近的角度。

4) 调整结构

如果稿件主题要有改动或者主题需要进一步突出，结构的层次就需要有所调整，内容安排也要有所变化。改变结构的目的在于更好地表现主题，并使稿件清晰有条理，脉络分明。调整结构要特别注意消息和通讯两种不同体裁结构的特殊要求。

5) 改变体裁

改变体裁就是将体裁和内容不相协调或结合不紧密的稿件由一种体裁改写为另一种体裁的稿件，如将通讯改为消息，将通讯、消息改为述评等。应注意的是，改变体裁，一般都是由信息含量较大的体裁改换为信息含量较小的体裁。

6) 分篇

分篇就是将一篇内容重要、方面较多、篇幅较长的稿件，化整为零，分成几篇来发表。其特点是重点突出，篇幅短小，具有较强的可读性。

7) 合并

合并即将若干条内容相同，但反映范围和角度略有不同的稿件重新组合成一篇报道，使稿件取各家所长，相互补充，信息量加大，而占用的版面却不多，以便读者通过一篇稿件看到某一事物的全貌和发展状况。

合并的基本要求是，被合并的若干篇稿件的材料都与一个共同的主题相关或者能从它们中间提炼出一个共同的主题，然后根据这个主题在每一篇稿件中选择可用的材料，重新组织改写。因此，定题与选材，是合并的两个关键。一方面要会概括，即从不同中找出共同点；一方面需要提炼，即要会在相似的内容中选择最有代表性、最能说明问题的典型事例，而不重复使用相类似的材料。

8) 改写成超文本稿件

由于网络具有超链接的特点，在改写稿件时，也可以利用超链接来改变稿件的信息组织方式。

9) 综合

综合就是将若干篇稿件合拼、改写成一篇新闻稿。采用综合这种改写办法，对原稿的基本要求是，这若干篇稿件的材料都有一个主题，编辑在每一篇稿件中选取可用的材料，重新进行组织，改写成一篇新的稿件。

(五) 稿件的修改程序

稿件的修改程序一般要经过三个步骤：

1. 通读全文

编辑只有认真通读全文，才能对稿件的主题、结构以及语言的使用有一个全面的了解，在此基础上才能确定需要修改的地方。在这个阶段，稿件阅读得越仔细，编辑就越能够发现修改的方向和重点，稿件的修改也就越完善。

2. 着手修改

在通读一遍后，再回过头来对需要修改的地方仔细揣摩、细细衡量。在进行第二遍阅读时，编辑可能会产生一些新的想法和认识，伴随着阅读进行的是一种更为缜密的思考。不但要综合考虑文章的结构，还要做到字斟句酌。

3. 检查性阅读

当编辑按自己的修改意图对稿件进行修改后，还有必要再对整个修改后的稿件从头到尾阅读一遍。这样做的目的是为了检查修改得是否全面，是否符合原意，在这次阅读过程中，如果发现还有不尽如人意的地方，还需要再次斟酌。所以，反复阅读的过程，常常也就是再修改的过程。

(六) 稿件使用

1. 主题重大的稿件

稿件的主题与当前的时政大局、经济发展形势、民众需求息息相关，就应当先用或重用。

2. 披露热门话题的稿件

稿件涉及当前众人关注的话题，要及早刊登，以正视听，但要做到"热点问题不升温，难点问题不添乱"。

3. 以短取胜的稿件

稿件力求精练、短小，开门见山，不遮遮掩掩，让读者一目了然。因此，短小精练、表达顺畅、说理透彻的新闻稿件要先用和重用。

4. 时效快的稿件

新闻要新，要讲究时效，要把最新的信息尽早透露给读者。

5. 以小见大的稿件

人们常说："一叶落而知秋，一滴水可以见太阳"，稿件注重事实，讲求深度和广度，切忌面面俱到，不可用大话、空话压人。记述一件小事、一个场景、一个人物，不刻意铺陈，但寓意深远，耐读耐看的稿件要先用和重用。

6. 现场感较强的稿件

只有深入生活，深入实际，花费心血，才能写出现场感强的稿件，让人读起来感到有血有肉，如临其境，如闻其声，留下深刻的印象。这类稿件要先用和重用。

7. 以情动人的稿件

深入采访，平等待人，广交朋友，有所准备，认真下笔，才能写出以情动人的稿件。如果作者不付出真情，写出的文章连自己的心都不能打动，又哪里谈得上以情动人，只会让人觉得索然无味。以情动人，有血有肉的新闻稿件要先用或重用。

8. 信息量大的稿件

现在，人类已进入"信息时代"。信息量大，能让读者在不长的篇幅中获得不少新知识、新信息的稿件要先用或重用。不能提供众多新知识、新信息是没有出路的。

9. 个性鲜明的稿件

个性鲜明、内容鲜活、见地独特的稿件，往往让人读后难以忘怀。这类稿件不可多得，只要健康、合法、科学、真实，就应先用或重用。

10. 选材巧妙的稿件

文章大家都会写，各人自有一套办法，而写得巧妙的文章并不多见。同一件事情、同一个人，可以从不同的角度或不同的侧面去表述，选取的例子也不尽相同，但写得多不如写得巧。写得黑压压一片，却让人不得要领，那是吃力不讨好。选取的角度好，选用的事例新、写作层次鲜明、行文笔触雅致的新闻稿件应当珍惜，要先用和重用。

(七) 网络文稿标题制作

标题是以一段最简短的文字来揭示、评价稿件的语句，它有提示文章内容、评价文章内容、吸引读者阅读等作用。图 1-19 所示为新浪网(www.sina.com.cn)首页新闻标题，用一句话准确概括出报道的主要内容，网民如果感兴趣就可以点击进入查看这条新闻的详细报道页面。

图 1-19　新浪网首页新闻标题

标题是一篇文章吸引读者的重要方式。在网站之间的新闻与信息竞争中，标题的作用也显得十分突出。因此，标题的制作是网络编辑必备的基本功。

1. 标题制作的基本要求

1) 题文要一致，概括要准确

标题，是对稿件内容的概括，必须与稿件内容一致，切合文意，既不可太宽，又不要过窄，更不能离开稿件内容随心所欲地乱拟，一定要准确无误，做到题文相符。在稿件标题的制作中，人们把"准确的要求"放在第一位，以免产生歧义和片面性。

2) 标题要抓住"新闻眼"

所谓"新闻眼",就是采访材料中最具新闻价值的东西,它或是新鲜的或是最重要的,或是鲜为人知的,或是最为人们所关心的。制作标题要把主要新闻事实凸现在标题上,让读者看题便知文章的大体内容。制作标题如果不抓住"新闻眼",标题就会显得平庸,一般化,引不起读者的注意和重视,这条新闻的宣传价值和新闻价值便不可能得到较好的体现。

3) 标题要简洁、精练

简洁、精练,就是要求标题的语言简洁明了,力求做到言简意赅,一目了然,语短义丰,让读者易于理解,便于记忆。通常长标题较缺乏吸引力。

4) 标题制作基本技巧

制作标题的首要任务,是寻找稿件中的亮点,即对稿件中出现的事实进行分析、提炼。在此基础上,还需要用简洁有力的语言来传递相关信息。

首先,要充分发挥网络媒体的优势,以题图相配的形式来吸引受众眼球。网络稿件标题的最大特点是表现形式的多媒介化。每一种媒介形式都可以采用一些美术手段来达到辅助美化的效果,最常见的是通过色彩的使用、照片图案的运用及排列形式的配合,来渲染标题和增强表现力,以刺激读者阅读。一般而言,色彩的功能主要是信息功能、传情功能、组织功能等。色彩的作用就在于其不仅可以达成人们视觉心理上的平衡和认可,还增强了标题的表现力,从而营造出强烈的视觉效果和气氛。

其次,文字与稿件图片的配合使用也可以达到吸引受众眼球的目的。

另外,采用标题加摘要的形式提示新闻中有价值的信息,可吸引受众阅读欲望。前面已经说过,网络稿件标题以单行实题为主,但是它最大的缺陷是不得不舍弃一些主要甚至很关键的稿件事实。为了弥补网络稿件单行题传递信息不够全面的劣势,稿件摘要的形式在一些西方主要稿件网络媒体上被大量采用,并且深受欢迎。

2. 强调标题的口语化和亲和力

标题的口语化和亲和力,可以拉近稿件与读者的距离。比如,在时政、国际报道中,稿件标题从过去的严肃庄重变得轻松活泼,以口语化和生活味拉近了报纸与读者的距离,再比如在技术性与专业性较强的经济、科技报道中,通过对标题进行通俗形象的处理,大量运用大众话语以增加稿件的亲和力与可读性。

3. 突出标题的刺激性和冲击力

当今报纸在标题的制作与编排中,十分重视版面的视觉形象,加强标题的刺激性和冲击力,给读者留下深刻的第一印象、这样不仅大大提高了可读性和必读性,更是当前文字新闻与广播、电视新闻竞争的最有效武器。

网络稿件标题更像一本杂志的目录,读者不能像看报纸那样,将标题和正文尽收眼底,网络稿件需要通过受众点击标题打开正文,从而实现传播过程的继续。若标题对受众缺乏吸引力,就无法实现对标题的点击,此传播过程即告终止。这就需要网络编辑准确地提炼出稿件要点,制作出富含稿件要素的生动标题。

标题的视觉形象是多角度、多侧面、多视点、全方位地展开的。制作有吸引力的标题需要注意两点,一是制造"轰动效应",或言人所未言,或出人意料,让人震惊,引人注意。二是以最感人的新闻事实,塑造标题的视觉艺术形象。

4. 重视标题的抒情性和表现力

传统的稿件标题多是以中性的口吻来陈述事实的，重在叙述；而当今的标题却越来越多地重视生动的表现，使主题更加形象。在风格上，传统标题追求稳重、含蓄、精巧；而当今标题则向粗犷、写实、跳跃、直露、富有气势的方面发展。

5. 增加辅题的信息量和新功能

在快节奏的现代生活中，人们阅读网络稿件总是带有太多的随意性和不确定性，于是在标题中蕴含大量的新闻信息就成为一种趋势。在加长的标题中，其所蕴含的新闻要素自然就会增多，这样可以使一部分只读标题的读者在短时间内获得较多的信息。当然，新闻标题有加长的趋势，一般是引题和副题加长，作为标题主干部分的主题一般不会过长，否则会使整个标题显得累赘、笨重，且中心不明确。网页版面的整体布局是相对固定的，标题字数受到行宽的限制，既不宜折行，也不宜空半行。在标题板块中，各题长短以接近一致为宜。一般而言，网络稿件标题字数以 16～20 个字为宜。

6. 变化标题句式

变化标题即把陈述句变为假设句、疑问句或感叹句等，使其具有浓郁的感情色彩。另外还要活用成语、谚语、俗语，或引用或化用在标题中，借用他们来表达对客观事物的看法和意向以及表达对客观事物的独特认识。

例如，将报纸新闻与网络新闻做比较，报纸新闻可以通过引题的引导、正题的概括、副题的补充，把一篇新闻报道做得有声有色。而网络新闻标题受网页显示面积限制，位置空间以行长为限，新闻标题板块通常由若干条新闻排列集成一个矩阵，所以网络新闻标题一般不使用多行题，多为单行题。报纸的新闻标题有虚、实之分，实题要交代新闻要素，虚题可以是议论或警句等。报纸新闻最大的特点就是题文一体，即使是虚题，只要看一眼导语，新闻中的主要事实也就清楚了。而网络媒体不行，虚题往往使读者不得要领，也就影响了"点击率"。因此网络新闻标题一定要抓住新闻事实中的一个或几个新闻要素，通过恰当组合，抓住"新闻眼"，吸引受众点击。

(八) 内容提要的制作

内容提要是以简要的文句，突出最重要、最新鲜或最富有个性特点的事实，提示新闻要旨，吸引读者阅读全文消息的开头部分。与标题相比，内容提要更详细，传达的要素更多，但与正文相比，它又要简短得多。

如图 1-20 所示为新浪新闻《玉林市资助困难学上学热线 8 月 15 日开通》。(gx.sina.com.cn/news/gx/2017-08-16/detail-ifyixhyw8699366.shtml)

对于政治理论读物，内容提要要反映出政治内容、中心思想、主要观点，可带有评论性；学术著作内容提要要反映出学术内容、创新之处，研究和实用价值，带有鉴定性；而文艺作品，特别是小说，要反映故事情节、人物塑造、社会生活的典型意义，可带有悬念性。

内容提要还具有书籍征订、宣传推广作用。总编室编制图书目录，宣传科做新书广告，发行科向书店征订、向读者预订，都以内容提要为依据。可以说内容提要是原著的浓缩，是对原著的高度概括。

玉林市资助困难学生上学热线8月15日开通

2017-08-16 15:41　新浪综合　评论（1人参与）　 　A⁻ A⁺

玉林新闻网~玉林晚报讯（记者 周立华）为切实帮助2017年新录取的家庭经济困难学生顺利入学，我市各地教育部门于8月15日至9月15日开通资助家庭经济困难学生工作热线电话，相关学生及家长可在周一至周五的行政上班时间，咨询助学贷款、入学补助等方面政策。

据了解，各级学生资助管理部门将安排专人负责接听资助热线电话、解答学生疑问；对于群众投诉，按照"分级负责、归口管理，谁主管、谁负责"和"当日投诉、当日解决"的原则积极协调、快速解决，确保"件件有说法、事事有落实"，实实在在解决群众困难。高校各级资助工作人员和志愿者应尽早给每一

图 1-20　新浪广西新闻《玉林市资助困难学上学热线 8 月 15 日开通》页面

1. 内容提要的写作思路

1) 全面概括

全面概括是内容提要写作中的最主要的方式。它的目标是用凝练的语言，将稿件中的主要信息或观点概括出来，使读者可以更迅速地把握稿件的主要内容。

2) 提炼精华

在某些情况下，稿件内容本身较为丰富，如果要全面概括很难突出稿件的重点。这时，也可以考虑在内容提要中只强调稿件中最具有价值、最有新意或最容易吸引人的某些内容。

2. 内容提要写作技巧

1) 抓住文章内容实质，概括准确

稿件编辑人员应灵活抓住稿件事件中富有人情的细节，无论是人物形象、事件形象，还是物态形象，只要能再现作品，使人可感可触，有效地抓住内容实质，写出氛围，准备概括稿件事实，增加稿件的感染力，都可以作为内容提要的一部分。

2) 坚持实事求是态度，切忌吹嘘

通常一件复杂的事实中包含有几个方面的问题，但最具有价值的往往只有一个，网络编辑应当从众多事实中提取最重要、最珍贵、最真实的东西呈现给受众。

3) 文字精练，简洁明了

对稿件事实进行高度浓缩，去掉水分，提取精华，从一件事中取出芜杂，取其精华。把信息说清楚，简洁明了的传递准确的事实。网络编辑应从众多事实中选择最典型，最能说明问题的材料，力求取得以一当十的效果，捕捉事实的一情一景、一言一行，增加稿件

的真实感，深化稿件主题。

(九) 超链接设置

1945 年 7 月，美国科学家范尼佛·布什发表一篇名为《如我们所想》的文章，在文中，他提出一个名为 MEMEX 的机器模型设想，这台可充当百科全书的机器就具备超链接的功能。1989 年物理实验室的科学家蒂姆·伯纳斯-李提出了 WWW 的思想后，超链接才真正进入了信息传播领域，为普通人所使用。

超链接是网络信息传播中的一个特殊手段。它使得网络文本与传统文本在写作与阅读等方面产生了一些根本性的区别。如图 1-21 所示为新浪网新闻中心《多位美企 CEO 辞职 特朗普无奈解散制造业委员会》新闻页面，后面采用超链接的方式，帮助用户克服网络信息查找、采集和利用过程中的困难与不便，快速找到相关信息资源。恰当地运用超链接手段，可以提高传播的效率，但另一方面滥用或误用超链接，也可能适得其反。它的主要设想是，将不同地点的信息联系起来，并可以从一个文献迅速传到另一个文献。

图 1-21　新浪网新闻中心《多位美企 CEO 辞职 特朗普无奈解散制造业委员会》新闻页面

1. 超链接的作用

(1) 超链接解释与扩展关键字。超链接的扩展有助于读者更直接接触信息深层背景，获得丰富的相关信息。在发挥读者的能动作用，扩展报道面，加强报道深度等方面有着重要意义。

(2) 利用超链接延伸报道。利用超链接，可以设置一些延伸阅读，丰富和发展报道内容。相关新闻通常是在正文之外加入的与当前新闻有关的新闻链接。设置超链接的一般程序是：编辑记者输入本文关键词，系统以此关键词为依据，寻找本网站新闻库中其他含有此关键词的新闻。

(3) 利用超链接改写稿件。传统新闻写作方式中有"倒金字塔"的结构模式，即重要的材料放前面，次要材料放后面，以便于读者阅读。

由于网站的内容本身是由层次树的结构方式组织起来的，因此可以在不同级别的页面上逐渐出现。与之相应的，在进行写作时，可以采用将材料分层的做法。

通常一篇文章完整的层次包括：层次一，标题；层次二，内容提要；层次三，新闻正文；层次四，关键词或背景链接；层次五，相关文章的延伸性阅读。要实现各层次之间的联系，主要手段就是超链接。

(4) 利用超链接整合多篇稿件。有时，围绕一个事件或一个主题，有多篇稿件可用，为了用一种集成的方式介绍事件或主题，可以将这些材料进行整合。整合后的稿件可由"主题骨架"与"超链接"两个部分组成。这种方式的写作思路为：主体部分采用一种合理的结构方式，将原有各文章中的主要材料或信息串联在一起，对时间的主要线索做清晰的交代。在主体部分中，不能遗漏重要的信息，也不宜将主要信息放到超链接部分。主体部分可以按照倒金字塔方式、时间由远到近或由近到远的方式，也可以按照逻辑顺序来组织材料。超链接部分则可以对主体部分的内容进行展开。超链接对象可以是文章，也可以是背景资料，可以是文字、图片，也可以是音频、视频等其他信息。

2. 超链接的基本类型

根据超链接形式和方法的不同以及链接所展示内容和信息的不同，可以将超链接分为不同的类型。

(1) 主页链接：即直接链接到被链接网站的主页，如同通过输入被链接者网页网址直接将进入其网页一样。

(2) 深层链接：与主页链接相对，通过深层链接直接指向被链接者网站的某一分页。访问者往往不能确定被链接内容是否来自新的网站。

(3) 内链：指的是将另一网页内容的部分或全部显示在本网页中，使其能作为自己网页整体的一部分。

(4) 视框链接：通过视框技术可以将更多内容编辑在不同的区间或框内，各自相互独立。可以将他人网站中自己需要的部分反映在自身网站的某个框内，如网站顶框某个企业的广告。这种链接往往是访问者不知道框内内容根本不属于该网站。

3. 使用超链接应注意的问题

(1) 注意超链接的度和量。首先是读者对象的层次，其次是形势与时局的变化。要考虑读者对象的层次，不同网站的读者定位的层次有所不同，不同层次的读者对于某些知识掌握的程度是不同的。

(2) 注意超链接设置的位置。关键词与背景链接，通常是在新闻正文中直接加入链接。但有国外研究者认为，在文中加入链接，容易带来阅读目标的转移，因此他们认为，关键词链接也可以放在文章最后。

（3）注意超链接打开的方式。超链接的打开方式通常有三种：

第一，在当前窗口中打开，即用新页面代替当前页面。但这是一种最不合理的做法，因为它会改变当前的阅读目标。

第二，在新窗口中打开。这是最常见的一种方式，有助于保持阅读目标的基本稳定。比如网易、新浪、中华网、星岛环球网等主流新闻网站都是利用此类方式。

第三，在当前窗口中加链接的关键词附近打开一个小窗口。这是现在一些网站采用的做法，相对来说，它可以在一定程度上解决网民阅读目标转移的问题，但目前还不能做到使用于所有场合。

二、网络文稿的内容整合与配置

（一）内容整合

整合编辑是将杂乱无章的内容通过深度挖掘、加工、配置及一定的编排方式，重新再组织，以实现新闻信息的增值。整合是一种编辑手段，而且是一种较高层次的网络媒体编辑手段，内容整合是网络编辑通过对各类信息资源进行重新组合，将信息所包含的延伸内容挖掘出来，以实现信息增值。

图 1-22 为新浪网——黑龙江庆安枪击案页面(news.sina.com.cn/c/2/qaqja2015)，新浪网整合视频资料所做的多媒体报道。它采用了文字＋图片＋视频的组合方式。当然，对于内容的整合，不能简单理解为将文字、图片、音频、视频等相加拼成新闻，它应该是多种媒体形式的有机融合，最终的目的是让受众获得对于信息资源更多角度、更丰富的认识。

图 1-22　新浪网——黑龙江庆安枪击案部分页面

1. 内容整合的类型

(1) 从内容性质角度分，有新闻消息整合、观点评论整合、深度报道整合、资料材料整合等。

(2) 从表现形式角度分，有图片整合、视频整合、Flash 整合、互动整合和多媒体整合等。

(3) 从对象与规模层次角度分，有针对单条新闻的微观整合、针对某一话题或主题的中观整合和针对某一新闻事件的宏观整合。

2. 内容整合的方法

1) 文字单元整合

文字单元整合又可以分为单篇稿件整合和多篇稿件整合，它是一种常用的网络内容整合形式。

单篇稿件整合包括另设导语，深化主题，明确观点，调整结构，增强论据分量，加大论证力度，简化语言，增加互动组件，链接相关背景、相关文章，统筹配置以及设计编排多媒体信息等内容。

单篇稿件整合按照信息渠道的不同又有单渠道整合与多渠道整合之分。单渠道信息整合是指整合者纯粹利用原信息提供者的稿件和自身的知识储备加工改造原稿。稿件修改中的改正等编辑手段其实已是最初级的网络内容整合方式。多渠道信息整合是指整合者利用原信息提供者的稿件、自身知识储备以及其他信息渠道提供的不同信息加工改造原稿。单渠道信息整合与多渠道信息整合都属于单篇稿件整合范畴，二者相同点在于都是基于原信息提供者的稿件(原稿)进行，不同点在于信息渠道有单一渠道和多渠道之分。

多篇稿件整合基于多渠道信息整合，要求编辑在短时间内把代表各方观点、立场，有着不同表现形式的不同稿件收集齐全，在此基础上加以综合、分析，形成一篇具有自己独特视角、独特观点、独特内容和形式的新稿件。如传统媒体或其他网站已从不同角度报道同一新闻事件，网络编辑却独辟蹊径，从不同的角度整合、深挖新闻的价值和受众关注点，本网站社区、论坛、博客等即时信息中隐含有价值的新闻线索，网络编辑加以挖掘，形成新的网络稿件。

多篇稿件整合较单篇稿件整合更为复杂，要求整合能够统筹把握多渠道信息，在此基础上结合自己的知识积累和思考，最终形成稿件。

2) 多媒体单元整合

多媒体单元整合是充分利用网络媒体的多媒体开发优势，综合利用文字、绘画、图表、声音、视频、动画等表现形式，形成合力，多侧面、多角度表现网络稿件主题的一种整合方式。

目前大多数多媒体报道都是将现有的不同媒体形式的信息源进行整合，以文字稿件为中心，构成多媒体整合单元，对各种单媒体信息进行编辑、组合构成的多媒体单元。这个任务看上去虽然简单，但它有着重要的意义，可使其表现的文字稿件通过其他媒体形式的信息得到补充、扩展，使受众可以获得对于该文字稿件更多角度、更立体化的理解。

值得注意的是，多媒体单元整合与文字单元整合、动画单元整合、音频单元整合等不是并列关系，而是交叉关系，也就是说，在这几种整合方式中都可能存在着多媒体单元整合的痕迹。

总之，在实际工作中，也可以根据需要将有关信息及手段组合在一起，形成其他形式的整合单元。无论怎样，形式只是实现传播目的一种手段，创造性地运用网络所提供的各种可能性，以最大限度地满足受众需要，才是单元整合所要追求的真正目标。

(二) 内容配置

网络文稿内容配置是编辑按照一定的报道意图或报道目的，根据稿件之间的内在联系，将两篇以上不同层次、不同形式的稿件组织、配置成有机的综合的整体，从而形成一个页面或版面。

内容配置主要是针对已有的稿件所做的扩展、丰富和深化。内容配置的着眼点主要在于将若干稿件组成稿群，形成一定的版面，内容配置是单稿编辑的后续工作，而新闻报道策划则贯穿于整个报道过程。在大部分情况下，对于抢时效的新闻报道，只能通过稿件配置，使得人们能够全面而及时地了解报道对象和周围发生的新闻事实的整体。因此，新闻报道是需要配置的。图 1-23 新浪网——军改一年间报道部分页面(mil.news.sina.com.cn/nz/jgynj)。编者对稿件的背景、用意进行解说说明。通过对各个稿件的相互补充、相互配合，从而达到更好的传播效果。网络文稿的配置不是对单篇文章、图片简单地进行拼凑，而是

图 1-23 新浪网——军改一年间报道部分页面

要按照编辑的报道意图或者报道目的，根据稿件的内在联系，配置成有思想、有特点、有吸引力的阅读单元。随意拼凑在一起，只是文图紊乱地集合，对读者不可能形成吸引力。从微观方面来说，内容配置，其实就是一种信息的整合。

内容配置有助于充分挖掘新闻信息资源，全面反映报道客体、深化主题，有助于灵活多样地运用表现手法，增强传播效果，是体现网络媒体竞争力的一种重要的方式，是克服新闻碎片化现象的一种有效方式。

1. 稿件的组织

稿件的组织是指将若干条具有某种内在联系或共同特点的稿件组织为一个稿群，使之成为媒体产品中相对独立的一个组成部分。单篇稿件能够组合在一起，前提是这些稿件相互间有某种联系，或者具备某种共同的特点。这种关联或特点主要有：

(1) 主题相同。稿件都是反映同一主题，报道的中心思想是一样的，如有若干条稿件分别报道同一主题，可以组合在一起。

(2) 内容相同。稿件的内容在某一点上相同，所反映的社会生活、事件、人物、地点、时间等方面具有相同的因素，如若干条稿件都与新发明、新发现有关，这些共同的因素使得这些稿件可以组合在一起。

(3) 形式相同。稿件反运用的体裁、符号、表现手法等相同，比如都是评论，它们可以组合在一起。

2. 稿件的配合

稿件的配合就是根据稿件的内容和实际需要，增发各种新材料，对原有稿件中的内容进行论证、补充和解释。稿件配合的主要目的是增加说服力、感染力和易读性。如果说一篇稿件告诉人们的只是事实的一个点的话，那么，对这个事实的论证、补充和解释就从几个侧面丰富了该稿件，该稿件就不再是点，而是立体化的了。另外稿件中的某些内容往往都可能成为读者阅读的障碍。编辑如果设想到读者的这种困难，提供各种资料帮助读者消除这种困难，读者就能比较容易地阅读文章，并在较短的时间内获得较多的信息。

稿件配合主要有以下几种基本方式：

1) 配评论

评论是一个媒体最精华、最核心的部分。评论的言论能够起到深化报道、影响舆论的作用。配评论就是为重要的新闻稿件配发简短的言论。评论包括社论、本报评论员评论、知评、编后语、个人署名评论等。配合新闻稿件的评化要根据报道内容立论，并且深化报道。

新闻是对最新变动的新闻事实的报道。新闻报道的长处在于能够叙事，短处在于难于说理。因此，对于那些特点重要的新闻报道就要配发评论，以此来帮助解释隐含于事实之中的思想、道德和规律。

特别提醒一下，配评论注意要根据文稿的内容和编辑的目的选择不同的评论类型。

2) 配按语

按语是附在文稿后的简单说明或批注。配按语的目的也在于评论、说明、解释稿件的内容。配置的按语可以放在标题之后、文稿内容之前，也可以放在报道的中间或后面。按语位置的确定要根据文稿的需要来决定。按语有评论性的、说明性的、解释性的三种，其中评论性的按语是主要的。

模块三　项目任务

任务一　企业产品信息采集与归类

〔任务描述〕

小王是电子商务专业大一学生，最近专业老师布置任务，要求大家利用互联网针对企业产品进行信息采集与归类，要求以陕西神舟计算机有限公司产品进行任务实践，为即将到来的暑假社会实践做好前期准备。

〔任务分析〕

为了有效完成任务，大家经过充分的酝酿与讨论，在征求了专业老师的意见之后，确定了以下操作内容和步骤：

① 搜索调研报告范文；

② 收集陕西神舟计算机有限公司销售的产品信息；

③ 了解陕西神舟 C2C/B2C 平台初步调研产品的销售情况；

④ 利用搜索引擎、网站、论坛等采集相关信息，并对收集到的信息从来源、价值等方面进行判断；

⑤ 挑选出所需的信息资源归类整理；

⑥ 完成调查报告纲要的撰写。

一、搜索范文

了解调查报告范文及要求，可以通过百度、谷歌及搜狐等搜索引擎，输入关键词"调研报告"或"调查报告"进行查找。以"调研报告"作为关键词为例，使用百度和搜狗进行信息搜索。如图 1-24 和图 1-25 所示。

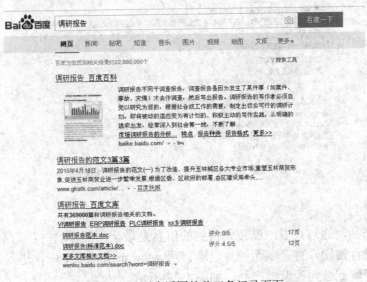

图 1-24　百度返回的前三条记录页面

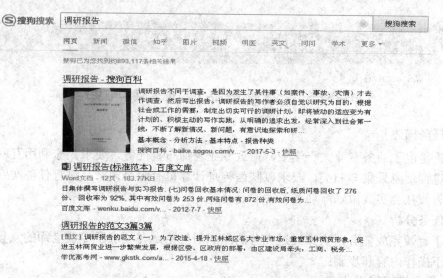

图 1-25　搜狗返回的前三条记录页面

毫无疑问，这样的搜索得出的结果差强人意，因为信息并不完整，不够精确，不能很好地符合我们的要求。

重新设置关键词为"调研报告范文"，可以让我们更快速，更精确地找到所需的信息。所以关键词的设置非常重要。如图 1-26 为百度搜索返回前三条记录页面。

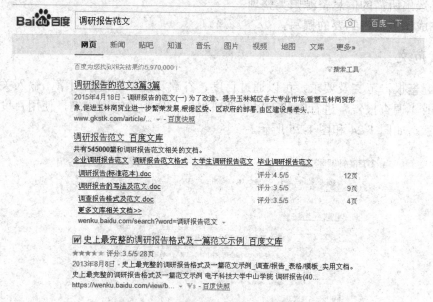

图 1-26　百度搜索返回前三条记录页面

二、收集信息

搜索企业产品，通过企业网站搜索得到的信息是最全面的，这时我们不必用百度等全文搜索引擎来进行搜索。打开陕西神舟电脑官网 www.maimaike.com，进入"电脑商城"，我们可以快速了解到公司经营的产品，如图 1-27 所示。

图 1-27 陕西神舟计算机有限公司电脑商城页面

三、了解销售情况

陕西神舟计算机有限公司，有两个 C2C 平台，一个 B2C 平台，分别打开 C2C 及 B2C 平台 maimaike.taobao.com、zhanshen.taobao.com 及 www.maimaike.com 网站页面如图 1-28 至图 1-30 所示。

在平台里，按销量情况去了解产品销量的信息。

图 1-28 淘宝店买卖客网上商城页面

图 1-29 淘宝店——战神精品专卖页面

图 1-30　陕西神舟计算机有限公司官网销售平台页面

四、采集并判断信息

陕西神舟计算机有限公司产品的信息价值评价，可以通过产品评价页面或全文搜索等方式进行搜索相关信息资源，以此有效判断产品信息销售情况，从而进行资源整合。图 1-31 所示是通过用户评价方式进行信息的收集。

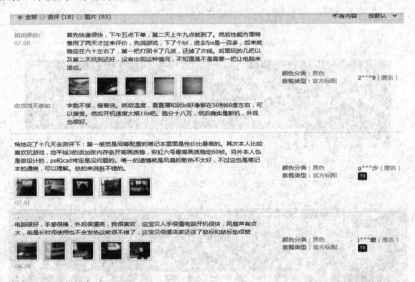

图 1-31　淘宝店——买卖客商城用户购买评价部分页面

⊠ 技能操作

1. 搜索陕西神舟计算机有限公司信息，收集产品信息类型及在 C2C/B2C 平台的销售情况，列表比较。

2. 根据不同的平台用户反应情况，列表比较。

3. 整合资源，撰写调查报告。

【阅读材料】

GDSN 全球商品数据同步

GDSN 全球商品数据同步网络是基于 GS1 全球统一标志标准的全球信息系统，通过互联网实现商品信息的协同共享，该网络已覆盖美洲、欧洲及亚洲的 90 多个国家，彼此联通，发展迅速。在中国，GDSN 依托中国商品信息服务平台，历经标准研究、国际认证、应用推广，逐步发展成为包含近千万种商品数据的庞大信息系统平台。在未来，GDSN 作为连通全球的标准化网络，必将成为国内外生产、零售、物流企业间贸易协调、利益共赢的最佳选择。GDSN 应用于生产、采购、运输、销售等供应链各环节。在保障贸易等各方信息上精准可靠，实现了真正的智能物流。在确保消费者及时获得有效资讯方面发挥着越来越重要的作用。

(资料来源：中国物品编码中心网站 www.ancc.org.cn/index.aspx)

任务二　文稿加工与整合

〔任务描述〕

陕西神舟计算机有限公司成立于二零零二年四月三日，坐落于西安大雁塔之北邻的育才路八号。

公司自创立以来一直致力于电脑产品、数码产品、管理软件产品及互联网产品经营与开发，是神舟电脑及管家婆软件授权客户服务中心，神舟笔记本电脑快修中心。公司代理经营神舟电脑、管家婆软件多年且已成为西部地区极具影响力的公司。

公司在实体店面成熟并稳定发展的基础上，开拓了线上业务——买卖客网上电脑商城(www.maimaike.com)并开通了微信公众号平台形式进行产品销售及宣传。现在请以官方网站为例进行文稿的加工与整合。

〔任务分析〕

网站稿件编辑所涉及的现实社会生活方面的各种资料必须完全符合事实的本来面貌。编辑在选择稿件时，要真实、准确、清楚、统一和科学。网站软文的运营，没有一个通吃的招数。同样，期待一篇文章就能够解决所有问题，都是不切实际的。

不同的网站定位，必须根据自己的业务，了解自己的用户，找到最适合自己的文稿编辑运营方法。对于网站文稿撰写，信息的加工与整合，大家经过讨论，确定以下操作内容和步骤：

① 了解网站文案的基本写法；

② 了解网站文案标题的写作格式；

③ 对各种资料进行文字整合；

④ 结合文字，进行多媒体整合；

⑤ 整合出一篇可发布的网站文案。

一、网站文案的基本写法

好的网站文案不是极力说服他人接受，而是有明确的目标诉求，从全方位的立场出发，通过图文并茂的文案描述，一点一滴让用户接纳与信赖，提升自己的人气并营造互动，吸引更多的用户购买产品。

1. 核心扩展法

核心扩展法即先将核心观点单独列出来，再从能够体现观点的方方面面来进行扩展讲述，这样可以使文章始终围绕一个中心来表达，不会出现偏题或杂乱无章的问题，会加强文章对用户的引导。

图 1-32 是陕西神舟计算机有限公司 618 产品的一则推广文案，它的核心是推广 618 活动中 4000 元价位的产品，引导消费者购买。

图 1-32　陕西神舟计算机有限公司 618 产品推广页面

2. 各个击破法

各个击破法是根据要推广的内容，将产品或服务的特点单独进行介绍。写作过程中要注意文字与图片的配合，充分对产品或服务的卖点进行介绍，通过详细的说明和亮眼的词汇来吸引用户的注意，如图 1-33 所示，突出战神 Z7M-SL7 等产品卖点进行相应描述。

图 1-33　陕西神舟计算机有限公司 618 产品推广部分页面

3. 故事引导法

故事引导法是通过讲述一个感人的、悲伤的、喜悦的或八卦的故事，让用户充分融入故事情节中，继续跟着故事的发展阅读下去，在文章的结尾时，再提出需要推广的对象。采用这种写法一定要保证故事的有趣性和情节的合理性，这样才能使故事有看点，方便推广对象的植入。图 1-34《从战狼到战神，满满的诚意，良心电影受影迷追捧，良心电脑受网民热爱》通过讲述一个故事，植入了产品。

图 1-34 陕西神舟计算机有限公司《从战狼到战神，满满的诚意，
良心电影受影迷追捧，良心电脑受网民热爱》部分页面

二、标题的写作格式

很多人都说，内容质量好了，自然有很多人看，这个逻辑不是很对。别人没打开你文章之前，还不知道你的文章写了什么，因此也就无从谈及内容质量。文章阅读量和标题息息相关，标题是阅读量的关键。

如果想要别人点开我们有价值的文章，就要了解人的本能对什么样的标题感兴趣，不同的人群对什么样的标题感兴趣。我们就是要做一个标题党。那么怎么做好一个标题党呢？怎么吸引到人们的眼球呢？

方法 1：人群 + 产品/服务/内容。

比如：《暑假最后一波优惠，仅限大学生哦，神舟战神 T6TI-X5 笔记本电脑仅售 5299 还送十重礼》。在信息的海洋里，你必须喊出你的目标用户的名字，别人才会搭理你。同时，这种方法还可以筛选出你的目标用户，而不是和你的产品或者内容不相关的人。

其次，你指出的产品，服务，或者内容，也要和你的目标用户有关，最好还是他们生活中经常见到的东西，经常遇到的情况。

方法 2：利用数据。

数据能让别人对你的东西有初步把握。例如标题《6 款帅气战神精彩一夏》，把自己的内容量化，增加别人认知上的掌控感，别人会更有兴趣打开你的内容。

方法 3：运用符号。

这个符号不是说具体的符号，而是文化符号。符号是隐藏在人类大脑深处的集体潜意识。运用符号产生影响力，使产品、服务或内容，达到所需的效果。

在写作文稿时，看一看你的内容里，能不能提取出这样的符号来。比如"必胜客"是一个很强的符号，中国的"北京"也是一个很强的符号，集体潜意识，能够赐予你力量。

如《战神崛起，T6-X4D1 震撼上市，WANNACRY 又何惧》这一标题，通过勒索蠕虫病毒 WANNACRY 的影响力来对产品进行推广。

方法 4：用疑问句。

疑问句引发好奇，如《黑马来袭，新款战神 Z7M 销量佳，因为外观还是性价比？》

方法 5：制造争议。

制造争议也有多种写法，例如：

① 否定读者：《别说你懂战神》；

② 论点 + 疑问：《性价比？易扩展性？它都有！》。

疑问还有多种变化形式，同学们可以收集后，灵活应变。

三、内容整合制作

标题影响打开率，内容制作则影响转发率，进一步影响你的阅读量。

内容质量一定要好，才能吸引人。内容整合并不是简单的拷贝粘贴。要考虑做什么内容，什么内容传播性高，怎么提高自己的内容整合制作能力。

(1) 主题文章积极，读完让人感到兴奋。往往这类文章已经是"完成时"的事情，要有过程、数据、细节和有观点的总结，不能是流水账。要接地气，让人读完觉得"我也可以"。要讲普通人的故事，或者名人在没出名时候的故事，读完让人感到兴奋。

例文《英雄，我们在这里等你——电子竞技专业开设》将主题与受众结合，积极之处体现在学生可以打着游戏顺便把大学文凭拿了，这些"好事"让读者读完后感到兴奋。

(2) 让读者觉得自己非常聪明，消息灵通，见多识广。今年 5 月的勒索蠕虫病毒来袭，陕西神舟计算机有限公司写了一篇标题为《勒索蠕虫病毒 WANNACRY 文件恢复方法》的文章，该文利用热点红利，在短时间内，写了一篇有知识性的分析文章，让读者学会问题的处理方法，使读者觉得这样的文章消息灵通、见多识广。

(3) 让读者非常愤怒或者恐慌。写一个让读者非常愤怒或者恐慌的文稿，必须有一个确凿的事实，切记不要编谣言，要运用数字、照片、视频等一切能证明真实性的信息，用明确的中心论点来阐述我们反对，拒绝，希望什么。例《"比特币敲诈者"来袭，中国多所大学中招勒索病毒，大家注意防范!》一文通过图文的方式，让大家清楚地知道事情的严重性。切记，这类文章千万不要去杜撰，那个叫做谣言，要写一篇情真意切的文章。

(4) 实用且容易记住的内容。实用且容易记住的内容，要求语言极其简练。大众日常消费的内容，可以当做一个资料工具日后查询；对读者有足够的价值，帮助读者进行判断。用户更喜欢直接拿到一个省事儿的解决方案，所有人都喜欢吃"现成儿"的。所以什么叫实用且容易记住的内容？可以理解为盘点类文章，或者是可以转发、收藏，日后需要的时候可以拿出来参考的文章。

图 1-35 所示为《Facebook 开源一些关于深度学习的工具》。

图 1-35　陕西神舟计算机有限公司《Facebook 开源一些关于深度学习的工具》部分页面

(5) 有价值的故事。有价值的故事通常都有一个核心的观点，一个大家无限相信的"理想和信念"，确凿的事实会更让人热血沸腾，产生分享的欲望。在文章的开关，重点引出话题直接带入故事及证明故事的价值，提出一个有身份代入感的，有痛点的问题，并迅速让浏览者进入阅读故事的环节。文章的内容重点可以引用名言，提出问题，强调核心观点。

整合一个有价值的故事，有故事详细的过程和结果，有一个明确的核心观点，读完后让人很受启发。

⊠ 技能操作

1. 浏览陕西神舟计算机有限公司官网 www.maimaike.com，学习"产品新闻"、"行业新闻"等板块文案的撰写。

2. 审读该网站文稿：《暑假最后一波优惠，仅限大学生哦，神舟战神 T6TI-X5 笔记本电脑仅售 5299 还送十重礼》，判断文稿存在的缺陷，并进行修改。

案例文稿资料：

暑假最后一波优惠，仅限大学生哦，神舟战神 T6TI-X5 笔记本电脑仅售 5299 还送十重礼随着搭载 GTX1050 以及 GTX1050Ti 显卡的蓝天 N857 磨具的面世，战神系列又为我们带来几款新机器，让我们眼前一亮，跟以往相比，这几款新机器还是延续了战神系列的超高性价比，同时，在外观方面更是有了其他方面的改进，改观了我们以往对战神系列游戏本傻黑粗的一贯认识，金属 A 面机身同时搭配红色炫灯，可谓是黑暗中的一盏明灯，不仅照亮了自己的世界，也会亮瞎别人的眼睛，另一方面，因为模具的细微差别，搭载 GTX1050 显卡的 T6 系列一般都是烈焰红唇背光键盘，还有搭载 GTX1050Ti 显卡的一般都是全彩背光键盘，当然这也不是特别肯定的，据说即将面世的新品在键盘方面可能会做调整。

今天我们可以先看下这款市场上热销的神舟战神 T6TI-X5，搭载 GTX1050Ti 显卡，采用 I5-7300HQ 处理器，烈焰红唇背光键盘，在配置方面，这款战神 T6TI-X5 相对更加均衡，对于一般的游戏玩家来说，足以流畅运行目前的畅玩游戏了，而且在办公娱乐方面，这款战神 T6TI-X5 重量在 2.5 kg 左右，相比其他游戏本而言而方便携带，对于游戏工作两不误

的用户来说，这无疑是最好的选择。

接下来我们看一下这款战神 T6TI-X5 鲁大师的测试情况以及在游戏中的具体表现到底如何。

首先来看这款战神 T6TI-X5 的详细配置以及鲁大师跑分情况：

处理器：I5-7300HQ

显卡：GTX1050TI 4G 显存 DDR5

内存：8G DDR4 2400

硬盘：1T 5400 转 + 128G 固态

屏幕：15.3 寸 IPS(lg)

芯片组：英特尔 HM175 芯片组

键盘：红色背光键盘

散热：双风扇双单导管散热

电源：120W

再来看在国际象棋以及 3D Mark 测试中的表现。

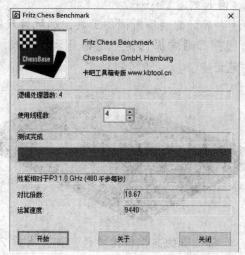

这款战神 T6TI-X5 在游戏中的表现。

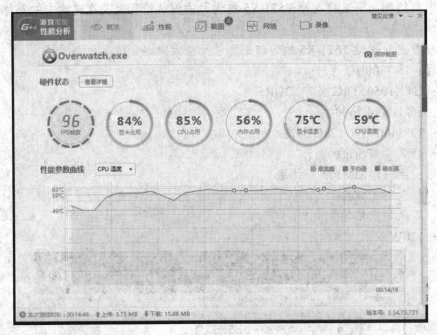

极强的性能，极高的颜值，现在针对大学生们推出极低的价格，仅售 5299 元，需要抢购的尽快登录陕西神舟公司淘宝店铺：maimaike.taobao.com 下单，大学生和今年入学的准大学生可以购买，另外还有十重礼包赠送。销售热线：029-85514420　18991944008。

3. 仔细阅读网站文稿《游戏终结者——战神 Z7M-SL7》，根据网站文稿标题制作技巧，再拟一个你认为更好的标题。

案例文稿资料：

游戏终结者——战神 Z7M-SL7

高温天，无聊的周末，漫长的暑假……

游戏成为人们现代生活中最好的消磨时间的工具，那玩游戏的时候是不是经常懊恼会遇到各种玩得不尽兴的原因？那通常原因是不是都是承载游戏的笔记本导致的呢？战神 Z7M 是一本为游戏而生的笔记本。

战神 Z7M 保持着神舟产品一贯的高性价比特色，神舟战神 Z7M-SL7 配备了英特尔第

六代酷睿产品 i7 6700HQ 四核处理器，并安装有单条 8GB DDR3 1600 内存，硬盘方面 1TB 机械硬盘的，显卡方面则是采用 NVIDIA GeForce GTX 965M 独立显卡以及核芯显卡 HD 530 的组合。

小伙伴们想让自己闲暇时间过得充足，过得不懊恼，玩得尽兴吗？就加入我们的神舟大家族吧！暑期大促销，就来陕西神舟买游戏本，专注神舟 15 年，专业！靠谱！

地址：西安市雁塔区育才路 8 号。

咨询电话：029-85514420 18991944008。

4. 以超链接方式，将《对性能极致压榨，主打 1060 显卡新战神 Z7 性价比依然给力》《搭载最新架构 1060＋七代 i7，战神 Z7-KP7GT 基本没有短板》两篇文稿适当修改，文中设置超链接，方便浏览者对两篇文稿的交互浏览。注意，修改时要留取文稿的主要线索。

案例文稿资料：

对性能极致压榨，主打 1060 显卡新战神 Z7 性价比依然给力

近年来，在 Steam 平台上的游戏都销售得十分火爆，高品质游戏越来越多，玩家的数量也成倍增长，就连腾讯这个大牌游戏厂也准备推出类似于 Steam 平台的主机游戏平台 WeGame，主机游戏成为了时下游戏的主力。主机游戏大多都是高品质游戏，这类游戏都对电脑提出了更高的要求，玩家们需要配备一台性能强悍的电脑才能驾驭得了高品质游戏。

在性价比领域中，神舟一直以来都十分得出色，所打造的游戏本皆有一定的口碑。旗下的战神 Z7-KP7GT，融合了性能与价格的优势，成为了能够畅玩高品质游戏的利器。战神 Z7-KP7GT 的外观设计比较新颖，没有往日神舟游戏本的厚重，取而代之的则是刀锋式的设计，在 A 面添加了红色 V 形炫灯，搭配了黑色的机身外壳，更具神秘的感觉。战神 Z7-KP7GT 把电源和网线插孔设置在电脑底座的后部，解决了线路繁杂的问题。

战神 Z7-KP7GT 作为一款高性能游戏本，其核心配置也相当地出色，搭载了英特尔全新七代的 i7-7700HQ 高性能处理器，14 nm 制作工艺，四核八线程的设计，使得主频达 2.8 GHz，睿频更是达到了 3.8 GHz 的高度。i7-7700 用来玩游戏和使用大型的办公软件，会显得特别顺畅，不会有卡顿的感觉，多任务处理也显得十分从容，使用户对电脑更有把握。战神 Z7-KP7GT 还配备了英伟达强十系 GTX1060 6GB GDDR5 显卡，采用 Pascal 平台

搭建,由于这款显卡显存高达 6 G,市面上几乎所有游戏都能够畅玩,还包括一些即将上市的大型游戏,那些被称为"烧显卡"的游戏也只能乖乖服从。

战神 Z7-KP7GT 在内存方面选择了 8 GB DDR4 加 1TB 机械硬盘的组合,存取数据的速度更加快速,且存储容量也有更大的空间。在战神 Z7-KP7GT 中,神舟还给这款性能怪兽加上了一块 128 G 固态硬盘,相比其他品牌一万多的游戏本,还不舍得给你一块固态呢!神舟在这方面还真是良心。就连在屏幕方面,神舟给战神 Z7-KP7GT 配备了一面游戏级的IPS 屏幕,画质比其他屏幕更加细腻,画面得到更强的提升。

现在买卖客商城还进行了一个大优惠,凡是 8 月下单的朋友就送价值 399 元的超值十件套!有兴趣的小伙伴趁着 8 月黄金月,赶紧去买卖客网上商城看一下吧,或者来实体店进行购买,同样享受一样的价格,一样的优惠,快来抢购吧!

地址:西安市雁塔区大雁塔街道育才路 8 号。

咨询电话:029-85512312　18991944008。

搭载最新架构 1060 + 七代 i7,战神 Z7-KP7GT 基本没有短板

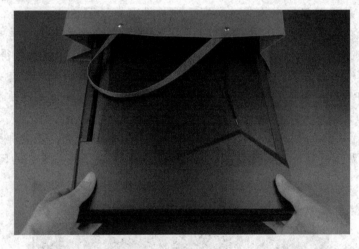

对于游戏发烧友来说,在游戏笔记本的挑选上面还是要有自己独到的见解的。虽然不是什么游戏大神,但是看多了自己也就渐渐摸索出一些经验之谈。那么怎么能够挑选到一个令自己满意的游戏笔记本电脑呢?

首先我们要记住一个道理,天下没有掉馅饼这回事,所以你在挑选游戏笔记本电脑的时候,想要兼顾低价、高性能和高颜值的话,那么你往往就非常容易吃亏。其实不仅仅对于购买游戏笔记本来说是这样,很多东西都是这个道理。所以,我建议大家挑选性能上比较出色的,毕竟游戏本配置才是第一考量。

当然也有兼顾价格和配置以及颜值的游戏本,像战神 Z7-KP7GT 就是这样一款游戏笔记本,超强的配置,没毛病!而且这次神舟还在型号不变的情况之下换上了全新的外观模具方案。战神 Z7-KP7GT 的外形非常好看,采用的是全新设计的模具,有较强的设计感。首次采用红黑搭配的配色,让战神 Z7-KP7GT 看起来非常高档次。而且正面配置的红色 LED灯,在黑夜里面打游戏非常酷炫。

至于配置方面，战神 Z7-KP7GT 的配置完全会让你眼前一亮。战神 Z7-KP7GT 的大脑是英特尔第七代的酷睿 i7-7700HQ 处理器，全新的架构设计让整个处理器的性能非常流畅，14 nm 的工艺制程和四核八线程的设计让战神 Z7-KP7GT 在运行复杂应用任务的时候也能从容应对。

　　至于显卡方面，战神 Z7-KP7GT 采用的是帕斯特架构的十系 GTX1060 6G GDDR5 的独立显卡，全新的架构让这款显卡性能得到很大的提升，在图形的处理上有更好的表现，实力非常强悍。除此之外，战神 Z7-KP7GT 还配置了 8GB 内存和 128GB SSD + 1TB HDD，给你非常不错的游戏环境。

　　需要购买此款游戏本的朋友可以上买卖客网上商城购买，或者在实体店来看看(西安市育才路 8 号，神舟客服中心)，暑期大促，买就送包！8 月 31 日前还可享受直降 200 钜惠，赶快行动吧！

　　地址：西安市雁塔区育才路 8 号。

　　咨询电话：18991944008 029-85514420。

【阅读材料】

互联网思维文案

　　互联网思维，就是在互联网+、大数据和云计算等科技不断发展的背景下，对市场、用户、产品和企业价值链乃至整个商业生态进行重新审视的思考方式。互联网思维文案就是基于这种思考方式而写作的方案，它最基本的要求是抓住用户痛点，拥有丰富的场景设置以及饱满的情绪。那么，怎样才能达到这样的效果呢？可以参考以下 7 个要素：

　　1. 分解产品属性

　　消费者选购产品时有两种模式——低认知模式(不花什么精力去思考)和高认知模式(花费很多精力去了解和思考)。

　　大部分时候，消费者处于"低认知模式"，他们懒得详细了解并比较产品，更多的是简单地通过与产品本身无关的外部因素来判断——"这个大品牌，不会坑我，就买这个！""这个德国产的，质量肯定比国产好，就买这个！"

　　在这种情况下，小品牌是打不过大品牌的，因为消费者直接通过"品牌"来推测产品质量，而不是详细比较产品本身。

　　怎么办呢？

　　应该把消费者变到"高认知模式"，让他们花费很多时间精力来比较产品本身，而不是简单地通过品牌和产地来判断。

　　而"分解产品属性"就是一个很好的方法，可以让消费者由一个"模糊的大概印象"到"精确地了解"。

　　2. 以消费者的利益出发

　　文案进行"分解产品属性"还不够，你需要把利益点说出来——这样的属性具体可以给对方带来什么。说出具体的"利益"，显得更加吸引人。

如果想写出中国好文案，你需要转变思维——不是"向对方描述一个产品"，而是"告诉对方这个产品对他有什么用！"

3．定位到使用情景

实际上，针对互联网产品的特点(品类复杂、人群分散)，你应该更多地把产品定位到使用情景——用户需要用我的产品完成什么任务？

比如如果我描述"这是一款智能无线路由器！"(产品类别)，你可能不知道我在说什么。

但是如果我说"你可以在上班时用手机控制家里路由器自动下片"(使用情境)，你可能就会心动。

所以，最重要的并不是"我是谁"，而是"我的消费者用我来做什么？"

4．找到正确的竞争对手

消费者总是喜欢拿不同的产品进行比较，因此写文案时，需要明确：我想让消费者拿我的产品跟什么对比？我的竞争对手到底是谁？

无数的行业创新产品都涉及了这样的竞争对手比较，例如，在线教育的竞争对手其实并不是线下培训，因为对那些肯花这么多时间和金钱参加培训的人来说，在线教育显然满足不了其对质量的要求；它的竞争对手其实是书籍、网络论坛，因为它的客户是因为没钱没时间而无法参加培训，以至于不得不看书自学的人。

构思好文案、好宣传，先找到你产品真正的竞争对手。

5．视觉感

文案写的内容能让读者看到后就联想到具体的形象，比如某手机的文案，如果只说"夜拍能力强"，很多人没有直观的感觉；但是如果说"可以拍星星"，就立马让人回忆起了"看到璀璨星空想拍但拍不成"的感觉。

优秀的文案看到后能让人联想到具体的情景或者回忆，但是太多文案写的抽象、模糊、复杂、假大空，让人不知所云。

例教育课程广告："我们追求卓越，创造精品，帮你与时俱进，共创未来！"

如果同样的意思，加入"视觉感"的描述，效果就显著不同：

"我们提供最新的知识，以帮你应对变化的世界。"

写文案，一定要有"视觉感"，否则别人看了不知道你到底在说些什么。

6．附着力——建立联系

附着力是指将信息建立在一个大家所熟知的东西上，方便人们进行记忆。特别是在推出人们不了解的新产品或新技术时，通过一种人们所熟知的东西来进行关联，可以帮助人们快速了解产品并记住它。

7．提供"导火索"

写作文案的目的是为了引导人们的购买行为，如果用户已经"心动"了，但没有找到行动方法，可能是其文案的效果不尽如人意。因此，必要时需要在文案中明确告诉别人，应该怎样做？可使用文字、超链接等方式进行提示。

(资料来源：知乎网 www.zhihu.com)

模块四 项目总结

通过本项目的学习，大家在感受到互联网信息浩瀚无边，网络信息量巨大的同时，通过必要的分析及价值判断，完成任务操作的学习。在本项目里，要了解网络信息资源的概念和特点，掌握网络信息筛选的各种途径、网络信息的归类方法，根据信息的来源，利用网络信息筛选的价值标准对稿件质量作出基本判断，找出合适的关键字，为网络稿件制作一个合适的标题。

在实践操作过程中，要适应互联网时代的变革，掌握网络时代的主动权，成为信息时代的主人，要大胆设想，勤于思考，小心求证，体验探究，学会寻求帮助，以获取真正有效的信息资源。

 【阅读材料】

网络稿件编辑一般规范性表述

1. 所有标题通常必须句型完整，主谓宾齐全，所有标题必须明确表达文章内容，不得给人以模棱两可之感。

2. 标题，正文中文字大小、颜色不能随意更改。段落标题可以加粗。

3. 文章校对：错字率必须控制在千分之一内。

4. 文章格式：开头空两格(全角打两次空格键)；段与段从序号断开，序号可根据内容自己编写在段落开头；字母、阿拉伯数字都是用英文(半角)；删除重复段落。

5. 文章超过 1500 字，需要分页。文字超过 2000 字不分页算作重大工作失误。

6. 标点：

① 标点一般情况下使用中文，常用的是，。""：、！？；……——。

② 一般情况下标题中是不出现句号和逗号的，用空格代替。标题的最后不要留任何空格。

7. 文章摘要：做到对整篇文章的归纳，字数控制在要求 15～20 字之内。

8. 关键词：关键词用于检索，不同关键词间用空格或英文逗号隔开。

9. 参考文献：

① 如来自于科学期刊，需加括号注明作者名称、单位、期刊名称，年 卷 期；

② 如摘自书籍，需加括号注明作者姓名、书籍名称、出版社，出版时间；

③ 如摘自报纸，需加括号注明作者、报纸名称、报纸日期。

(资料来源：百度文库 baike.baidu.com)

项目二　网络多媒体编辑

模块一　项目概要

一、项目实施背景

媒体作为信息与信息的接收者之间的中介物，可以存储并传递信息。广义的媒体涵盖了人体器官在内的工具和媒介。1987年8月，创新音乐系统(C/MS)问世，这一声卡的出现，不仅标志着计算机具备了音频处理能力，也标志着计算机的发展进入了一个崭新的阶段——多媒体时代。媒体与人们的生活息息相关，它综合了计算机声音处理技术、计算机图形处理技术、图像处理技术、计算机通信技术、存储技术、计算机文字处理技术、计算机动画处理技术及活动影像技术、集成电路技术等，对大众传播媒介产生了巨大影响。

多媒体技术带来了计算机界的又一次革命，它标志着计算机不仅仅作为办公室和实验室的专用品，而是作为常用品进入家庭、商业、旅游、娱乐、教育乃至艺术等几乎所有的社会与生活领域；同时，它也将使计算机朝着人类最理想的方式发展，即视听一体化，彻底淡化人机界面的概念，推动着社会发展快速进入视听文化时代。

在这个时代，人们思维加工的素材已由原先的抽象文字为主的局面逐渐向视听综合材料过渡，画面、声音成为大众传播的重要中介元素。因此，具备画面与声音的获取、加工与传播的能力则成为时代必然。本模块项目重点对多媒体涉及的核心方面——图像、动画、视频以及音频的编辑进行分析介绍。

二、项目预期目标任务评价

网络多媒体编辑项目预期目标的完成情况可使用任务评价表(见表2-1)，按行为、知识、技能、情感四个指标进行自我评价、小组评价和教师评价。

表2-1　网络多媒体编辑任务评价表

一级评价指标	二级评价指标	评价内容	分值	自我评价	小组评价	教师评价
行为指标	安全文明操作	是否按照要求完成任务	5分			
		是否善于学习，学会寻求帮助	5分			
		实验室卫生清洁情况	5分			
		实验过程是否做与课程无关的事情	5分			

续表

一级评价指标	二级评价指标	评价内容	分值	自我评价	小组评价	教师评价
知识目标	理论知识掌握	多媒体核心元素的内涵	5分			
		多媒体核心元素的特点	10分			
		视听语言诉求	10分			
技能目标	技能操作的掌握	解决问题方法与效果	5分			
		多媒体编辑工具的使用	10分			
		多媒体编辑的技巧	10分			
		多媒体编辑的艺术化提升	10分			
情感指标	综合运用能力	创新能力	10分			
		课堂效率	5分			
		拓展能力	5分			
合计			100分			
综合评价：						

三、项目实施条件

(1) 多媒体计算机机房，能连接 Internet。同时，计算机上安装有相关软件：Adobe Photoshop、Adobe Animate、GoldWave、Adobe Premiere。

(2) 准备一定数量的图片、视频以及音频素材，方便学生训练。

模块二 项 目 知 识

单元一 网络图片编辑

一、网络图片基础知识

(一) 网络图片基本概念

1. 像素

像素(Pixel)是由 Picture(图像)和 Element(元素)这两个单词的字母所组成的，是用来计算数码影像的一种单位，是计算机屏幕上所能显示的最小单位。当图片尺寸以像素为单位时，每一厘米等于 28 像素，比如 15 厘米×15 厘米长度的图片，等于 420 像素×420 像素的长度。

2. 分辨率

图像分辨率(Image Resolution)指图像中存储的信息量。这种分辨率有多种衡量方法，典型的是以每英寸的像素数(PPI，Pixel Per Inch)来衡量。当然也有以每厘米的像素数(PPC， pixel per centimeter)来衡量的。图像分辨率决定了图像输出的质量，图像分辨率和图像尺寸(高宽)的值一起决定了文件的大小，且该值越大图形文件所占用的磁盘空间也就越多。图像分辨率以比例关系影响着文件的大小，即文件大小与其图像分辨率的平方成正比。如果保持图像尺寸不变，将图像分辨率提高一倍，则其文件大小增大为原来的四倍。分辨率越高代表图像品质越好，越能表现出更多的细节；但相对的，因为纪录的信息越多，文件也就会越大。个人电脑里的图像，可以使用图像处理软件(例如 Adobe Photoshop、PhotoImpact)调整大小、编修照片等。

3. 矢量图与位图

矢量图是根据几何特性来绘制图形，矢量可以是一个点或一条线，矢量图只能靠软件生成，文件占用内在空间较小，因为这种类型的图像文件包含独立的分离图像，可以自由无限制的重新组合。它的特点是放大后图像不会失真，和分辨率无关，文件占用空间较小，适用于图形设计、文字设计和一些标志设计、版式设计等。位图(Bitmap)，又称栅格图(Raster Graphics)，是使用像素阵列来表示的图像，每个像素的颜色信息由 RGB 组合或者灰度值表示。根据颜色信息所需的数据位分为 1、4、8、16、24 及 32 位等，位数越高颜色越丰富，相应的数据量越大。其中使用 1 位表示一个像素颜色的位图，因为一个数据位只能表示两种颜色，所以又称为二值位图。通常使用 24 位 RGB 组合数据位表示的位图称为真彩色位图。BMP 文件是微软公司开发的一种交换和存储数据的方法，各个版本的 Windows 都支持 BMP 格式的文件。Windows 提供了快速、方便的存储和压缩 BMP 文件的方法。BMP 格式的缺点是，要占用较大的存储空间，文件尺寸太大。

矢量图与位图的效果有天壤之别，矢量图无限放大不模糊，但位图不行，大部分位图都是由矢量导出来的，也可以说矢量图就是位图的源码，源码是可以编辑的。矢量图与位图最大的区别是，它不受分辨率的影响。因此在印刷时，可以任意放大或缩小图形而不会影响出图的清晰度，可以按最高分辨率显示到输出设备上。

(二) 网络图片的格式

目前常见的图形(图像)文件格式有：BMP、DIB、PCP、DIF、WMF、GIF、JPG、TIF、EPS、PSD、CDR、IFF、TGA、PCD、MPT。除此之外，Macintosh 机专用的图形(图像)格式还有 PNT、PICT、PICT2 等。

1. JPEG 格式(Joint Photographic Exerts Group)

JPEG 格式的文件后缀名为"．jpg"或"．jpeg"，是最常用的图像文件格式，由一个软件开发联合会组织制定，是一种有损压缩格式，它用去除冗余的图像和彩色数据，获取极高的压缩率的同时能展现十分丰富生动的图像，换句话说，就是可以用最少的磁盘空间得到较好的图像质量。但是将图像压缩在很小的储存空间，图像中重复或不重要的资料会被丢失，因此容易造成图像数据的损伤。尤其是使用过高的压缩比例，将使最终解压缩后恢复的图像质量明显降低，如果追求高品质图像，不宜采用过高压缩比例。

2. GIF 格式(Graphics InterChange Format)

GIF(Graphics Interchange Format)的原意是"图像互换格式"，是 CompuServe 公司在1987 年开发的图像文件格式。GIF 文件的数据，是一种基于 LZW 算法的连续色调的无损压缩格式。其压缩率一般在 50%左右，它不属于任何应用程序。GIF 格式可以存多幅彩色图像，如果把存于一个文件中的多幅图像数据逐幅读出并显示到屏幕上，就可构成一种最简单的动画。GIF 格式可以在保持图像尺寸不变的情况下减少图像中每点的色彩数以减小图像文件的大小。

GIF 分为静态 GIF 和动画 GIF 两种，扩展名为 ".gif"，是一种压缩位图格式，其支持透明背景图像，适用于多种操作系统，"体型"很小，网上很多小动画都是 GIF 格式。其实 GIF 是将多幅图像保存为一个图像文件，从而形成动画，最常见的就是通过一帧帧的动画串联起来的 gif 图，所以归根到底 GIF 仍然是图片文件格式。但 GIF 只能显示 256 色。和 JPEG 格式一样，这也是一种在网络上非常流行的图形文件格式。

3. PNG 格式(Portable Network Graphics)

PNG 称为便携式网络图形(Portable Network Graphics)，是一种无损压缩的位图片形格式。其设计目的是试图替代 GIF 和 TIFF 文件格式，同时增加一些 GIF 文件格式所不具备的特性。PNG 是与平台无关的格式，其优点有体积小、图像质量高、更优化的网络传输显示。它支持透明效果，PNG 可以为原图像定义 256 个透明层次，使得彩色图像的边缘能与任何背景平滑地融合，从而彻底消除锯齿，这种功能是 GIF 和 JPEG 没有的。其缺点是不能得到较旧的浏览器和程序的支持。随着操作系统与浏览器的不断升级，PNG 格式图像的使用越来越多。

4. BMP(Windows 位图)格式

BMP(全称 Bitmap)是 Windows 操作系统中的标准图像文件格式，可以分成两类：设备相关位图(DDB)和设备无关位图(DIB)，使用非常广。它采用位映射存储格式，除了图像深度可选以外，不采用其他任何压缩，因此，BMP 文件所占用的空间很大。BMP 文件的图像深度可选 1bit、4bit、8bit 及 24bit。BMP 文件存储数据时，图像的扫描方式是按从左到右、从下到上的顺序。由于 BMP 文件格式是 Windows 环境中交换与图有关的数据的一种标准，因此在 Windows 环境中运行的图形图像软件都支持 BMP 图像格式。最典型应用 BMP 格式的程序就是 Windows 的画笔和墙纸。

5. TIFF(Tag Image File Format)格式

TIFF 格式即标签图像文件格式，是一种灵活的位图格式，主要用来存储包括照片和艺术图在内的图像。它最初由 Aldus 公司与微软公司一起为 PostScript 打印开发。TIFF 与 JPEG 和 PNG 一起成为流行的高位彩色图像格式。它的结构灵活，包容性大，已成为图像文件格式的一种标准，绝大多数图像系统都支持这种格式。TIFF 格式在业界得到了广泛的支持，如 Adobe 公司的 Photoshop 图像处理应用、QuarkXPress 和 Adobe InDesign 这样的桌面印刷和页面排版应用，扫描、传真、文字处理、光学字符识别和其他一些应用等都支持这种格式。TIFF 文件格式适用于在应用程序之间和计算机平台之间的交换文件，它的出现使得图像数据交换变得简单。

6. PDF(Portable Document Format)格式

PDF(便携式文件格式)是由 Adobe Systems 在 1993 年用于文件交换所发展出的文件格式。它的优点在于跨平台、能保留文件原有格式(Layout)、开放标准。目前十分流行。PDF

文件包含矢量和位图图形，还包含电子文档查找和导航功能。

(三) 网络图片颜色模式

颜色模式是将某种颜色表现为数字形式的模型，或者说是一种记录图像颜色的方式。分为 RGB 颜色模式、CMYK 颜色模式、HSB 颜色模式、Lab 颜色模式、位图模式、灰度模式、索引颜色模式、双色调模式和多通道模式。

1. RGB 颜色模式

虽然可见光的波长有一定的范围，但我们在处理颜色时并不需要将每一种波长的颜色都单独表示。因为自然界中所有的颜色都可以用红、绿、蓝(RGB)这三种颜色波长的不同强度组合而得，这就是人们常说的三基色原理。因此，这三种光常被人们称为三基色或三原色。有时候我们亦称这三种基色为添加色(Additive Colors)，这是因为当我们把不同光的波长加到一起的时候，得到的将会是更加明亮的颜色。把三种基色交互重叠，就产生了次混合色：青(Cyan)、洋红(Magenta)、黄(Yellow)。这同时也引出了互补色(Complement Colors)的概念。基色和次混合色是彼此的互补色，即彼此之间最不一样的颜色。例如青色由蓝色和绿色构成，而红色是缺少的一种颜色，因此青色和红色构成了彼此的互补色。在数字视频中，对 RGB 三基色各进行 8 位编码就构成了大约 1677 万种颜色，这就是我们常说的真彩色。另外，电视机和计算机的监视器都是基于 RGB 颜色模式来创建其颜色的。

2. CMYK 颜色模式

CMYK 颜色模式是一种印刷模式。其中四个字母分别指青(Cyan)、洋红(Magenta)、黄(Yellow)、黑(Black)，在印刷中代表四种颜色的油墨。CMYK 模式在本质上与 RGB 模式没有什么区别，只是产生色彩的原理不同，在 RGB 模式中由光源发出的色光混合生成颜色，而在 CMYK 模式中由光线照到有不同比例 C、M、Y、K 油墨的纸上，部分光谱被吸收后，反射到人眼的光产生颜色。由于 C、M、Y、K 在混合成色时，随着 C、M、Y、K 四种成分的增多，反射到人眼的光会越来越少，光线的亮度会越来越低，所以 CMYK 模式产生颜色的方法又被称为色光减色法。

3. HSB 颜色模式

从心理学的角度来看，颜色有三个要素：色泽(Hue)、饱和度(Saturation)和亮度(Brightness)。HSB 颜色模式便是基于人对颜色的心理感受的一种颜色模式。它是由 RGB 三基色转换为 Lab 模式，再在 Lab 模式的基础上考虑了人对颜色的心理感受这一因素而转换成的。因此这种颜色模式比较符合人的视觉感受，让人觉得更加直观一些。它可由底与底对接的两个圆锥体立体模型来表示，其中，轴向表示亮度，自上而下由白变黑；径向表示色饱和度，自内向外逐渐变高；而圆周方向，则表示色调的变化，形成色环。

4. Lab 颜色模式

Lab 颜色是由 RGB 三基色转换而来的，它是由 RGB 模式转换为 HSB 模式和 CMYK 模式的桥梁。该颜色模式由一个发光率(Luminance)和两个颜色(a, b)轴组成。它由颜色轴所构成的平面上的环形线来表示色的变化，其中径向表示色饱和度的变化，自内向外，饱和度逐渐增高；圆周方向表示色调的变化，每个圆周形成一个色环；而不同的发光率表示不同的亮度并对应不同环形颜色变化线。它是一种具有"独立于设备"的颜色模式，即不论使用任何一种监视器或者打印机，Lab 的颜色不变。其中 a 表示从洋红至绿色的范围，b 表示黄色至蓝色的范围。

二、网络图片的获取与使用

如今平面媒体都已经进入读图时代，图片发挥着文字不能替代的作用，图片具有更强的冲击力，图片更让人回味无穷，更意味深长。

1. 专业图片网站

专业图片网站是指在完善的技术平台支持下，让互联网用户在线流畅地发布、浏览和分享图片作品的网络媒体。比如，中国新闻图片网(www.cnsphoto.com)、千图网(www.58pic.com)、典匠图片网(www.imagedj.com)等。

2. 网站自身拥有的图片频道

网络媒体除了经常以图片库的方式提供图片外，有很多网站设立有自己的"图片频道"。比如人民网"图片频道"(pic.people.com.cn/GB/index.html)、新华网的"新华图片"频道(www.xinhuanet.com/photo/)、华商网"图片频道"(news.hsw.cn/tpxw08)。

3. 搜索引擎

随着搜索引擎的发展完善，很多搜索引擎都把图片搜索作为自己的搜索服务之一，如全文搜索引擎百度的图片搜索。搜索引擎能够提供更灵活的图片搜索服务，可以在搜索的过程中根据不同的要求进行搜索，比如图片格式、图片大小、图片像素等。

4. 其他渠道

有很多网站有了自己专业的记者，可以根据自己的需要拍摄原始的照片为自己所用；有时，根据自己或公司的需要，网站上的个人 LOGO 或者是一些广告图片需要自己去设计制作。

三、网络图片应用原则

网络图片在实际应用过程中，需要遵循一定的原则，保持图片的真实性、思想性、艺术性及实用性，将最真实、最直观的主题呈现在受众面前，为主题画龙点睛。

1. 真实性

在图片的编辑过程中，必须对图片的真实性进行辨别，同时图片的使用必须恰当，避免误导受众。

2. 思想性

图文搭配要合现，不可脱节，不能偏离主题，需要审核图片是否能突出商品或软文的要点，尤其是为新闻报道配发的图片更要注意图片的选用。

3. 艺术性

好的图片不仅仅能图解文字，往往还能进一步引发人们的联想和深思，简洁明了的图表和恰当的配图，可以与文章彼此呼应、相得益彰，使商品更能吸引受众的注意。

4. 实用性

在满足真实性、思想性、艺术性原则的基础上，图片的选择还应便于排版的需求，能够合适应用到网页编排上，使网页排版整体美观。

四、网络图片的编辑

网页因为有了图片才会显得生动，根据需求，合理地安排图片可以起到画龙点睛、调剂版面视觉效果的作用，如果安排不当，会破坏整个页面的视觉效果。

1. 图片在页面左上方

将图片放置在页面的左上方符合人们从左到右、从上到下的视觉和阅读习惯，页面的左上方是人们阅读和浏览的视觉起点。许多网站的首面、频道或栏目首页都采用了这种方式，效果较好。如图 2-1 新浪网社会频道(news.sina.com.cn/society)所示，采用图片放置页面左上方样式编排。

图 2-1　新浪网社会频道页面

2. 图片在页面右上方

有很多网站也采用这个方式进行图片的编排，将图片放置在页面的右上方，这种方式的编排习惯可以说是非常规的，在视觉和阅读感受上都可以给受众以突破。如图 2-2 所示，凤凰网(www.ifeng.com)首页采用了这种图片排版的方式。

图 2-2　凤凰网首页页面

3. 多个小图纵向或横向排列

图 2-3 所示为陕西神舟计算机有限公司(maimaike.com)官网页面,通过水平分割线将多幅图像在页面上整齐有序地排列成块状,这种结构打破常规,从而使页面生动活泼,具有强烈的整体感和秩序美感。

图 2-3　陕西神舟计算机有限公司官网首页页面

4. 图片在软文中

在新闻正文报道的页面中,图片一般放置在正文的正上方。在电子商务网店的软文设计里,图片可以插入到软文的任一位置,起到调节的作用,更好地展示商品的信息。图 2-4 为陕西神舟计算机有限公司(maimaike.com)产品新闻页面。

图 2-4　陕西神舟计算机有限公司产品新闻页面

单元二　网络动画编辑

一、网络动画的概念

1. 动画

动画即采用逐帧拍摄对象并连续播放而形成运动的影像技术。不论拍摄对象是什么，只要它的拍摄方式是采用逐格的方式，观看时连续播放形成了活动影像，它就是动画。世界著名的动画大师英国人约翰·哈拉斯所诉"动画的本质在于运动"。广义而言，把一些原先不活动的东西，经过影片的制作与放映，变成活动的影像，即为动画，"动画"的中文叫法应该说是源自日本。第二次世界大战前后，日本称以线条描绘的漫画作品为"动画"。然而，动画的概念不同于一般意义上的动画片，动画是一种综合艺术，从广义的角度来看，把一些原先不活动的东西，经过影片的制作与放映，变成活动的影像，即为动画，动画是集画、漫画、电影、数字媒体、摄影、音乐、文学等众多艺术门类于一身的艺术表现形式。

2. 帧及关键帧

帧——就是影像动画中最小单位的单幅影像画面，相当于电影胶片上的每一格镜头。一帧就是一副静止的画面，连续的帧就形成动画，如电视图像等。我们通常说帧数，简单地说，就是在 1 秒钟时间里传输的图片的帧数，也可以理解为图形处理器每秒钟能够刷新几次，通常用 fps(Frames Per Second)表示。每一帧都是静止的图像，快速连续地显示帧便形成了运动的假象。高的帧率可以得到更流畅、更逼真的动画。每秒钟帧数(fps)愈多，所显示的动作就会愈流畅。

关键帧——任何动画要表现运动或变化，至少前后要给出两个不同的关键状态，而中间状态的变化和衔接可以由电脑自动完成，在 Animate 动画中，表示关键状态的帧叫做关键帧。

3. 元件

元件是构成 Animate 动画所有因素中最基本的因素，包括形状、元件、实例、声音、位图、视频、组合等。在 Animate 中，有时候需要重复使用素材，这时我们就可以把素材转换成元件，或者干脆新建元件，以方便重复使用或者再次编辑修改；也可以把元件理解为原始的素材，通常存放在元件库中。元件必须在 Animate 中才能创建或转换生成，它有三种形式，即影片剪辑、图形、按钮，元件只需创建一次，然后即可在整个文档或其他文档中重复使用。

影片剪辑元件可以理解为电影中的小电影，可以完全独立于场景时间轴，并且可以重复播放。影片剪辑是一小段动画，用在需要有动作的物体上，它在主场景的时间轴上只占1 帧，可以包含所需要的动画，影片剪辑就是动画中的动画。"影片剪辑"必须要进入影片测试里才能观看得到。

图形元件是可以重复使用的静态图像，它是作为一个基本图形来使用的，一般是静止的一幅图画，每个图形元件占 1 帧。

按钮元件实际上是一个只有 4 帧的影片剪辑，但它的时间轴不能播放，只是根据鼠标指针的动作做出简单的响应，并转到相应的帧，通过给舞台上的按钮添加动作语句来实现 Animate 影片强大的交互性。

二、常用的动画格式

1. GIF 格式

目前几乎所有相关软件都支持 GIF 格式，公共领域有大量的软件在使用 GIF 图像文件。GIF 图像文件的数据是经过压缩的，而且是采用了可变长度等压缩算法。GIF 格式的另一个特点是其在一个 GIF 文件中可以存多幅彩色图像，如果把存于一个文件中的多幅图像数据逐幅读出并显示到屏幕上，就可构成一种最简单的动画。

2. SWF 格式

SWF (Shock Wave Flash)是 Macromedia(现已被 ADOBE 公司收购)公司的动画设计软件 Flash 的专用格式，是一种支持矢量和点阵图形的动画文件格式，被广泛应用于网页设计、动画制作等领域，SWF 文件通常也被称为 Flash 文件。SWF 普及程度很高，现在超过 99% 的网络使用者都可以读取 SWF 档案。这个档案格式由 FutureWave 创建，后来伴随着一个主要的目标受到 Macromedia 支援，创作小档案以播放动画。计划理念是可以在任何操作系统和浏览器中进行，并让网络较慢的人也能顺利浏览。SWF 可以用 Adobe Flash Player 打开，浏览器必须安装 Adobe Flash Player 插件。

3. FLIC/FLI/FLC 格式

FLC/FLI(FLIC 文件)是 Autodesk 公司在其出品的 2D、3D 动画制作软件中采用的动画文件格式，FLIC 是 FLC 和 FLI 的统称。FLI 是最初的基于 320×200 分辨率的动画文件格式，在 Autodesk 公司出品的 Autodesk Animator 和 3DSudio 等动画制作软件均采用了这种彩色动画文件格式。

Audodesk 的 FLC 是一种古老的编码方案，常见的文件后缀为“.FLC”和“.FLI”。由于 FLC 仅仅支持 256 色的调色板，因此它会在编码过程中尽量使用抖动算法(也可以设置不抖动)，以模拟真彩的效果。这种算法在色彩值差距不是很大的情况下几乎可以达到乱真的地步，例如红色 A(R:255，G:0，B:0)到红色 B(R:255，G:128，B:0)之间的抖动。这种格式现在已经很少被采用了，但当年很多这种格式被保留下来，这种格式在保存标准 256 色调色板或者自定义 256 色调色板是无损的，这种格式可以清晰到像素，非常适合保存线框动画，例如 CAD 模型演示。现在这种格式很少见了。

4. 虚拟现实动画(VR)

VR 是一项综合集成技术，涉及计算机图形学、人机交互技术、传感技术、人工智能等领域，它用计算机生成逼真的三维视、听、嗅觉等感觉，使人作为参与者通过适当装置，自然地对虚拟世界进行体验和交互作用。使用者进行位置移动时，电脑可以立即进行复杂的运算，将精确的 3D 世界影像传回从而产生临场感。该技术集成了计算机图形(CG)技术、计算机仿真技术、人工智能、传感技术、显示技术、网络并行处理等技术的最新发展成果，是一种由计算机技术辅助生成的高技术模拟系统。

三、动画的类型

1. 逐帧动画

逐帧动画是指在时间轴中放置不同的内容，使其连续播放而形成的动画。这和早期的传统动画制作方法相同，这种动画的文件尺寸较大，但具有非常大的灵活性，几乎可以表现任何想表现的内容，很适合于表演细腻的动画。

2. 补间动画

补间动画是整个 Flash 动画设计的核心，也是 Animate 动画的最大优点。所谓的补间动画，其实就是建立在两个关键帧(一个开始，一个结束)的渐变动画，只要建立好开始帧和结束帧，中间过渡部分软件会自动生成并填补进去，非常方便好用。

补间动画有动作补间和形状补间两种形式。形状补间是由一个形态到另一个形态的变化过程，像移动位置、改变角度等。动作补间动画的对象必须是"元件"或"成组对象"。

3. 遮罩动画

顾名思义，"遮罩"就是遮挡住下面的对象。在 Animate 动画中，"遮罩"主要有两种用途，一个作用是用在整个场景或一个特定区域，使场景外的对象或特定区域外的对象不可见；另一个作用是用来遮罩住某一个元件的一部分，从而实现一些特殊的效果。遮罩动画的基本原理是，遮罩层的内容完全覆盖在被遮罩的层上面，只有遮罩层有内容的区域才可以显示下层图像信息，看到"被遮罩层"中的对象以及其属性(包括其形变效果)。但是遮罩层中的对象中的许多属性如渐变色、透明度、颜色和线条样式等却是被忽略的。

遮罩层是由普通图层转化的。只要在要遮罩的某个图层上单击右键，在弹出菜单中在"遮罩"选项前打个钩，该图层就会生成遮罩层。使用者可以在遮罩层、被遮罩层中分别或同时使用形状补间动画、动作补间动画、引导线动画等动画手段，从而使遮罩动画变成一个可以施展无限想象力的创作空间。

4. 引导动画

如果让对象沿着指定的路线(曲线)运动，需要添加引导层。引导层是一种特殊的图层类型，引导层中绘制的图形，主要用来设置对象的运动轨迹。引导动画是在引导层绘制好路径后，将对象拖到路径的起始位置和终点位置，然后创建动作补间动画，对象就会沿着指定的路径运动。

引导层可以辅助被引导图层中对象的运动或者定位，使用引导层可以制作沿自定义路径运动的动画效果。引导层存放的引导路径内容在文件发布或导出时是不显示的，它只是起着辅助定位和为运动的角色指定运动路线的作用。

单元三 网络音频编辑

一、数字音频基础知识

1. 声音的产生

声音是由振动产生的。物体振动停止，发声也停止。当振动波传到人耳时，人便听到了声音。

人能听到的声音，包括语音、音乐和其他声音(环境声、音效声、自然声等)，可以分为乐音和噪音。

乐音：是由规则的振动产生的，只包含有限的某些特定频率，具有确定的波形。

噪音：是由不规则的振动产生的，它包含有一定范围内的各种音频的声振动，没有确定的波形。

2. 声音的传播

声音是通过介质来传播的。声波在介质中传递的速度，称为声速(或音速)，由于声音在不同介质中，传播的速度不同，因而产生了声音的反射与折射现象。声音是物质振动产生的波动，需要靠介质传播才能听到，真空不能传声。声音在所有介质中都以声波形式传播。声音在固体、液体中比在气体中传播得快。

3. 声音的三要素

声音(单位：分贝 dB)具有三个要素：音调、响度(音量/音强)和音色。

人们根据声音的三要素来区分声音。

音调：声音的高低(高音、低音)由频率(Frequency)决定，频率越高音调越高。声音的频率是指每秒中声音信号变化的次数，用 Hz 表示。例如，20 Hz 表示声音信号在 1 秒钟内周期性地变化 20 次。高音：音色强劲有力，富于英雄气概。善于表现强烈的感情。低音：音色深沉浑厚，善于表现庄严雄伟和苍劲沉着的感情。

响度：又称音量、音强，指人主观上感觉声音的大小，由振幅和人离声源的距离决定，振幅越大响度越大；人和声源的距离越小，响度越大。

音色：又称音品，由发声物体本身的材料、结构决定。每个人讲话的声音以及钢琴、提琴、笛子等各种乐器所发出的声音不同，都是由音色不同造成的。

4. 声道

声道(Sound Channel/Track)是分开录音然后结合起来以便同时听到的一段声音。早期的声音重放(Playback/Reproduction)技术落后，只有单一声道(Mono/Monophony)，只能简单地发出声音(如留声机、调幅 AM 广播)；后来有了双声道的立体声(Stereo)技术(如立体声唱机、调频 FM 立体声广播、立体声盒式录音带、激光唱盘 CD-DA)，利用人耳的双耳效应，感受到声音的纵深和宽度，具有立体感。现在又有了各种多声道的环绕声(Surround Sound)重放方式(如 4.1、5.1、6.1、7.1 声道)，将多只喇叭(扬声器 Speaker)分布在听者的四周，建立起环绕聆听者周围的声学空间，使听者感受到自己被声音包围起来，具有强烈的现场感(如电影院、家庭影院、DVD-Audio、SACD、DTS-CD、HDTV)。

二、音频格式

目前常见的音频文件格式有 MP3、WMA、FLAC、AAC、MMF、AMR、M4A、M4R、Ogg(Oggvorbis)、WAV(即 Wave)、WAVPACK、AU、CD(WAV)、WMV、RA、MPC、APE、AC3、MPA、MPC、MP2、M1A、M2A、MID、MIDI、RMI、MKA、DTS、CDA、SND、AIF、AIFC、AIFF、CDA、OFR、realAudio、VQF 等。常见的数字音频文件格式有很多，每种格式都有自己的优点、缺点及适用范围。

1. CD 格式——天籁之音

CD 音轨文件的后缀名为"cda"。标准 CD 格式是 44.1K 的采样频率，速率 88K/秒，16 位量化位数，近似无损的 CD 光盘在 CD 唱机中播放，也能用电脑里的各种播放软件来重放。一个 CD 音频文件是一个 *.cda 文件，这只是一个索引信息，并不是真正的包含声音信息，所以不论 CD 音乐的长短，在电脑上看到的*.cda 文件都是 44 字节长。

2. WAV 格式——无损的音乐

WAV 为微软公司开发的一种声音文件格式。标准格式化的 WAV 文件和 CD 格式一样，也是 44.1K 的取样频率，16 位量化位数，声音文件和 CD 相差无几。特点：音质非常好，被大量软件所支持。适用于多媒体开发、保存音乐和原始音效素材。

3. MP3 格式——流行的风尚

MP3 格式的全称是 Moving Picture Experts Group Audio Layer Ⅲ，是当今较流行的一种数字音频编码和有损压缩格式，是 ISO 标准 MPEG1 和 MPEG2 第三层(Layer 3)，采样率 16～48 kHz，编码速率 8K～1.5 Mb/s。特点：音质好，压缩比比较高，被大量软件和硬件支持，应用广泛。适合用于一般的以及比较高要求的音乐欣赏。

4. MIDI——作曲家的最爱

MIDI(Musical Instrument Digital Interface)即乐器数字接口。MIDI 数据不是数字的音频波形，而是音乐代码或电子乐谱。MIDI 文件每存 1 分钟的音乐只用大约 5～10 KB。MIDI 文件主要用于原始乐器作品，流行歌曲的业余表演，游戏音轨以及电子贺卡等。*.mid 文件重放的效果完全依赖声卡的档次。普通的声音文件，如 WAV 文件，是计算机直接把声音信号的模拟信号经过取样——量化处理，不经压缩处理，变成与声音波形对应的数字信号。而 MIDI 文件则不是直接记录乐器的发音，而是记录了演奏乐器的各种信息或指令，如用哪一种乐器，什么时候按某个键，力度怎么样等，至于播放时发出的声音，那是通过播放软件或者音源的转换而成的。因此 MIDI 文件通常比声音文件小得多，一首乐曲，只有十几 KB 或几十 KB，相当于声音文件的千分之一左右，便于储存和携带。

5. WMA 格式——最具实力的敌人

WMA(Windows Media Audio)由微软开发。音质要强于 MP3 格式，更远胜于 RA 格式，它以减少数据流量但保持音质的方法来达到比 MP3 压缩率更高的目的，WMA 的压缩率一般都可以达到 1：18 左右。它内置了版权保护技术，可以限制播放时间和播放次数甚至于播放的机器等。WMA 格式在录制时可以对音质进行调节。同一格式，音质好的可与 CD

媲美，压缩率较高的可用于网络广播。

6. Ra 格式——流动的旋律

RealAudio 主要适用于在网络上的在线音乐欣赏，Ra 文件压缩比高，可以随网络带宽的不同而改变声音质量，适合在网络传输速度较低的互联网上使用。

7. APE 格式——一种新兴的无损音频编码

可以提供 50%～70% 的压缩比，APE 的文件大小大概为 CD 的一半，可以节约大量的资源。APE 可以做到真正的无损，而不是听起来无损，压缩比也要比类似的无损格式要好。特点：音质非常好。适用于最高品质的音乐欣赏及收藏。

单元四　网络视频编辑

一、视频相关概念

1. 视频

视频(Video)，又称影片、视讯、视像、录影、动态影像，泛指将一系列的静态图像以电信号方式加以捕捉、纪录、处理、存储、传送与重现的各种技术。视频技术最早是从阴极射线管的电视系统的创建而发展起来的，但是之后新的显示技术的发明，使视频技术所包括的范畴更大。基于电视和计算机的标准，视频技术被试图从两个不同的方面来发展。现在得益于计算机性能的提升，并且伴随着数字电视的播出和记录，这两个领域又有了新的交叉和集中。电脑现在能显示电视信号，能显示基于电影标准的视频文件和流媒体。和电视系统相比，电脑伴随着其运算器速度的提高，存储容量的增加和宽带的逐渐普及，通用的计算机都具备了采集，存储，编辑和发送电视、视频文件的能力。

2. 线性编辑和非线性编辑

在传统的线性编辑中，对视频素材的编辑主要是在编辑机系统上进行的，编辑及系统一般由一台或多台放像机、录像机、编辑控制器、特技发生器、时基校正器、调音台和字幕机等设备组成。编辑人员在放像机上重放磁带上已经录好的影像素材，并选择一段合适的素材打点，把它记录到录像机中的磁带上，然后再在放像机上找到下一个镜头打点、记录，就这样反复播放和录制，直到把所有合适的素材按照需要全部以线性方式记录下来。由于磁带记录画面是顺序的，所以其不可避免的劣势是无法在已录好的画面之间插入素材，也无法在删除某段素材之后使画面连贯播放，而必须把插入点之后的画面全部重新录制一遍，巨大的工作量是可想而知的，而且影像素材也会因为反复录制而造成画面质量的下降。

线性编辑的劣势随着非线性编辑技术的发展而得到解决。相对遵循时间顺序的线性编辑而言，非线性编辑要灵活得多。它具有编辑方式的非线性、信号处理数字化和素材随机存取三大特点。非线性编辑的优点是节省时间，编辑声音、特技、动画和字幕等可以一次完成，十分灵活、方便，且视频质量基本无损失，可以充分发挥编辑制作人员的想象力和创造力，可实现更为复杂的编辑功能和效果。非线性编辑的工作过程是数字化的，无论对录入的素材进行何种编辑和修改，无论进行多少层画面合成，都不会造成图像质量的大幅下降以及噪音和失真等情况的发生，有效地提高了视频节目的质量。同时，非线性编辑可根据预先采集的视音频的内容从素材库中选择素材，并可选取任意的时间点加入各种特技效果，编辑操作方便、简单，大大提高了制作效率。

在非线性编辑中，所有的素材都以文件的形式用数字格式存储在记录媒体上，每个文件被分成标准大小的数据块，通过快速定位编辑点实现访问和编辑。这些素材除了视频和音频文件之外，还可以是图像、图形的文字。图像文件不仅资源丰富，兼容性也较好，而且不同的图像格式都可以在非线性编辑中使用，大大丰富了非线性编辑素材的选用范围。此外，在计算机生成的矢量图形中，对于编辑视频来说，最常涉及的就是字幕文件，而在非线性编辑的工作状态下，字幕的大小、位置、色彩以及覆盖关系等都可以在任何时候进行调整和重设，大大丰富了后期制作的表现力和灵活度。

3. 帧速率和像素比

电影和电视等视频要利用人的眼睛视觉暂留原理来产生运动影像，视频是由一系列的单独图像(即帧)组成的，因此，要产生适合人眼观看的运动画面，对每秒钟扫描多少帧有一定的要求，这就是帧速率的由来。

帧速率(FPS，Frames Per Second)，是指每秒钟能够播放(或录制)多少格画面，也可以理解为图形处理器每秒钟能够刷新几次，帧速率范围一般是 24～30 帧/秒，这样才会产生平滑、连续的效果。在正常情况下，帧速率越高，运动画面效果就越逼真、越流畅，也就是说，每秒钟帧数(FPS)越多，所显示的动作就会越流畅。影片中的影像就是由一张张连续的画面组成的，每幅画面就是一帧，PAL 制式每秒钟 25 帧，NTSC 制式每秒钟 29.97 帧，而电影是每秒 24 帧。虽然这些帧速率足以提供适合人眼的平滑运动，但他们还没有高到足以使视频显示避免闪烁的程度。人的眼睛可觉察到以低于 1/50 秒速度刷新的图像的闪烁。为了避免出现这样的情况，电视系统都采用隔行扫描方法。

二、视频制式

区分不同视频制式的主要根据有分辨率、场频、信号带宽和彩色信息等。目前，国际通行的彩色电视广播制式有 3 种，下面分别进行介绍：

1. NTSC 制

正交平衡调幅制(Mational Television Systms Committee)是全国电视系统委员会制式，简称 NTSC 制，其帧频为每秒 29.97 帧，场频为每秒 60 场。这种制式解决了彩色电视和黑白电视兼容的问题，但是也存在容易失真、色彩不稳定等缺点。采用这种制式的主要国家有美国、加拿大和日本等。

2. PAL 制

正交平衡调幅逐行倒相制(Phase-Alternative Line)，简称 PAL 制，是由德意志联邦共和国在 1962 年制定的色彩电视广播标准，它克服了 NTSC 制式因相位敏感造成的色彩失真的缺点，帧频为每秒 25 帧，场频为每秒 50 场。采用这种制式的主要国家有中国、德国、英国和其他一些西北欧国家。由于不同国家的参数不同，PAL 制还分为 G、I、D 等制式。

3. SECAM 制

行轮换调频制(Sequential Coleur Avec Memoire)，简称 SECAM 制，意思为按照顺序传送与存储彩色电视系统，是法国研制的一种电视制式，特点是不怕干扰、色彩保真度高。采用这种制式的有法国、苏联和东欧一些国家。

在 Premiere 非线性编辑系列软件中，每当新建一个工作项目时都会要求选择编辑模式就是基于不同电视制式需要的考虑。我国常用的模式是 DV-PAL 制，每秒 25 帧。

三、常用视频文件格式

视频的格式有 AVI、MOV、MPEG/MPG/DAT、ASF、WMV、NAVI、3GP、REAL VIDEO、MKV、FLV、F4V、RMVB、WebM，下面对部分常用的视频格式进行简单介绍。

1. AVI 格式

AVI(音频视频交错)是 Audio Video Interleaved 的英文缩写。AVI 这个由微软公司发表的视频格式，在视频领域可以说是历史最悠久的格式之一。AVI 格式调用方便、图像质量好，压缩标准可任意选择，是应用最广泛的格式。

2. MOV 格式

使用过 Mac 机的朋友应该多少接触过 Quick Time。Quick Time 原本是 Apple 公司用于 Mac 计算机上的一种图像视频处理软件。Quick Time 提供了两种标准图像和数字视频格式，即可以支持静态的 *.PIC 和 *.JPG 图像格式，动态的基于 Indeo 压缩法的 *.MOV 和基于 MPEG 压缩法的 *.MPG 视频格式。

3. MPEG/MPG/DAT 格式

MPEG(运动图像专家组)是 Motion Picture Experts Group 的缩写。这类格式包括了 MPEG-1，MPEG-2 和 MPEG-4 在内的多种视频格式。MPEG-1 格式是大家接触得最多的了，因为目前其正在被广泛地应用在 VCD 的制作和一些视频片段下载的网络应用上面，大部分的 VCD 都是用 MPEG-1 格式压缩的(刻录软件自动将 MPEG-1 转换为 DAT 格式)，使用 MPEG-1 的压缩算法，可以把一部 120 分钟长的电影压缩到 1.2 GB 左右大小。MPEG-2 格式则是应用在 DVD 的制作，同时在一些 HDTV(高清晰电视广播)和一些高要求视频编辑、处理上面也有相当多的应用。使用 MPEG-2 的压缩算法可以把一部 120 分钟长的电影压缩到 5～8 GB 的大小(MPEG-2 的图像质量是 MPEG-1 无法比拟的)。MPEG 系列标准已成为国际上影响最大的多媒体技术标准，其中 MPEG-1 和 MPEG-2 是采用香农定理为基础的预测编码、变换编码、熵编码及运动补偿等第一代数据压缩编码技术；MPEG-4(ISO/IEC 14496)格式则是基于第二代压缩编码技术制定的国际标准，它以视听媒体对象为基本单元，采用基于内容的压缩编码，以实现数字视音频、图形合成应用及交互式多媒体的集成。MPEG 系列标准对 VCD、DVD 等视听消费电子及数字电视和高清晰度电视(DTV&HDTV)、多媒体通信等信息产业的发展产生了巨大而深远的影响。

4. ASF 格式

ASF(高级流格式)的缩写是 Advanced Streaming Format。ASF 是 MICROSOFT 为了和现在的 Real player 竞争而发展出来的一种可以直接在网上观看视频节目的文件压缩格式。ASF 格式使用了 MPEG-4 的压缩算法，压缩率和图像的质量都很不错。因为 ASF 格式是以一个可以在网上即时观赏的视频"流"格式存在的，所以它的图像质量比 VCD 差一点点并不出奇，但比同是视频"流"格式的 RAM 格式要好。

5. WMV 格式

一种独立于编码方式的在 Internet 上实时传播多媒体的技术标准，Microsoft 公司希望用其取代 Quick Time 之类的技术标准以及 WAV、AVI 之类的文件扩展名。WMV 格式的主要优点在于可扩充的媒体类型、本地或网络回放、可伸缩的媒体类型、流的优先级化、多语言支持、扩展性等。

6. FLV 格式

FLV 是 Flash Video 的简称，FLV 流媒体格式是一种新的视频格式。由于它形成的文件极小、加载速度极快，使得网络观看视频文件成为可能，它的出现有效地解决了视频文件导入 Flash 后，使导出的 SWF 文件体积庞大，不能在网络上很好地使用等缺点。

7. F4V 格式

作为一种更小更清晰，更利于在网络传播的格式，F4V 格式已经逐渐取代了传统 FLV 格式，不需要通过转换等复杂的方式，就可以被大多数主流播放器兼容播放。F4V 格式是 Adobe 公司为了迎接高清时代而推出继 FLV 格式后的支持 H.264 的 F4V 流媒体格式。它和 FLV 格式主要的区别在于，FLV 格式采用的是 H263 编码，而 F4V 格式则支持 H.264 编码的高清晰视频，码率最高可达 50Mbps。也就是说 F4V 格式和 FLV 格式在同等体积的前提下，能够实现更高的分辨率，并支持更高比特率，就是我们所说的更清晰、更流畅。另外，很多主流媒体网站上下载的 F4V 格式的文件后缀却为 FLV，这是 F4V 格式的另一个特点，属正常现象，观看时可明显感觉到这种实为 F4V 格式的 FLV 有明显更高的清晰度和流畅度。

8. RMVB 格式

RMVB 的前身为 RM 格式，它们是 Real Networks 公司所制定的音频视频压缩规范，根据不同的网络传输速率，而制定出不同的压缩比率，从而实现在低速率的网络上进行影像数据实时传送和播放，具有体积小，画质较好的优点。

早期的 RM 格式为了能够实现在有限带宽的情况下，进行视频在线播放而被研发出来，并一度红遍整个互联网。而为了实现更优化的体积与画面质量，Real Networks 公司不久又在 RM 的基础上，推出了可变比特率编码的 RMVB 格式。RMVB 的诞生，打破了原先 RM 格式那种平均压缩采样的方式，在保证平均压缩比的基础上，采用浮动比特率编码的方式，将较高的比特率用于复杂的动态画面(如歌舞、飞车、战争等)，而在静态画面中则灵活地转为较低的采样率，从而合理地利用了比特率资源，使 RMVB 最大限度地压缩了影片的大小，最终拥有了近乎完美的接近于 DVD 品质的视听效果。我们可以做个简单对比，一般而言一部 120 分钟的 DVD 体积为 4 GB，而用 RMVB 格式来压缩，仅需 400 MB 左右，而且清晰度、流畅度并不比原 DVD 差。

四、视频的编辑

1. 视频的衔接要自然

只有在视频的场景转换、声音的过渡及转接处理合适时，受众才能在观看视频时感到自然，不生硬，因此转场特效的使用非常重要。

转场特效是将两段素材连接到一起的一个项目工作，只有使用恰当的转场特效才能使前后素材贯穿到一起，从而实现画面与画面的自然衔接。转场特效分为 3D Motion(三维空间运动效果)、Disslove(溶解效果)、Lris(分割效果)、Map(映射效果)、Page Peel(翻页效果)、Silde(滑动效果)、Special Effect(特殊形态效果)、Stretch(伸展效果)、Wipe(擦除效果)、Zoom(缩放效果)。

每个转场应用在不同的素材间，会出现不同的视觉效果。但需要注意的是，在编辑一段较长的片子时，镜头间的转场不能频繁使用，这样不但不会起到好的作用，反而会让人感觉画面太花哨，所以合理地运用转场特效也是很有学问的。

视频特效的使用，丰富了画面的美感，使原本平淡的画面更有活力，更贴近生活。视频特效分为调整画面类特效、模糊和锐化类特效、扭曲及风格化类特效。

调整画面类特效包括 Brightness&Contrast(亮度与对比度)、Channel Mixer(通道合成器)、Color Balance(色彩平衡)、Auto Levels(自动色阶)、Extract(提取)、Levels(色阶)、Color Pass(颜色通道)、Color Replace(色彩替换)、Gamma Correction(灰阶校正)等。这些特效主要是对素材颜色属性的调整，通过调整使画面提高亮度，颜色鲜明，整体效果更佳。

模糊类特效包括 Camera Blur(镜头模糊)、Channel Blur(通道模糊)、Fast Blur(快速模糊)、Gaussian Blur(高斯模糊)等。模糊特效主要是通过混合颜色达到模糊画面的效果；锐化类特效包括 Sharpen(锐化)、Unsharp Mask(自由遮罩)。锐化特效是通过增强颜色之间的对比使画面更加清晰。

扭曲与风格化类特效包括 Bend(弯曲变形)、Lens Distortion(镜头扭曲变形)、Spherize(球面)、Twirl(漩涡)、Wave Warp(波纹)、Alpha Glow(Alpha 辉光)、Color Emboss(彩色浮雕)、Mosaic(马赛克)等。扭曲特效主要是在画面中产生扭曲变形的效果，而风格化特效可以在画面中产生光辉、马赛克、浮雕等特效。因此这两种特效在画面中会比较清晰明显地表现出与原画面的不同。

2. 视频画面选取合理，声画字要同步

考虑到网络信息浏览的广泛性，在选取视频画面时必须合理，避免过激的场面引起观看者的反感和恐惧心理，并注意视频内容的集中，将声音、动画、文字三种信息有机结合才能使视频看起来更流畅、更容易被人接受。

模块三 项目任务

任务一 Photoshop 软件使用

〔任务描述〕

小王和他的同学们本学期开始学习网络编辑相关知识。当学习进度进入到网络多媒体

编辑阶段时，专业老师开始布置具体的实践任务，要求大家使用 Photoshop 图像处理软件制作陕西神舟计算机有限公司产品主图。通过该项目，让大家掌握使用 Photoshop 软件在多媒体编辑中图片基本处理的技术。

〔任务分析〕

为了有效完成任务，大家经过充分的酝酿与讨论，在征求了专业老师的意见之后，确定以下操作内容：

① 陕西神舟电脑网上商城产品主图内容的分析与确定；
② 主图基本素材的收集与整理；
③ Photoshop 软件的基本操作；
④ 根据效果图设计模糊背景；
⑤ 根据效果图设计计算机人物特殊效果；
⑥ 根据效果图设计钢铁文字效果；
⑦ 根据效果图设计其他基本文字效果。

一、分析与确定主图

浏览陕西神舟电脑网上商城及其所有宝贝页，如图 2-5 与图 2-6 所示。不难发现，产品主图设计风格多样，其中右下角的色块文字元素为共有，其他的元素根据产品的不同存在差异。接下来以第一款产品的主图为参照，设计一张效果类似的产品主图。其效果如图 2-7 所示。

图 2-5　陕西神舟淘宝店首页

图 2-6　产品页

图 2-7　神舟电脑淘宝主图设计效果

二、收集与整理素材

设计出主图所示效果需要一定的素材，这些素材有图片、文字等。素材的整理结果如图 2-8 与图 2-9 所示。

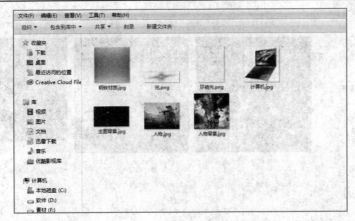

图 2-8　图片素材

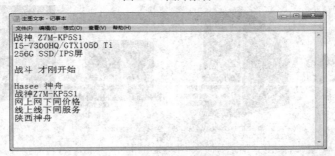

图 2-9　文字素材

三、Photoshop 软件的基本操作

(一) 基本布局说明

启动 Photoshop 软件，其工作窗口如图 2-10 所示。

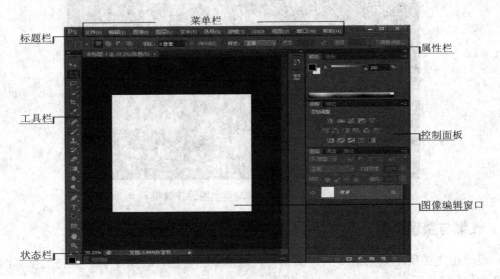

图 2-10　Photoshop 工作界面

启动后，就进入了 Photoshop 的工作界面，其界面由以下几部分组成：

1．标题栏

标题栏位于主窗口顶端，最左边是 Photoshop 标记，右边分别是最小化、最大化/还原和关闭按钮。

2．属性栏

属性栏又称工具选项栏，选中某个工具后，属性栏就会改变成相应工具的属性设置选项，可更改相应的选项。

3．菜单栏

菜单栏为整个环境下所有窗口提供菜单控制，包括文件、编辑、图像、图层、文字、选择、滤镜、3D、视图、窗口和帮助等十一项。Photoshop 中通过两种方式执行所有命令，一是菜单，二是快捷键。

4．图像编辑窗口

中间窗口是图像窗口，它是 Photoshop 的主要工作区，用于显示图像文件。图像窗口带有自己的标题栏，提供了打开文件的基本信息，如文件名、缩放比例、颜色模式等。如同时打开两副图像，可通过单击图像窗口进行切换。图像窗口切换可使用 Ctrl + Tab。

5．状态栏

主窗口底部是状态栏，由三部分组成：

(1) 文本行，说明当前所选工具和所进行操作的功能与作用等信息。

(2) 缩放栏，显示当前图像窗口的显示比例，用户也可在此窗口中输入数值后按回车来改变显示比例。

(3) 预览框，单击右边的黑色三角按钮，打开弹出菜单，选择任一命令，相应的信息就会在预览框中显示：

① 文档大小：表示当前显示的是图像文件尺寸。左边的数字表示该图像不含任何图层和通道等数据情况下的尺寸，右侧的数字表示当前图像的全部文件尺寸。

② 文档配置文件：在状态栏上将显示文件的颜色模式。

③ 文档尺寸：在状态档上将显示文档的大小(宽度和高度)。

④ 暂存盘大小：已用和可用内存大小。

⑤ 效率：代表 Photoshop 的工作效率。低于 60%则表示计算机硬盘可能已无法满足要求。

⑥ 计时：执行上一次操作所花费的时间。

⑥ 当前工具：当前选中的工具箱。

6．工具箱

工具箱中的工具可用来选择、绘画、编辑以及查看图像。拖动工具箱的标题栏，可移动工具箱。单击可选中工具，属性栏会显示该工具的属性。有些工具的右下角有一个小三角形符号，这表示在工具位置上存在一个工具组，其中包括若干个相关工具。将左上角的双向箭头点击，可以将工具栏变为单条竖排，再次点击则会还原为两竖排。

7．控制面板

控制面板共有 14 个部分，可通过"窗口/显示"来显示面板。按 Tab 键，自动隐藏命令面板、属性栏和工具箱，再次按键，显示以上组件。按 Shift + Tab，隐藏控制面板，保留工具箱。

(二) 新建、保存和关闭图像

(1) 打开 Photoshop CC，执行"文件"→"新建"菜单命令，打开"新建"对话框如图 2-11 所示，可新建预设也可使用最近使用项，快速新建文件。

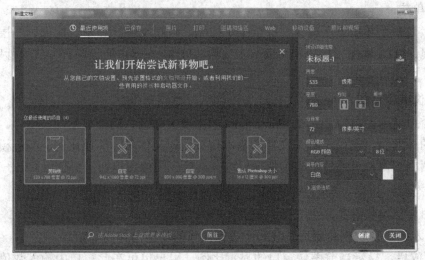

图 2-11　新建文件

(2) 在工具箱中选择"画笔工具"，然后在新建的图像上随意画一个图形，如图 2-12 所示。

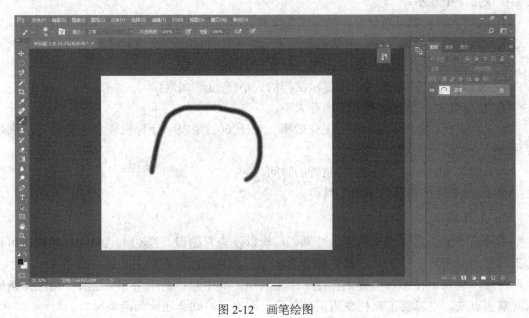

图 2-12　画笔绘图

(3) 点击"文件"→"存储",弹出存储对话框,如图 2-13 所示。在"保存在"下拉选项中选择该图像保存的路径或是直接输入要保存的路径;在"文件名"框中输入图像的名称;在"格式"下拉选项中选择要保存的图像的格式。点击"保存"命令。

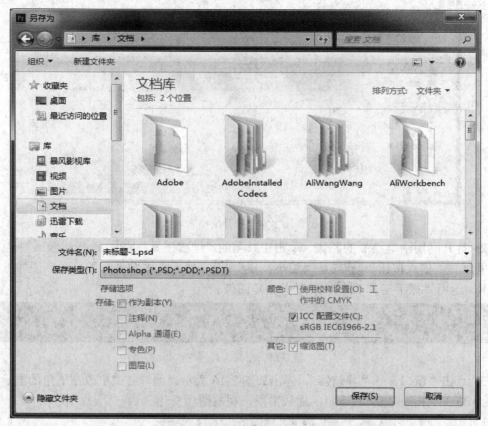

图 2-13　保存文档

PSD 图像格式是 Photoshop 的源文件格式,也是 Photoshop 默认保存的文件格式,可以保留所有图层、色版、通道、蒙版、路径、未栅格化文字以及图层样式等,方便图像的再次修改,但无法保存文件的操作历史记录。Adobe 其他软件产品,例如 Premiere、Indesign、Illustrator 等可以直接导入 PSD 文件。

(4) 点击"文件"→"关闭"命令,或点击文件名后面的小叉标志,即可关闭图像。

(5) 点击"文件"→"退出"命令,或是点击软件右上角的叉号标志,即可关闭 Photoshop 软件。

(三) 浏览图像

(1) 打开 Photoshop,点击"文件"→"打开"命令,弹出如图 2-14 所示的对话框,在"查找范围"下拉框中选择要打开的文件的所在路径。在"文件和目录"列表中选择要打开的文件,然后点击"打开"按钮即可打开文件,也可以双击要打开的文件,直接将文件打开。

注:若要打开最近使用过的文件,点击"文件"→"最近打开文件"即可。

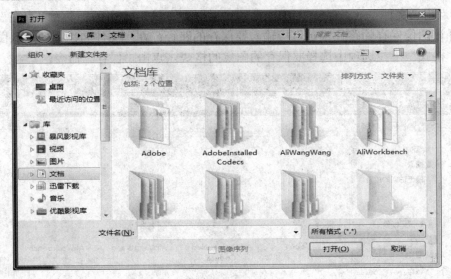

图 2-14　打开文档

(2) 打开刚用画笔绘制的图像。单击工具箱的"缩放工具" <img>，选择相应属性栏(如图2-15)里面的"放大按钮" <img> 或是"缩小按钮" <img>，然后点击图像，即可看到图像被放大或缩小，运用"抓手工具" <img>，移动并浏览图像。

图 2-15　缩放工具属性

(3) 点击"窗口"→"导航器"，弹出如图 2-16 所示画面，尝试更改左下角的显示比例(图中为 33.33%)，或拖动右下角的缩放滑块，观察图像变化。

图 2-16　运用导航器浏览图像

(4) 点击工具箱最下端的"更改屏幕模式" <img> 右下角的小三角，弹出如图 2-17 所示选项，分别选择这三种屏幕模式来观察图像。

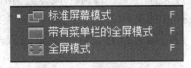

图 2-17　屏幕模式

四、根据效果图设计模糊背景

(1) 启动 Photoshop CC 软件，执行 "文件"→"新建文档"命令，创建新预设，在预设详细信息中输入名称以及分辨率等信息，如图 2-18 所示。

图 2-18　屏幕模式

(2) 制作主图背景。选择菜单栏"文件"→"打开"，在弹出的窗口中选择"主图背景.jpg"，如图 2-19 所示。

图 2-19　打开窗口

(3) 在工具栏中选择裁剪工具"⬚"，将裁剪比例设定为 1∶1，如图 2-20 所示。

图 2-20　裁剪比例设定

(4) 在画布画面上双击鼠标左键完成裁剪。效果如图 2-21 所示。

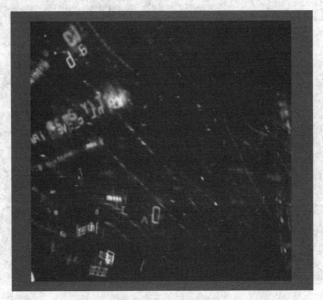

图 2-21　裁剪效果

(5) 将"主图背景"文件拖至"神舟淘宝主图"文件中，并将图层名称命名为"主图背景"。调整比例至全部覆盖，效果如图 2-22 所示。

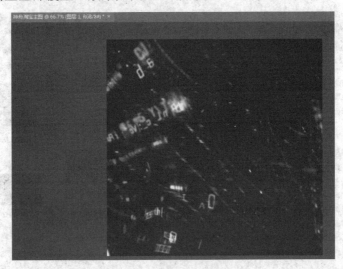

图 2-22　主图背景与画布匹配大小

(6) 在菜单栏中选择"滤镜"→"模糊"→"高斯模糊"对"主图背景"图层进行模糊处理。半径设置为"10"，如图 2-23 与图 2-24 所示。

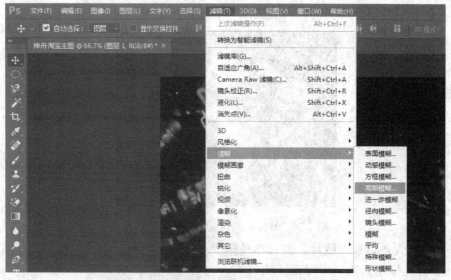

图 2-23 背景模糊处理

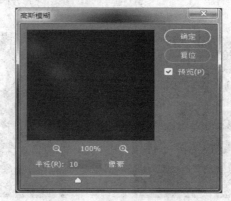

图 2-24 高斯模糊参数设置

五、设计计算机人物特殊效果

(1) 在工具栏中选择"魔术橡皮擦"" "，在计算机白色周边背景上单击鼠标左键，将白色去除，效果如图 2-25 所示。

图 2-25 计算机白色背景去除效果

(2) 将计算机素材拖至"神舟淘宝主图"中，调整比例至图 2-26 所示大小。

图 2-26　计算机素材置于模糊背景之上

(3) 打开"人物背景"图片，将其拖动至"神舟淘宝主图"中，调整比例至图 2-27 所示大小。并将其拖动至笔记本屏幕区域。

(4) 在菜单栏中选择"编辑"→"变换"→"扭曲"，对"人物背景"图片做调整。最终效果如图 2-28 所示。

图 2-27　调整人物背景图片大小　　　　图 2-28　人物背景扭曲变化效果

(5) 选择菜单栏"文件"→"打开"命令。打开计算机、人物以及人物背景图像，如图 2-29 所示。

图 2-29　打开窗口

注：同时打开多个文件时，可在按住 Ctrl 的同时，单击选择。

(6) 选择"人物.jpg"文件，打开通道面板，选择对比较大的颜色通道，在此选择红色通道。复制红色通道，效果如图 2-30 所示。

图 2-30　红色通道复制

(7) 选择菜单栏"图像"→"调整"→"色阶"打开色阶调整窗口，如图 2-31 所示。调整输入色阶的左右两滑块，增强图像明暗对比，效果如图 2-32 所示。

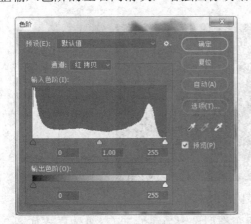

图 2-31　色阶窗口　　　　　　　　　　　　　　图 2-32　色阶调整结果

(8) 在工具栏中，选择"磁性套索工具"" "，沿着人物轮廓边缘，将人物选出，并将其粘贴至神舟淘宝主图文档中，调整其比例大小。如图 2-33 所示。

图 2-33　人物选出

(9) 将图像放大，仔细观察会发现，在人物的头部等位置有类似"毛刺"现象，如图 2-34 所示。使用橡皮擦工具"⬛"对人物图像做系统完善，形成如图 2-35 所示效果。

图 2-34　人物边缘的"毛刺"现象　　　　图 2-35　"毛刺"去除后效果

(10) 选中人物图层，单击图层蒙版工具"⬛"为该层添加图层蒙版，如图 2-36 所示。

图 2-36　添加图层蒙版

(11) 选择椭圆选框工具"⬛"在人物身体与计算机重合位置建立选区，如图 2-37 所示。

图 2-37　建立蒙版作用选区

(12) 在工具栏中选择渐变工具"⬛"，将渐变类型设置为线性渐变，具体样式如图 2-38 所示。

图 2-38　渐变类型设置

(13) 在椭圆选区中按住鼠标左键，自左向右拉动，形成图 2-39 所示效果。

图 2-39　综合效果

六、设计钢铁文字效果

(1) 选择文字工具，输入文字"战斗 才刚开始"字样，字体类型为"腾祥魅黑简"，其中"战斗"字号 10 点，"才刚开始"字号 5 点。如图 2-40 所示。

图 2-40 "战斗才刚开始"字体效果

(2) 在菜单栏中选择"文件"→"打开"命令，打开钢铁材质图片。将其拖动至"神舟淘宝主图"文件中，并将其命名为"钢铁材质"，调整大小比例，形成如图 2-41 所示效果。

图 2-41 钢铁材质图片放置效果

(3) 在图层面板，将鼠标置于"钢铁材质""战斗才刚开始"两图层中间位置，如图 2-42 所示。配合使用快捷键"Alt"单击鼠标左键，添加剪贴蒙版，形成图 2-43 所示效果。

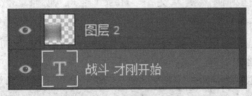

图 2-42 剪贴蒙版添加

图 2-43 剪贴蒙版效果

七、设计其他基本文字信息

(1) 选择文字工具""，在"神舟淘宝主图"文件中键入文字"战神 Z7M-KP5S1"，颜色为红色，大小为 3 点，字体类型为"汉仪超粗宋简"，在该行文字的下方同步键入文字"I5-7300HQ/GTX1050 Ti 256G SSD/IPS 屏"，并呈上下两行分布，颜色为白色，大小为 2 点，字体类型为"汉仪超粗宋简"。形成如图 2-44 所示文字效果。

图 2-44 　文字效果

(2) 在工具栏中选择椭圆选框工具"○"，在"神舟淘宝主图"文件中绘制原型，注意此时需要配合快捷键"Shift"完成。并填充颜色 RGB 设置为(138　135　18)，并将图层透明度设置为"60%"。形成图 2-45 所示效果。

图 2-45 　圆形设置效果

(3) 单击文字工具，在椭圆上键入文字"Hasee 神舟　战神　Z7M-KP5S1 网上网下同价格线上线下同服务 陕西神舟"字样，其中字号均为 2.5 点，字体类型均为"汉仪超粗宋简"。颜色设置"Hasee 神舟　战神　Z7M-KP5S1"为黑色，"网上网下同价格线上线下同服务　陕西神舟"为蓝色。整体排列如图 2-46 所示效果。

图 2-46 　综合效果

(4) 在菜单栏中，选择"文件"→"另存为"，打开另存为窗口，选择 JPEG 文件类型，键入文件名"神舟淘宝主图",单击保存,弹出"JPEG 选项"对话框,如图 2-47 所示。将品质设置为"12 最佳",如图 2-48 所示。单击"确定",完成保存。

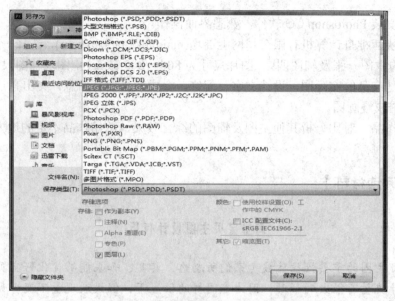

图 2-47　另存为窗口

图 2-48　JPEG 选项

(5) 打开"神舟淘宝主图.jpg"预览效果,最终效果如图 2-49 所示。

图 2-49　最终效果

⊠ 技能操作

1. 下载安装 Photoshop CC 软件，熟悉界面操作。

2. 浏览陕西神舟计算机有限公司网上商城(maimaike.taobao.com)，选择一款战神产品，制作该商品的主图一张及辅图四张，图片尺寸为 800 × 800 像素，主图及辅图尺寸要求一致。

3. 主图是产品的实际图，设计文字及配饰，合成效果要有新意，突出亮点，但不能是插图、手绘图或漫画图。

4. 完成作品，对比分析其他主图及辅图的综合效果，总结作品不足的地方。

 【阅读材料】

淘宝宝贝主图设计技巧

淘宝宝贝主图的重要性往往被卖家们所忽略，其实，如果能够优化好宝贝主图的话，确实对于提升流量有很大的帮助，因为在同样的位置下，假设展现量不变，如果首图的点击率从平均的 0.25% 提升到 0.5% 的话，那么在精准度相同的情况下流量就提升了整整两倍，这也就代表销售额会跟着得到提升。

宝贝主图跟淘宝直通车推广图是有所区别的，宝贝主图关系到品牌形象和定位，甚至还会影响到产品的搜索权重，因此，不可以对其频繁的更换，而直通车的推广图则是可以频繁更换的，但是两者又有一个共同点，即都是能够有效提高点击率的。由于宝贝主图与淘宝直通推广图有所区别，要想有效的优化宝贝主图就要掌握好下面一些技巧。

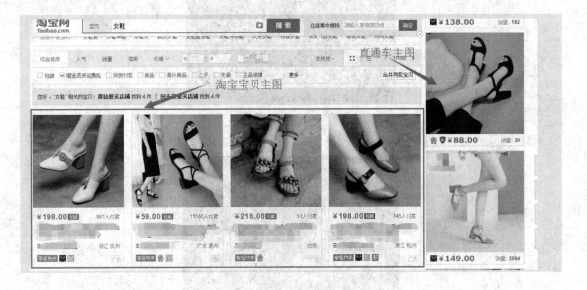

一、淘宝主图优化原则

(1) 尽可能突出主产品，将主产品的比例控制在 61.8%，也就是黄金比例分割点；

(2) 撰写介绍文案的时候一定要简洁明了，清晰突出重点。

二、淘宝主图优化技巧

(1) 将产品置入场景中进行介绍；

(2) 将产品的特性用实物图展现出来；

(3) 同时展现出产品的配套件或者相应的赠品；

(4) 展现出该产品的累计销售量(可增加数据的真实性)；

(5) 如有模特图的话，可将有模特的产品主图优化，并且展现正反面和侧面，同时还要注意颜色的选择。

三、产品优化技巧

1. 用实物图展示产品的特性

用实物图展示特性和卖点。拿菜刀举例，如果表现耐用性，可以用刀断铁钉来做图。如果要表现锋利，比如配合"舌尖上的中国"的画面，用刀切极薄透明的肉片或者切鱼片，都能很好展示产品的特点。

2. 展示产品的配套件或赠品

比如买刀送刀架、刀套、磨刀石，这就是提高产品性价比的一方面。

3. 展示产品的累积销量

大部分人都有从众心理，大家都买的总不会坏到哪里去，最多人吃的饭馆的味道肯定不会差到哪里去。

四、有模特的产品优化

如果有模特就使用真人模特，它比平铺图，挂拍图，镂空图都要好。当然也不要 PS 一个明星的头像上去，一看就是假的，这样会失去客户的信任度。

模特图同时展示正面和另一面(如背面和侧面)会比展现一面更吸引客户。

单个模特图会令客户担心自己身材不如模特，上身效果不好，但多个模特图会极大增强客户的信心，会脑补代入模特。客户对颜色的喜好不是一样的，要针对产品的定位选好主图产品颜色。

(资料来源：中网优视 www.zwuc.com.cn)

任务二　Animate 软件使用

〔任务描述〕

小王继续学习网络多媒体编辑项目，在图片处理的基础上，专业老师继续推进深层次内容的学习，要求大家使用 Adobe Animate 完成陕西神舟计算机有限公司的产品展示动画，通过该项目，让大家掌握 Adobe Animate 制作动画的基本方法。

〔任务分析〕

为了有效完成任务，大家经过充分的酝酿和讨论，在征求了专业老师的意见之后，确定了以下操作内容和步骤：

  ① 确定产品图片的展示样式；

  ② 确定实现形式表现的基本动画种类；

  ③ 搜集宣传产品图片素材；

  ④ Animate 软件的基本操作；

  ⑤ 应用遮罩动画完成产品展示样式一；

  ⑥ 应用传统补件动画完成产品展示样式二；

  ⑦ 应用遮罩动画完成片尾公司名称的落款。

一、确定图片样式

  目前，利用 Adobe Animate 实现的图片展示样式较为通用的方式为幻灯样式。通过简单的转场样式以及图片透明度的变化，丰富观看的视觉效果。

二、确定基本动画种类

  图片透明度的变化利用 Adobe Animate Alpha 进行设置，图片转场效果利用遮罩动画实现，片尾的公司名称动画使用遮罩动画实现。

三、搜集图片素材

  从淘宝网陕西神舟电脑买卖客商城搜集产品展示的主图，如图 2-50 所示。

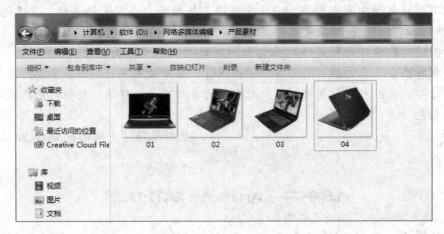

图 2-50 产品主图

四、Animate 基本操作

（一）Animate 的操作界面

  启动 Animate CC 应用程序，进入其初始窗口，如图 2-51 所示。单击其中的"Html 5 Canvas"菜单项，进入 Animate 工作窗口，如图 2-52 所示。

图 2-51 Animate 初始化窗口

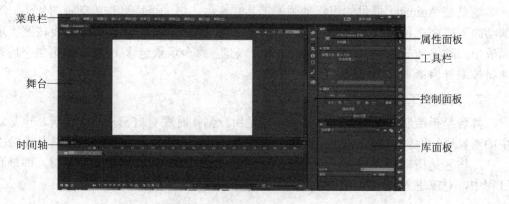

图 2-52 Animate 工作窗口

Animate 的工作窗口主要由以下几部分组成：

1. 菜单栏

Animate 菜单栏中有"文件"、"编辑"、"视图"、"插入"、"修改"、"文本"、"命令"、"控制"、"调试"、"窗口"和"帮助"等菜单。Animate 操作中绝大部分的功能都可以利用菜单栏中的命令来实现。

2. 工具栏

使用"工具栏"中的工具可以绘图、上色、选择和修改插图，并可以更改舞台的视图。"工具栏"分为四个部分：

(1) "工具区域"包括绘图、上色和选择工具。

(2) "查看"区域：包含在应用程序窗口内进行缩放和平移的工具。

(3) "颜色"区域：包含用于笔触颜色和填充颜色的功能键。

(4) "选项"区域：包含用于当前所选工具的功能键。功能键影响工具的上色或编辑操作。

3．控制面板

Animate 的面板包括控制面板和属性面板两种。在 Animate 中，有关对象和工具的所有相应参数被归类放置在不同的控制面板中。用户可以根据需要，将相应的面板打开、关闭和移动。而在默认情况下，显示的面板有颜色、样本、对齐、信息、变形、代码片断、组件、动画预设和项目等。

4．属性面板

属性面板是一个智能化面板，它可以根据用户当前所选定的工具或在舞台中所选定的对象，自动显示与工具或对象相关联的属性。

5．时间轴

时间轴可以用来对层和帧中的动画内容进行组织和控制，使动画内容随着时间的推移而发生相应的变化。层就像多个电影胶片叠放在一起，每一层中包含着不同的图像，它们同时出现在舞台上。时间轴中最重要的组件就是层、帧、帧标题和播放头。

6．场景

场景是 Animate 提供的组织动画的工具。例如，第一个场景作为动画的片头，等待全部动画下载完毕再播放下一个场景。当动画中包含多个场景时，Animate 将按照"场景"面板中的顺序播放。例如，动画中包含两个场景，每个场景包含 10 帧，则第二个场景中的帧将被编号为第 11～20 帧。

7．舞台和工作区

舞台是指绘制和编辑图形的区域，它是用户创作时观看自己作品的场所，也是对动画中的对象进行编辑、修改的唯一场所；那些没有特效效果的动画可以在这里直接播放。

工作区是指舞台周围灰色的区域，通常用做动画的开始和结束点的设置，即动画播放过程中，对象进入舞台和退出舞台时位置的设置。

(二) Animate 新建、保存和关闭动画

(1) 启动 Animate CC 应用程序，进入其初始窗口，单击其中的"Html 5 Canvas"菜单项，新建一个 Animate 文档。

(2) 在属性面板上设置动画舞台的大小和颜色，如图 2-53 所示。

图 2-53　舞台属性设置

(3) 执行菜单中的"文件"→"导入到舞台"命令，在弹出的"导入"对话框中选择素材文件"运动的人"文件夹中的图片"运动 01.BMP"，如图 2-54 所示。

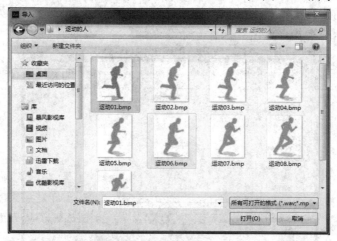

图 2-54　素材导入窗口

(4) 点击"打开"按钮，此时会弹出如图 2-55 所示的对话框，单击"是"按钮，即可将序列图片导入时间轴连续的帧中，效果如图 2-56 所示。

图 2-55　素材导入窗口

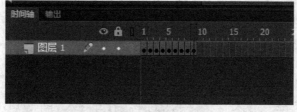

图 2-56　关键帧分布

(5) 按 Ctrl+Enter 键或执行菜单"控制"→"测试影片"命令，默认在浏览器中观看动画效果，最终效果如图 2-57 所示。

图 2-57　最终效果

(6) 点击"文件"→"保存"，和前面学习的 Photoshop 软件保存操作一样。此时可以保存动画的源文件.fla 格式文件。

（7）点击"文件"→"导出"→"导出影片"，弹出"导出影片"对话框，如图 2-58 所示。选择要保存的路径；在"文件名"框中输入动画的名称；在"保存类型"下拉选项中选择要保存的动画的格式。点击"保存"命令。

图 2-58　导出影片窗口

注：Fla 是 Animate 的源文件格式，是 Animate 默认保存的文件格式。

（8）点击"文件"→"关闭"命令，或是点击文件名后面的小叉标志，即可关闭动画。

（9）点击"文件"→"退出"命令，或是点击软件右上角的叉号标志，即可以关闭 Animate软件。

(三) 动画预览

在动画制作过程中，随时可以按 Ctrl + Enter 来预览动画。在动画导出后，可以通过媒体播放器观看动画效果。

五、应用遮罩动画完成产品展示样式一

具体操作步骤如下：

（1）选择"文件"→"导入"→"导入到库"打开导入到库窗口，如图 2-59 所示。

图 2-59　遮罩动画素材

(2) 将图片 1 拖入舞台，选中素材，在属性面板中，将其宽度设置为 550，如图 2-60 所示。

(3) 单击时间轴新建图层按钮，新建图层 2。将图片 02.jpg 拖入舞台，在属性面板中，将该素材的高度设置为 400，如图 2-61 所示。

图 2-60　图片属性设置

图 2-61　位置和大小更改

(4) 打开对齐面板，在对齐一行中选择水平中齐和垂直中齐，如图 2-62 所示。处理完毕后的效果如图 2-63 所示。

图 2-62　对齐方式

图 2-63　对齐后的效果

(5) 在时间轴第 60 帧，选择图层 1、图层 2，添加关键帧。效果如图 2-64 所示。

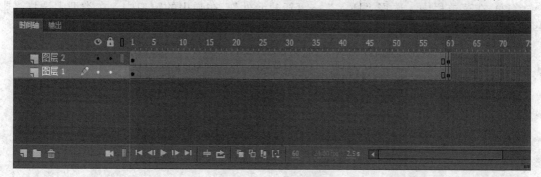

图 2-64　添加关键帧

(6) 在菜单栏中，选择“插入”→“新建元件”，在弹出的窗口中，在类型中选择“图形", 如图 2-65 所示。

(7) 在工具栏中, 选择"矩形"工具 ▦, 绘制一矩形条, 填充颜色采取默认, 如图 2-66 所示。

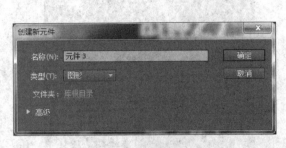

图 2-65 新建元件

图 2-66 矩形条绘制

(8) 在菜单栏中, 选择"插入"→"新建元件", 在弹出的窗口中, 在类型中选择"影片剪辑", 如图 2-67 所示。

(9) 将元件 1 拖入到元件 2 舞台上, 同时在第 30 帧添加关键帧, 应用工具栏"任意变形工具" ▨ 将其变形成为如图 2-68 所示形状。

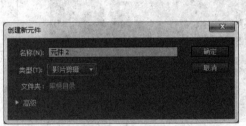

图 2-67 新建元件

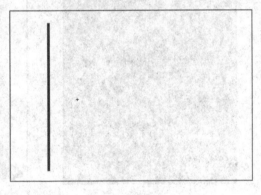

图 2-68 变形后效果

(10) 在时间轴上第一帧, 单击鼠标右键, 选择"创建传统补间"。

(11) 在菜单栏中, 选择"插入"→"新建元件", 在弹出的窗口中, 在类型中选择"影片剪辑", 如图 2-69 所示。

图 2-69 新建元件

(12) 将元件 2 拖入到元件 3 舞台上, 并应用工具栏"任意变形工具" ▨ 将元件 2 复制 8 次，并将其全部选中，中心位置与舞台中心重合，排列成如图 2-70 所示效果。

图 2-70　排列对齐

(13) 返回到"场景 1"中，在时间轴上，新建图层 3，排列如图 2-71 所示。

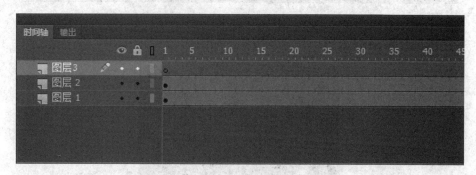

图 2-71　新建图层

　　(14) 将元件 3 拖入到场景 1 舞台中央，调整其至水平中齐与垂直中齐。效果如图 2-72 所示。

图 2-72　对齐

(15) 在图层 3 上单击鼠标右键，选择"遮罩层"，将图层 3 转变为遮罩层。

(16) 在菜单栏中，选择"文件"→"导出"→"导出影片"预览制作效果，如图 2-73 所示。

图 2-73　导出

(17) 打开导出的 SWF 文件，预览其效果，如图 2-74 所示。

图 2-74　幻灯效果

六、完成产品展示样式二

为操作方便起见，将图层 1、图层 2、图层 3 隐藏，图层关闭效果如图 2-75 所示。

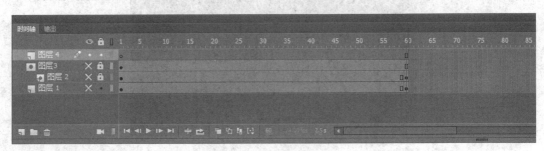

图 2-75　图层操作

(1) 在第 60 帧，图层 4 上添加关键帧，并将图片"03.jpg"拖到舞台上。在舞台中的图片 03 上，单击鼠标右键，选择"将其转换为元件"，在弹出的窗口中，选择类型为"图形"，如图 2-76 所示。

(2) 选中元件 4，在属性面板中，将其高度设置为"550"，如图 2-77 所示。

图 2-76　新建图形元件

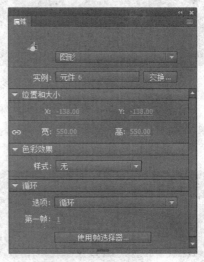

图 2-77　更改属性

在对齐方式中，选择"水平中齐 ![图标]"与"垂直中齐" ![图标]。

(3) 在第 80 帧、100 帧、120 帧位置后，给图层 4 添加关键帧，效果如图 2-78 所示。

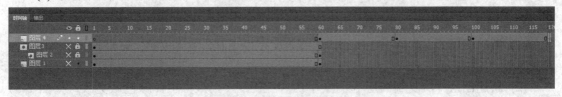

图 2-78　添加关键帧

(4) 选中元件 6，在属性面板色彩效果一项中，选择样式为"Alpha"，同时将其数值设置为 0，如图 2-79 所示。

图 2-79　Alpha 设置

（5）按照同样的方法，将第 120 帧的元件 4 属性中色彩效果设置为"Alpha"，数值为 0。

（6）在第 60 帧单击鼠标右键，选择"创建传统补间"，之后在第 100 帧单击鼠标右键，也设置"创建传统补间"。时间轴效果如图 2-80 所示。

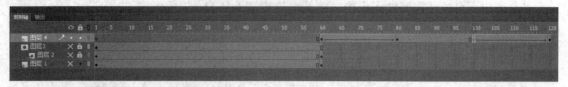

图 2-80　创建传统补间

（7）新建图层 5，从第 100 帧开始，采取与步骤 1-5 类似的方法，制作图片 04.jpg 的淡入淡出效果。

（8）最终时间线效果如图 2-81 所示。

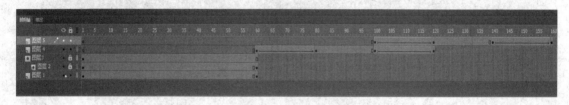

图 2-81　最终效果

七、完成片尾公司名称的落款

具体操作步骤如下：

（1）新建图层 6，在第 150 帧处，选择"文字"工具，键入文字"HASEE"，字体属性设置如图 2-82 所示。

（2）新建图层 7，复制图层 6 的文字内容至图层 7，只将字体颜色做更改，如图 2-83所示。

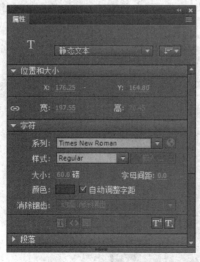

图 2-82　文字属性设置

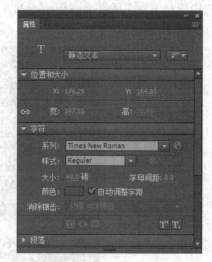

图 2-83　文字属性设置

(3) 新建图层 8，在工具栏中，选择"矩形"工具 ▇，绘制一矩形条，如图 2-84 所示。

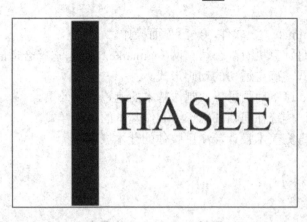

图 2-84   矩形块绘制

(4) 应用"任意变形工具" ▣ 将图层 8 矩形进行旋转，效果如图 2-85 所示。

图 2-85   矩形块旋转

(5) 在第 150 帧处，选择图层 6、7、8，同时添加关键帧。在第 180 帧处，也同时对三轨道添加关键帧。同时，将图层 8 矩形条移至文字的右侧，如图 2-86 所示。

图 2-86   添加遮罩层动画

(6) 右键单击图层 8，将其转换成"遮罩层"，同时对图层 8 在第 150 帧处，单击鼠标右键，添加"创建传统补间动画"。

⊠ **技能操作**

1. 下载安装 Animate CC 软件，熟悉界面操作。
2. 浏览陕西神舟计算机有限公司官网(maimaike.com)，选择合适的素材。
3. 依据素材形式，确定适切的动画形式。
4. 应用 Animate 遮罩动画思想，制作基本的遮罩动画效果。
5. 应用 Animate 传统补间动画思想，制作基本的动画样式。
6. 制作过程，考究美术设计，注重整体的艺术表现。

【阅读材料】

如何制作一个优秀的动画？

Animate CC 由原 Adobe Animate Professional CC 更名得来，2015 年 12 月 2 日，Adobe 宣布 Animate Professional 更名为 Animate CC，在支持 Animate SWF 文件的基础上，加入了对 HTML5 的支持。在 2016 年 1 月份发布新版本的时候，正式更名为"Adobe Animate CC"，缩写为 An。

制作一个优秀的动画要有三个层面的认识。

一是技巧。掌握技巧才能实现效果，比如呈现出自由落体的感觉，你就要了解重力加速度下的运动并模拟出来。技巧是比较公式化的，尤其是做 UI 的动画。掌握最常用的技巧(比如 S 型的加速曲线)，至少能让你做出及格的动画效果。掌握技巧不难，多模仿好作品的效果就可以，熟能生巧。找找 MTV 的片头，玩玩顶级公司的游戏。很多地方可以学到技巧。

二是创意。是否具有动画创意能力，是高手和熟手的分水岭。为什么要做动画？动画不是为了有而有。无意义的动画给人感觉刻板，觉得做作，甚至令人讨厌。

我个人把动画创意(仅指 UI 动画)分成三类：拟物动画、拟人动画、拟态动画。

拟物动画指对物体形态和运动的模拟。这能体现设计师在工匠维度的功力，体现设计师对观察、细节的把握。真实、有说服力是拟物动画的要点。做拟物动画，多观察世界就好了。同一片叶子，有人能看到 5 个细节，有人能看到 50 个；同一个房子，有人能看到门窗，有人能看到窗户上的旧钉子的锈斑，这就是功力的不同。观察力就体现功力。

更有挑战的是"拟人"动画。非拟物的动画，个人认为动画都可以理解为是对人的模拟，对人的表达方式的模拟。动画是一种表达，人对动作的信息接收甚至强于对语言的理解。语言是后来才有的，而对动作、手势的理解是深深植于大脑里的本能。动画是表达，是表演，是一个小故事，是一个手势，是一个眼神，是一个暗示。你可以想象一下，如果你是一个对话泡泡(bubble)，你会怎么对你的用户表演？为什么我的对话泡泡是静静的隐去，而他的是像肥皂泡一样爆掉？多观察人(哑剧最好)，多思考人的动作的精髓。你就能让按钮活起来，让窗体也能表现出惊讶。

最有意思的是拟态动画。拟态动画是对自然的抽象的模拟。看动画片或 Motion Graphic，很多运动是自然界不存在的。Mac 上窗体收缩到 Dock 的动画，干净利索，却不是对任何自然界运动的模拟。这是人类大脑的想象，对自然的加工。重力减少一半，空气阻力增加三倍的世界里，树叶会如何飘落？如果大象能像蜻蜓一样飞行，会吹起地面多大灰尘？面对一个按钮时，不妨想一想，它是在什么样的环境，它有多重，它为什么来，它为什么去。一个窗体落下，它可以像神谕一样降临，也能像天外文明的突然出现。没有做不到，只有想不到。

三是导演。做 Motion Graphic，分工开来可以有导演，动画师。做 UI，尤其是中小团队，我想都是 UI 设计师一个人工作(大中团队里的艺术总监或美术总监是要担起这个责任的)。导演要有全局的把握能力。一个小动画是一个词，一个音符，全部的动画就是一篇故事，一曲乐章。技巧让你有能力构造一个音符，创意让你驾驭旋律，而高屋建瓴地构造你的动画交响曲，则需要导演的功力。好技巧和创意让你的用户听到一段悦耳的旋律莞尔一笑，导演则引领你的用户沉浸在你的华美乐章里。看看你的 UI 里有多少元素，确定按钮、关闭按钮、开关按钮、主导航按钮、二级功能按钮。这么多按钮还有窗体等其他东西，你怎么给它们分配角色、分配戏份，谁要高调，谁要低调，这需要一个全局的把控。不然，所有元素都跟打了鸡血似的兴奋，那可能是个很糟糕的用户体验。

最后，我认为动画设计还要懂得收，懂得舍。与做 Motion Graphic 不同，做体验设计，要知道用户不是来欣赏你的动画，而是要解决他的问题。切勿为了动画而动画，再好的动画，如果喧宾夺主也得狠心砍。一味做，一味增加不是最好的设计，好设计是能把握到让用户最舒服的度。以武侠来类比设计师，当你习武多年，招数精进，功力深厚，此时懂得收放，是成为大侠的最后的考验。

(资料来源：知乎 www.zhihu.com/question/20934810/answer/16661238)

任务三　GoldWave 软件使用

〔任务描述〕

随着学习的不断深入，专业老师要求大家制作陕西神舟计算机有限公司宣传片。对于解说词音频部分，需要自身完成录制。小王根据专业老师要求对解说词进行录制，同时对声音进行优化处理，进行降噪。通过这一任务，掌握音频处理软件 GoldWave 录音以及降噪的基本方法。

〔任务分析〕

为了有效完成任务，大家经过充分地酝酿和讨论，在征求了专业老师的意见之后，确定以下操作内容和步骤：

① 确定公司简介解说词；

② GoldWave 基本操作；

③ 利用 GoldWave 对解说词进行录制；

④ 利用 GoldWave 对录制的音频进行降噪。

一、确定公司简介解说词

解说词是宣传片的根本，其作用与电影中的"剧本"极为相似。宣传片的解说词应能涵盖公司的主要职能。在本任务中，确定陕西神舟计算机有限公司宣传片的解说词，内容如图 2-87 所示。

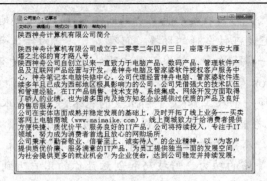

图 2-87　宣传片解说词

二、GoldWave 基本操作

启动 GoldWave 软件，其工作窗口如图 2-88 所示。

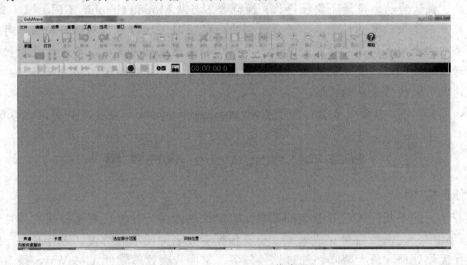

图 2-88　GoldWave 工作窗口

启动后，即可进入 GoldWave 的工作界面，其界面从上到下被分为 3 个大部分：最上面是菜单栏和快捷工具栏，中间是波形显示区，下面是文件属性，如图 2-89 所示。

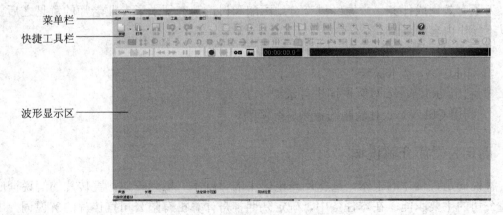

图 2-89　GoldWave 界面组成部分

1. 菜单栏

位于主窗口顶端，与其他软件类似，这里集成了 GoldWave 的功能。

2. 快捷工具栏

对音频文件操作的工具集成在快捷工具栏中。在实际的编辑过程中，可以非常方便地从这里选取工具对素材予以加工。

3. 波形显示区

波形显示区在整个软件操作界面中占比是最大的。常用的立体声文件则分为上下两个声道，可以分别或统一对它们进行操作。

三、录制解说词

(1) 在菜单栏中选择"文件"→"新建"→"新建声音"，弹出新建声音窗口。如图 2-90 所示。

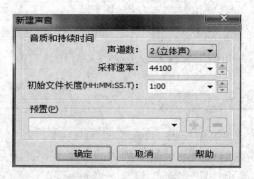

图 2-90　新建声音窗口

(2) 单击工具栏中的录音按钮"〇"，弹出持续时间窗口，如图 2-91 所示。

在本任务中，选取解说词的一段予以示范，选择的解说词片段为：

神舟电脑秉承"勤奋敬业、信誉至上、诚实待人"的企业精神，以"为客户提供质优价廉、服务满意的 IT 产品，为员工提供独当一面的发展空间，为社会提供更多的就业机会"为企业使命，达到公司稳定并持续发展。

选择 2 分钟的持续时间即可满足要求。

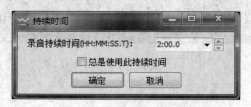

图 2-91　持续时间设定

(3) 单击确定开始录音。

注意：在录音属性窗口中，录音设备选择"麦克风"。如图 2-92 所示。可单击设备打开具体的控制属性窗口，如图 2-93 所示。在录音一栏中，本案例选择麦克风。如果想实现计算机系统声音的"内录"，可选择"立体声混音"。

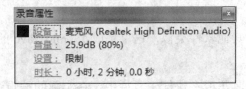

图 2-92　录音属性

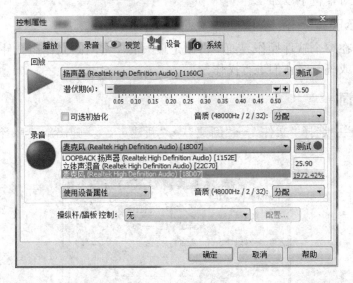

图 2-93　控制属性

另外，在录音的开始或结束时，录制 5 秒钟的环境音，便于后期降噪提取噪声样本。

(4) 录制完毕，单击停止按钮"■"停止录音过程。

录制完毕的声音文件波形如图 2-94 所示。

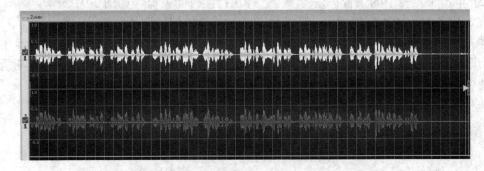

图 2-94　录制完毕声音波形显示

(5) 单击播放按钮，试听录音结果。

四、对录制的音频进行降噪

(1) 聆听录制的结果，会发现有一定的环境噪音在里面，因此有必要对声音文件进行降噪。

(2) 噪音的波形具有一定的特点，在本案例中，我们在解说词解读完毕后，录制了 5 秒钟的环境音。如图 2-95 所示。

（3）选择环境音区间，单击鼠标右键，选择"复制"，将噪声样本置于剪贴板，如图 2-96 所示。

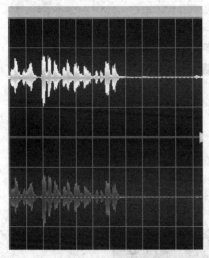

图 2-95 录音末端噪声波形

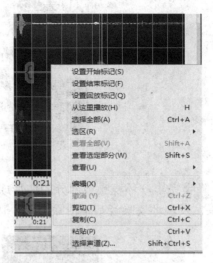

图 2-96 选取噪声样本

（4）对录音文件全选，如图 2-97 所示。选择菜单栏"效果"→"滤波器"→"降噪" 如图 2-98 所示。打开降噪窗口，如图 2-99 所示。

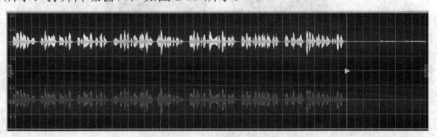

图 2-97 全选录音文件波形

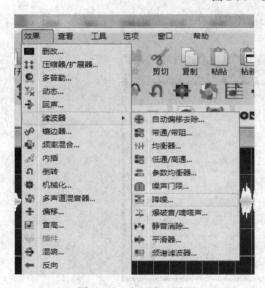

图 2-98 选择降噪效果

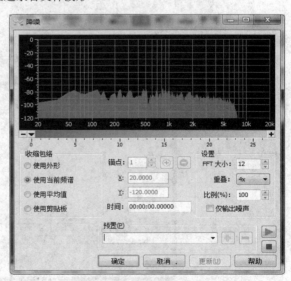

图 2-99 降噪窗口

(5) 在预置中选择剪贴板噪声版，如图 2-100 所示。点击"确定"，开始降噪。

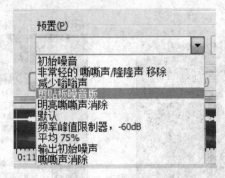

图 2-100　剪贴板噪声选择

(6) 降噪完毕，环境噪声部分的波形成为直线，也就是说噪声已基本消除。试听整体录音效果，发现环境噪音基本消除。图 2-101 展示了降噪前后的波形对比。

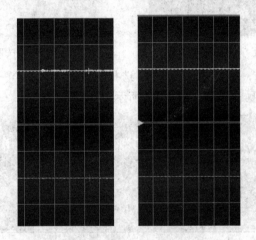

图 2-101　降噪前后波形对比

(7) 在菜单栏中选择"文件"→"另存为"弹出"保存声音为"窗口。键入文件名，选择文件路径予以保存，如图 2-102 所示。

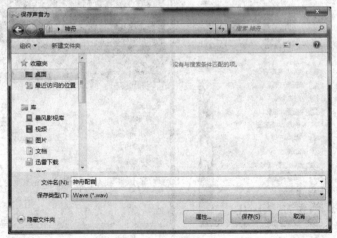

图 2-102　声音保存窗口

⊠ 技能操作

1. 下载安装 GoldWave 软件，熟悉界面操作。
2. 撰写音频所需解说词相关文字资料。
3. 使用 GoldWave 完成对声音的录制。
4. 使用 GoldWave 对录制好的音频进行降噪等优化处理。

 【阅读材料】

音频处理小技巧

GoldWave 是一个功能强大的数字音乐编辑器，是一个集声音编辑、播放、录制和转换的音频工具。它还可以对音频内容进行转换格式等处理。它体积小巧，功能却无比强大，支持许多格式的音频文件，包括 WAV、OGG、VOC、IFF、AIFF、AIFC、AU、SND、MP3、MAT、DWD、SMP、VOX、SDS、AVI、MOV、APE 等音频格式。你也可从 CD、VCD 和 DVD 或其他视频文件中提取声音。内含丰富的音频处理特效，从一般特效如多普勒、回声、混响、降噪到高级的公式计算(利用公式在理论上可以产生任何你想要的声音)，效果多多。

(一) 处理基础干音

1. 降噪

一般交过来的干音都会有一定的噪音，所以我们的目的是在尽量少损干音的情况下让噪音尽量的小，甚至是消除。这里要注意的是，说话的时候只要听不出杂音的，降噪就算成了，然后我们可以把每个吐字之间的间隔进行静音。

减少背景噪音。这个降噪工具采用的是采样降噪法，也就是将噪音信号先提取，再在原信号中将符合该噪音特征的信号删除，得到一个几乎无噪音的音频信号。

要想取得好的降噪效果，在原音频中必须有一段相对较长的纯噪音区，然后将这段噪音区内比较平稳的部分选中(噪音区越长，相对平稳的噪音也越容易得到)，获取该段噪音的波形特征并记录，最后选择原全音频，并用刚才的噪音样本进行去噪。

注意，先决条件是纯噪音要保持一定的长度并且稳定。

2. 压缩

降噪好了之后，我们需要调节的下一个就是干音忽高忽低的问题，这里就需要我们把干音进行压缩，让声音过小的地方有一定的增幅，声音过大的地方进行一定的压缩。让干音听起来很平滑不会忽大忽小。

当然了我们也可以忽略这一步，然后在搭建对话时进行调整。

3. EQ

EQ 是均衡器的缩写。它的基本作用是通过对声音某一个或多个频段进行增益或衰减，达到调整音色的目的。EQ 通常包括如下参数：F(Frequency)，频率——这是用于设定你要进行调整的频率点用的参数；G(Gain)，增益——用于调整在你设定好的 F 值上进行增益或衰减的参数；Q(Quantize)，量化效果器——用于设定你要进行增益或衰减的频段"宽度"。

EQ 的主要功能是降噪和声音的润色。

(1) EQ 的降噪功能：我们在录音的时候，是有很多设备都同时工作的，那么，就会无可避免地产生电器之间的干扰而导致噪声。这种噪声在高频和低频部分都可能产生。我们可以分别用高通或低通滤波来消除它们。当然，这种噪声的消除，要建立在不损失原声音质的情况下。比如，我们可以开启低通滤波，然后逐渐升高滤波频点，直到我们听到全部的乐器原声，然后，我们再关掉滤波，对比一下原声和处理后的声音，看看是否损失了什么。其实，我们要过滤掉的，也就是极高频那一小部分，或者极低频的一小部分。

(2) EQ 的声音润色功能：EQ 对于声音最主要功能是润色，而不是"修理"。另外，不要为了使用 EQ 而使用 EQ，只有当真正需要的时候才去使用它，因为，无论在什么时候，保持声音的自然将是最好的。

我们这里可以用 EQ 来调整对话穿越的问题，因为在同一个对话场景下有些 CV 的干音比较干，有些则比较闷，那么我们就可以用 EQ 来调整这个问题。

EQ 没有真正的规律，所有声音的调整要依靠你们自己的耳朵和音乐感觉。声音很干的话就加低频区，闷的话就减低频区。

(二) 搭建对话

1. 调整对话音量

这里我们需要把进行对话的人的声音调整得比较平衡，让两个人的对话是在同一个空间，大约是这样：把两个人的人声大小调整到 –15～–6 之间。这里没有绝对。主要是靠耳朵去听。当然还有其他特定的声音效果，那么就不一定在这个间隔之内。

2. 调整对话间隔

在对话中，两个人因为各种情绪所以接话的间隔肯定是不一样的，这里也是后期消磨时间最多的地方。我们不单要调整两个人对话的间隔，有的时候还需要调整 CV(配音演员) 念的每一个字中间的间隔，让对话达到剧本里的效果。举例说，激动的对话，间隔肯定比较短；比较沉重的对话，间隔会稍微长一些。

3. 把对话调整好之后，我们就可以根据不同的环境，给对话加上不同的效果。宽广的空间和狭窄的空间，声音听起来必然不同。比如宽广的室外，声音会比较发散；宽广的室内，声音发散的同时还会有回音等。我们要把声音处理得和剧本里的对话场景一致。

(三) 搭建对话环境

1. 加动作音效

这里就要找各种音效了。当然最好的话自己能有个录音笔，可以自己录制需要的音效。

2. 加环境音

接着我们要加各种的环境音，当然还是要必须要合适的，不能在都市的下雨声配了一个丛林的下雨声，所以要找到合适的环境音。还要注意环境音效的音量大小。

(四) 添加 BGM 加强感染力

添加 BGM 时唯一要注意的就是 BGM 之间的流畅性，场景和场景之间的 BGM 间隔不要太长，最好在 4～6 秒内。

(五) 总整合。

总整合就是整体合并。

(资料来源：百度文库 wenku.baidu.com)

任务四　Premiere 软件使用

〔任务描述〕

目前，宣传片是公司对外宣传、提升企业社会认知的重要方式。伴随着学习任务的推进，专业老师要求对陕西神舟计算机有限公司的微视频予以产品的宣传。于是专业老师布置新的实践任务，要求利用陕西神舟计算机有限公司官网上的素材，制作微视频，通过这个视频的制作，熟悉影视剪辑软件 Adobe Premiere 的基本使用方法。

〔任务分析〕

为了有效完成任务，大家经过充分的酝酿和讨论，在征求了专业老师的意见之后，确定以下操作内容和步骤：

① 微视频素材的搜集与整理；

② 确定微视频视觉效果形式；

③ Premiere 软件基本操作；

④ 应用视频特效制作基本效果；

⑤ 制作片尾字幕；

⑥ 添加基本的视频切换效果；

⑦ 输出影片。

一、搜集整理素材

经过对陕西神舟计算机公司官网的查询，确定可使用的素材种类：视频和图片。如图 2-103 所示。另外，对于文字内容，可在软件中即时生成。

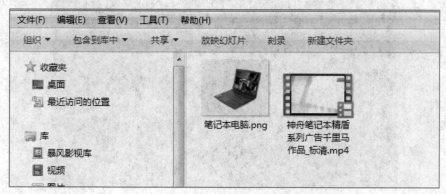

图 2-103　素材

二、确定视觉效果形式

微视频作为视觉文化时代传播速度较快的媒体样式，它具有某一方面的吸引力。在本任务中，将神舟笔记本宣传片做变形处理，最终缩放到笔记本图片上。在片尾设置字幕，以起到画龙点睛的作用。

三、Premiere 软件基本介绍

(一) 预设建立

(1) 启动 Premiere CC 应用程序，出现欢迎窗口，如图 2-104 所示。单击欢迎窗口的"新建项目"选项。

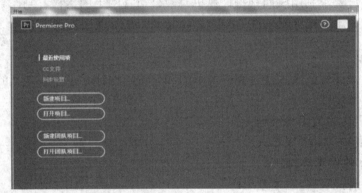

图 2-104 欢迎窗口

(2) 在弹出的"新建项目"窗口中，输入名称"神舟"，如图 2-105 所示。点击"确定"按钮，即可按默认设置创建一个新项目。

图 2-105 "新建项目"窗口

（3）进入软件操作界面后设定序列，在项目素材库中，单击鼠标右键，选择"新建项目"→"序列"，如图 2-106 所示。在新建序列窗口中选择分辨率为 1920×1080，帧速率为25 帧/秒，场序为无场的序列，进入 Premiere CC 完整的工作状态，如图 2-107 所示。

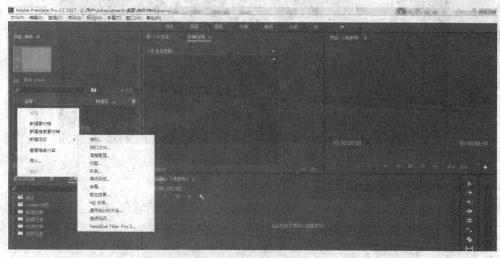

图 2-106　声音保存窗口

图 2-107　新建序列窗口

（二）工作界面介绍

工作界面中包括常见的 Timeline(时间线)窗口、Project(项目)窗口、Monitor(监视器)窗口、Info(信息)面板、Tools(工具)面板、Effects(效果)面板、Effect Controls(特效控制)面板、Audio Mixer(调音台)面板、History(历史)面板、菜单栏等。如图 2-108 所示。

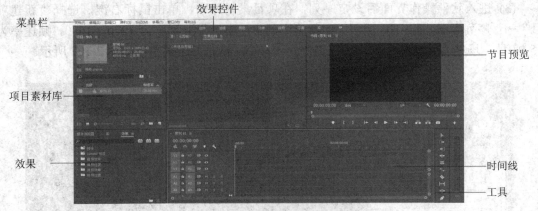

图 2-108　常用功能说明

1．Timeline(时间线)窗口

时间线窗口如图 2-108 所示，主要是由视频轨道、音频轨道和一些工具按钮组成。这一窗口是对素材进行编辑的主要窗口，可以按照时间顺序来排序和连接各种视频或音频素材，还可以进行剪辑片断、叠加图层、设置关键帧和叠加字幕等操作。

时间线的音频和视频轨道默认为 Video1 和 Audio1 等，默认情况下，视频和音频各有 3 条轨道，如果有工作需要还可以增加。

此外，增加或删除视频、音频轨道的操作也可以通过选择右键菜单中的命令来执行，Add Tracks 命令为增加轨道，Delete Tracks 命令则为删除轨道。

2．Project(项目素材库)窗口

项目窗口如图 2-108 所示，主要用来导入、存放和管理素材，素材可以依据名称、标签、持续时间、素材出点和入点等具体信息来排列显示。如图 2-108 所示为缩略图显示方式。同时，在项目窗口还可以为素材重命名及重新设定素材的入点、出点等操作。

在项目窗口中可以对导入的素材进行预览，如果是素材视频，可以在左上角的小窗口中单击"播放"按钮，实行播放预览，并可以调整进度；如果是非视频式素材，如照片、字幕等，则以静态的方式预览，这时左侧的"播放"按钮以灰色显示。

在 Adobe Premiere Pro CC 中将"搜索素材"图标放到了项目窗口的明显位置，在搜索素材时，可以在 In 下拉菜单中选择查找的范围，方便了对素材的查找。

在项目窗口的最下边有一排工具按钮，依次为"素材列表式排列式图"、"素材缩略图式排列视图"、"自动匹配顺序"、"搜索按钮"、"新建容器"、"新建分类"和"清除"。其中，"新建容器"用于把众多素材放入文件夹进行管理；"新建分类"是按序列、脱机文件和黑场等方式分类对素材进行管理；"清除"可以将不要的素材删除。

3．Monitor(监视器)窗口

Monitor(监视器)窗口主要有 3 种，分别为 Source Monitor(素材源监视器)窗口、Program Monitor(节目监视器)窗口和 Trim Monitor(修整监视器)窗口。这些窗口不仅可以在工作时给预览视频素材提供方便，还可以即时看到编辑后的视频效果。

Source Monitor(素材源监视器)窗口是查看导入素材的第一步，一般来说，导入的素材量都会大于编辑所需的素材长度，这时，可以利用素材源监视器窗口下方的"素材源控制"

按钮进行设置入点出点等操作。

Program Monitor(节目监视器)窗口中显示的是时间线中所有视频、音频节目编辑后最终呈现的效果，可以通过节目监视器的预览来掌控编辑的效果和质量。同样，利用在节目监视器下方的控制按钮可以快速地对节目进行定位和设置。此外，节目监视器与素材源监视器都提供多种方式的素材显示。

4．Info(信息)面板

选择某个素材后的信息面板如图 2-108 所示，其中会显示相应的提供信息，如该素材的名称、类型、视频像素、入点、出点和持续时间等详细信息，还会显示相应序列的一些详细信息。

5．Tools(工具)面板

在工具面板中有各种常用的操作工具，主要是用来在时间线窗口中进行操作，分别有"选择"工具，"轨道选择"工具，"波纹选择"工具，"旋转编辑"工具，"比例缩放"工具，"剃刀"工具，"传递编辑"工具，"滑动"工具，"钢笔"工具，"手型"工具，"缩放"工具。

6．Effects(效果)面板

效果面板中包含的是 Premiere Pro CC 自带的音频和视频特效，通过应用这些效果可以调节素材的音频和视频的特殊效果显示。

Effects 特效有 Presets(预置特效)、Audio Effects(音频特效)、Audio Transitions(音频切换效果)、Video Effects(视频特效)和 Video Transitions(视频切换效果)。

7．Effect Controls(效果控件)面板

特效控制面板用于调整素材的运动特效、透明度和关键帧等，当为某一段素材添加了音频、视频或转场特效后，就会在这一面板中进行相应的参数的设置和关键帧的添加等。特效控制面板的显示内容会随着素材和特效的不同而又相应改变。

8．Audio Mixer(调音台)面板

调音台面板主要用来处理音频素材。利用调音台可以提高或降低音轨的音量、混合音频轨道、调整各声道的音量平衡等，另外，利用调音台还可以进行录音工作。

9．History(历史)面板

历史面板用于记录在编辑过程中所做的操作，用户的每一步操作都会在历史面板中显示，在其中可以很方便地找到要撤销的任意步骤。单击该步骤即可返回该步骤前的状态，同时，之后的编辑步骤仍在历史中显示直到新操作进行后将其替换。

10．菜单栏

Premiere CC 的菜单栏中包含 9 个菜单，分别为 File(文件)、Edit(编辑)、Project(项目)、Clip(素材)、Sequence(序列)、Marker(标记)、Title(字幕)、Window(窗口)和 Help(帮助)。

四、应用视频特效制作基本效果

具体操作步骤如下：

(1) 启动 Premiere CC 应用程序，新建项目"神舟"，序列预设选择分辨率为 1920 × 1080，帧频为 25 帧/秒，场序为无场的序列设置。

(2) 执行菜单栏"文件"→"导入",如图 2-109 所示,在弹出的"导入"对话框中,选择"神舟电脑.jpg"和"神舟笔记本.mp4"两个文件,如图 2-110 所示。点击"打开"按钮,将其导入 Premiere 中。

图 2-109　导入窗口

图 2-110　素材导入项目素材库

(3) 在项目素材库中选中"神舟电脑.jpg",按住鼠标左键将其移至时间线窗口中的视频 1 轨道中,并在时间线窗口中调整素材,使视频素材放置于第 0 帧处,如图 2-111 所示。

图 2-111　时间线状态

(4) 在节目监视器中查看素材效果，如图 2-112 所示。

图 2-112　节目监视器查看效果

(5) 在节目监视器中查看预览效果会发现，计算机图像未显示完全。接下来对素材显示比例做调整。在时间线窗口中单击素材，使素材处于选中状态。之后单击效果控件窗口，如图 2-113 所示。选择"运动"中的"缩放"属性，将其数值设置为 70。"神舟电脑.jpg"素材在节目预览窗口中比例显示正常，如图 2-114 所示。

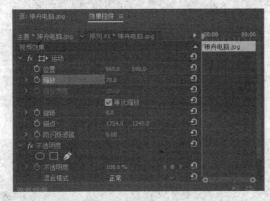

图 2-113　调整"缩放"属性

图 2-114　缩放效果

（6）在项目素材库中，选中"神舟笔记本.mp4"文件，按住鼠标左键将其拖至时间线窗口视频 2(V2)轨道中。保证与"神舟电脑.jpg"时间码 0 帧对齐。如图 2-115 所示。

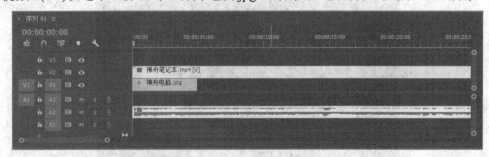

图 2-115　时间码对齐

（7）此时发现"神舟电脑.jpg"持续时间不够长，如图 2-116 所示。将鼠标放置于"神舟电脑.jpg"素材右端，当鼠标样式变化时，按住鼠标左键，将素材持续时间拉长至与"神舟笔记本.mp4"一致，效果如图 2-117 所示。

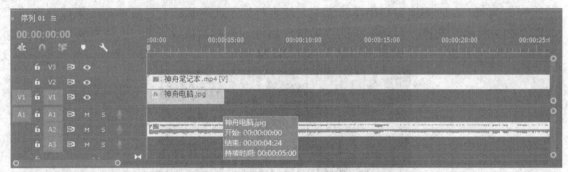

图 2-116　持续时间调整

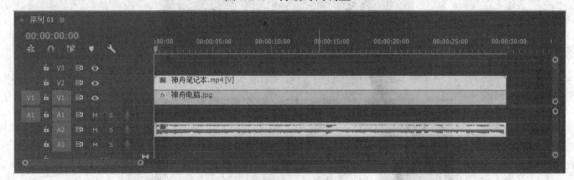

图 2-117　素材对齐后的效果

（8）如果在时间线中，素材显示不完整，可通过调整时间线窗口下的"精度调整工具条"予以显示完整，如图 2-118 所示。

图 2-118　精度调整

（9）回到节目监视器窗口，查看综合效果，如图 2-119 所示。

图 2-119　综合效果显示

(10) 此时发现，"神舟笔记本.mp4"素材显示比例过小。在时间线窗口中，选中该素材，单击鼠标右键，选择"缩放为帧大小"，如图 2-120 所示。此时再查看节目监视器，素材比例显示正常，如图 2-121 所示。

图 2-120　缩放为帧大小

图 2-121　缩放为帧大小后的效果

(11) 在效果窗口中选择"视频效果"→"扭曲"→"边角固定"，如图 2-122 所示。可通过检索关键词的方式快速定位该效果。按住鼠标左键，将其拖至"神舟笔记本.mp4"素材上。

图 2-122　边角定位

(12) 在"效果控件"窗口中，查看该特效，如图 2-123 所示。

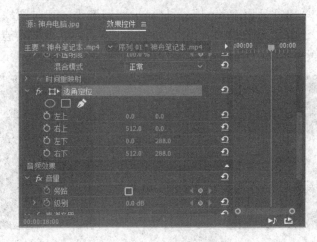

图 2-123　边角定位属性

(13) 单击"边角定位"，让其处于选中状态，选定时间码 18 秒的位置，查看节目监视器变化，此时发现，在"神舟笔记本.mp4"上显示出四个定位点，如图 2-124 所示。

图 2-124　边角固定定位点

（14）在"效果控件"窗口中，单击"边角定位"下四个码表，在时间码 18 秒位置处添加关键帧，如图 2-125 所示。

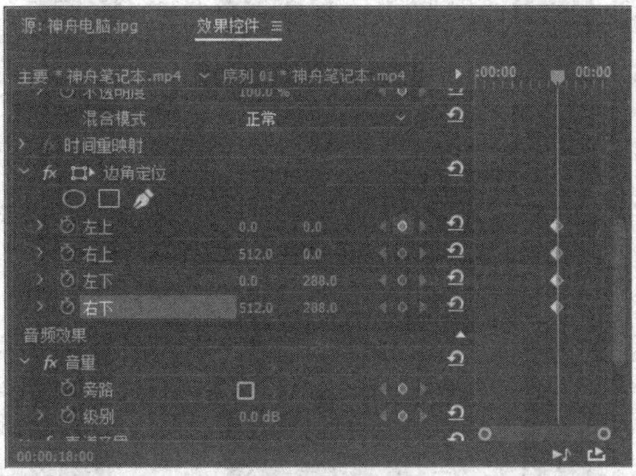

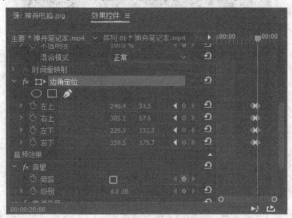

图 2-125　边角固定关键帧

（15）将时间码定位至第 20 秒，调整四个控制点的坐标值，如图 2-126 所示。

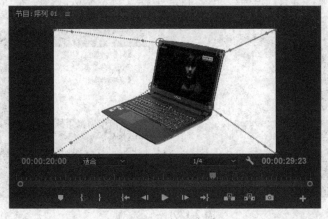

图 2-126　边角固定关键帧

（16）在节目监视器中查看效果，如图 2-127 所示。此时发现，我们已将"神舟笔记本.mp4"素材放置在了"神舟电脑.jpg"上。点击播放按钮，查看效果，如图 2-128 所示。

图 2-127　效果查看

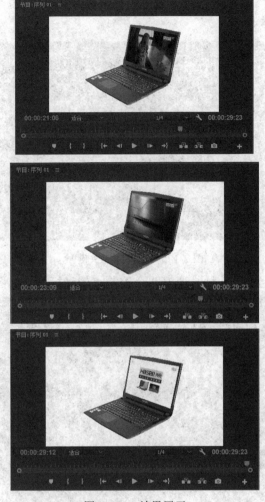

图 2-128　效果展示

五、制作片尾字幕

(1) 在菜单栏中，选择"字幕"→"新建字幕"→"默认静态字幕"，如图 2-129 所示。

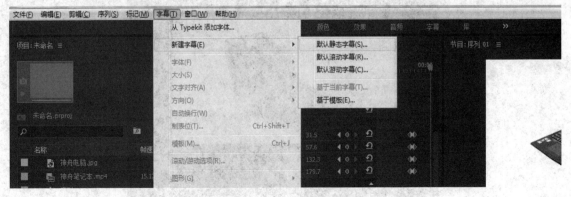

图 2-129　新建字幕

(2) 在弹出的字幕编辑器窗口中，选择文本工具"T"，如图 2-130 所示。键入字幕"神舟电脑"字样，字体为"行楷体"，填充颜色为红色，如图 2-131 所示。

图 2-130 字幕编辑器横排文字工具

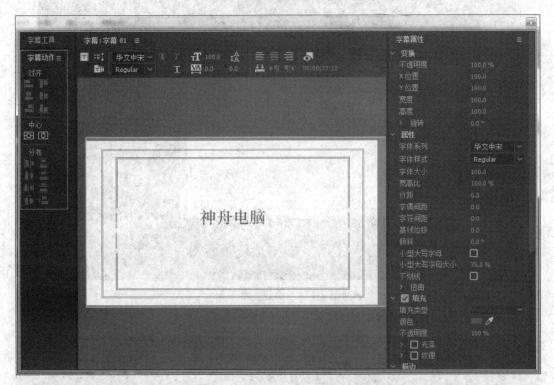

图 2-131 字幕编辑器

(3) 在打开的"神舟电脑"字幕编辑器中，选择基于当前字幕新建字幕工具""，如图 2-132 所示。出现新建字幕窗口，如图 2-133 所示，点击确定。双击文字"神舟电脑"，将其改为"钻石品质"，如图 2-134 所示。

图 2-132　基于当前字幕新建字幕

图 2-133　新建字幕

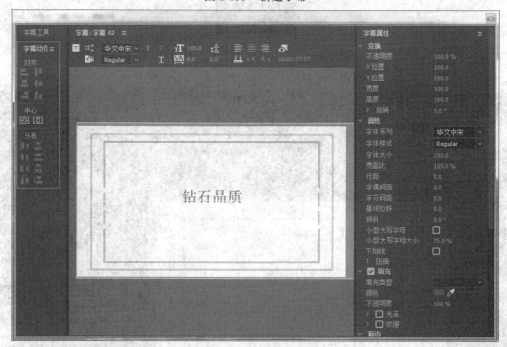

图 2-134　新建字幕效果

(4) 将新建的字幕拖至时间线窗口中，排列如图 2-135 所示。

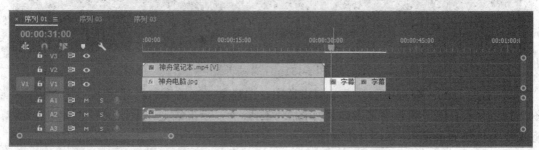

图 2-135　字幕时间线显示

六、添加视频切换效果

在"神舟笔记本.mp4"素材末端，"神舟电脑"与"字幕 1"连接处，"字幕 1"与"字幕 2"连接处以及字幕 2 末端添加视频切换效果"Impact Blur Dissolve"，如图 2-136 所示。

图 2-136　添加视频切换效果

七、输出影片

(1) 选中时间线窗口，在菜单栏中选择"文件"→"导出"→"媒体"，弹出"导出设置"窗口，格式选择"H.264"，预设选择"匹配源-高比特率"，如图 2-137 所示。

图 2-137　导出设置

(2) 单击"输出名称"，弹出"另存为"窗口，键入文件名"神舟"，确定保存路径，如图 2-138 所示，单击保存。

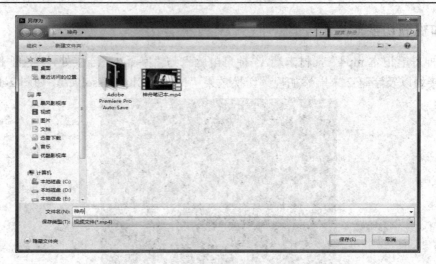

图 2-138　另存为窗口

(3) 单击导出，输出影片，如图 2-139 所示。

图 2-139　导出进度

⌧ 技能操作

1. 下载安装 Premiere CC 软件，熟悉界面操作。
2. 明确制作视频中可以封装的元素种类。
3. 浏览陕西神舟计算机官网，选择相关素材，制作宣传微视频特殊的视频效果。
4. 制作宣传片的说明性文字部分。
5. 在宣传片素材的适当位置添加视频切换效果。
6. 依据预设设定，导出影片。

 【阅读材料】

如何流畅剪辑——使用代理文件

要想流畅剪辑，可使用代理文件的方式实现。生成代理在后期制作中是很重要的步骤，特别是如果没有高性能的电脑硬件，却想更迅速流畅地剪辑，那么就可以使用这种方法。这种剪辑方法被称为线下剪辑，通常剪辑师都会采用这种方法剪辑代理视频，剪辑完成后输出 XML 或 EDL，然后在调色软件中进行套底，当然也可以在剪辑软件中将代理视频替换成原始高清素材。

1. 生成代理视频

在生成代理时也许要花些时间，但绝对是值得的。例如，拍摄的视频是全高清的，但电脑不能实时播放它们。这时可以将原始素材转码，生成分辨率和码率都偏低的代理视频文件，然后将它们导入剪辑软件进行剪辑。需要注意的是在设置项目文件时应按照原始视频的格式进行项目设置。

2. 替换代理视频

完成剪辑后，将代理视频文件替换成原始高清视频。在 Premiere 中替换文件很简单，这个步骤的好处是添加的效果转场和调色都会应用到新替换的文件上。几乎任何剪辑软件都可以这么操作，你只需将代理文件替换成高分辨率原始文件，就可以用高质量输出视频了。

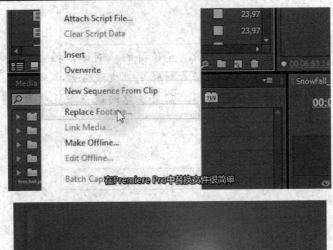

(资料来源：V 电影电影自习室：www.vmovier.com/44043?from=search_backstage)

模块四 项目总结

　　通过本项目的学习，大家对网络多媒体有了一个基本的了解。同时也掌握了对其进行加工与传播的基本方法。应该说，现在我们的生活已经离不开网络多媒体。因此，从这个角度来讲，掌握网络多媒体的获取加工与传播方法成为了每一个当代人的基本功。

　　伴随着视觉文化时代的不断推进，社会对可视化影像需求的不断加大，网络多媒体的市场需求将越来越大。同时，伴随着现代信息技术的不断发展，网络多媒体也随着时代的发展不断更新，同学们必须以与时俱进的思想，不断学习，把握网络信息获取与加工的主动权，更好地服务于人们的生活。

 【阅读材料】

优秀的多媒体网络编辑怎样"炼"成？

　　从报社转投网络媒体已经整整七年了。应该说，这七年中，随着网络传播影响力的不断扩大，其从传统媒体中分流的受众也越来越多，而网络媒体本身的发展，也因为这种"看客云集"的助推而风生水起，呈现出越来越立体的面貌。"跨媒体"，已经成为网络新闻从业者的一个自我定位。

一、用手机传送口播新闻和图片

2006年3月，我接到采访十届全国人大四次会议的任务。上会前，除了按照常规准备好笔记本电脑、数码相机、录音笔这些采访设备外，手机的升级换代也被提上了议事日程——这次上会我和我的搭档要通过手机这种新介质，在第一时间将现场图片和口播音频新闻传回后方。

具有拍照和录音功能的手机装载一种简写为"MOME"的软件后，就可变为小型移动报道平台，新闻现场的口播报道可自动转化为音频文件，手机拍摄的新闻图片可附加中文说明，实时传输到指定邮箱。现场音频和图片通过手机传输，比通过无线网卡传输更方便快捷。

千龙网在这次报道中用手机传回的音频新闻，主要有"开幕式现场特写""北京团分组审议两高报告"等，选择标准是现场音响丰富，适合做口头报道。手机图片内容广泛，基本涵盖了会议期间所有的摄影报道题材。

播报对于北京广播学院(现中国传媒大学)科班出身、但没有真正干过广播的我来说还是很有趣的。我们要在最后一天会议闭幕后代表走出会场时做一个口播音频新闻，我算好时间提前从会场出来，在大会堂台阶上等候。到代表陆续走出会场，台阶上聚集了越来越多的包围圈，声音比较丰富的时候，我拿出手机开始播报，介绍现场情况，回顾大会历程，最后以一句"让我们听一听代表们怎样表达自己此刻的心情"做结语，同时把手机伸向离我最近的一个"包围圈"，采录代表回答问题的声音。整个音频时长一分多钟，较好再现了闭幕后大会堂前的氛围，与广播节目的制作形式十分接近。

做这种跨媒体报道，需要记者对各种媒介形式都有所了解，知道其独到的特色如何展现，也需要有较强的学习能力，及时调整、进步。

在千龙网日常采访报道中，"多媒体表现"的要求被贯穿始终。最基本的现场采访，也要求携带装备无线网卡的笔记本电脑和数码相机，保证新闻现场图片与文字稿件同步传输，确保先于传统媒体发稿；一些现场比较能"出画面"的题材，则同时派遣图文记者和摄像，发布时除图文稿件外另有一则视频新闻，后者的编辑方式和要求与电视新闻基本一致。

二、记者多媒体采访的素质亟待培养

网络媒体的迅速发展，媒介融合实践的加速推进，这些都给网络媒体从业者带来了高于传统媒体的要求。"复合型人才"是新闻网站最需要也最缺乏的。这里说的复合型有两个层次，最基本的层次，就是对于各种媒体形式的采访报道"来者不惧"，拿起话筒能解说现场，端起相机知道哪个瞬间最能说明问题，采写稿件中规中矩还得是个"快手"，请来嘉宾就能进演播室做出镜的访谈；再上一个层次，就是要有判断力和决断力，对各种媒介形式的特点了然于胸，一个事件，知道用怎样的形式来表现最能出彩，能够调配人力、资源，确保采制过程的各个环节配合紧密，达至预期效果。

多媒体采访对记者的要求很高，熟悉各种媒介的外在表现形式只是基本要求，除此之外，还要对各种媒介形式内在的传播规律有所了解，并能在自己的操作实践中准确运用这些知识和技能，胜任各种媒体形式的报道要求。

千龙网在这方面正努力探索一种长效机制。新闻部门人员招聘时做背景审核，首先要求有传统媒体从业经历；网站内部各中心之间试行轮岗，新闻中心采编人员接受视频中心摄像、直播访谈等工作的训练；在大型会议报道等"集团作战"时，发挥带动作用，由经验丰富的老同志带动新进记者尝试新的报道形式。日常工作中，加强学习能力建设，组织专家授课，探讨不同媒体同题材报道的模式。

　　有一位 2003 年本科毕业加盟千龙网的记者，在多媒体采访能力培养方面可以说是一个成功案例。在他参加工作很短的时间里，就表现出与人沟通方面的长处和处理问题时的沉着。当时我安排他在做好日常工作外，还承担新闻中心的直播任务，一年多的时间，由直播文字编辑做到了直播组外出的领队，技术环节、直播准备、现场应变、人员分工、直播后稿件采写等环节有条不紊，他本人不仅对网络多媒体直播的各个环节都做到了了然于胸，而且在对网络多媒体呈现的理解方面也有了很大进步。再后来，他承接千龙网北京频道的"市民留言板"栏目，按照报社热线新闻的方式跑现场，在这过程中，他自己学习了演播室摄像等电视方面技术，现在已经可以胜任出镜报道、电视(视频)新闻稿件写作甚至简单的视频原创新闻编辑等工作，成为名副其实的多面手。

　　　　　　　　　　(资料来源：中大网校 www.wangxiao.cn/we/95041434600.html)

项目三 网络频道与栏目设计

模块一 项目概要

一、项目实施背景

尽管互联网的发展曾遭遇过泡沫危机，但是网络媒体最终还是转入了正轨并快速发展。网站的内容设置更加合理，信息更加全面。互联网发展到今天，网站的类型出现分化，从新浪、搜狐为代表的门户，衍生出很多不同类型的网站，它们共同组成了当前互联网行业相互补充、相互竞争的生态圈。作为国内最早的网络媒体之一——新浪网在其成立的初期，就已经设立了频道和栏目。

网络媒体为了方便网友浏览，对内容进行了划分，由此演变出频道与栏目，网络媒体频道策划和栏目策划成为了网站策划的重要内容。

网络媒体频道与栏目是网络媒体的支撑，与网络媒体的内容发展密不可分。不同频道内容在首页的体现，主要依据其对流量的贡献。流量是考核网络媒体的重要指标，频道和栏目的设立都必须有助于流量的增长。频道和栏目建设的好坏决定着网站的好坏，好的网站因频道与栏目的合理设置而显得美观实用、层次清晰，并具有自己独特的风格，增强了网站的专业性，也增加了网站内容的可信度与权威性，在拓宽网络媒体经营渠道的同时，专业频道与栏目建设通常代表着无穷无尽的流量，这一切都为网络广告打下良好的基础。

设计好的新的频道和栏目是商业模式发展的关键，可以带来与其他同类网站明显不同的风格。现在，新的频道和栏目通常建立在新技术的推出、用户新需求涌现的基础之上。新频道和栏目的构建就是利用不断推陈出新的网络技术，整合资源，使频道和栏目能够满足受众的需求，得到良性发展。

二、项目预期目标任务评价

网络文稿编辑项目预期目标的完成情况可使用任务评价表(见表3-1)，按行为、知识、技能、情感四个指标进行自我评价、小组评价和教师评价。

表 3-1　网络文稿编辑项目任务评价表

一级评价指标	二级评价指标	评价内容	分值	自我评价	小组评价	教师评价
行为指标	安全文明操作	是否按照要求完成任务	5 分			
		是否善于学习，学会寻求帮助	5 分			
		实验室卫生清洁情况	5 分			
		实验过程是否做与课程无关的事情	5 分			
知识目标	理论知识掌握	预习和查阅资料的能力	5 分			
		观察分析问题能力	5 分			
		网络频道策划	5 分			
		网络栏目策划	5 分			
		网络频道及栏目策划方案撰写	5 分			
技能目标	技能操作的掌握	解决问题方法与效果	5 分			
		频道内容构架搭建	10 分			
		频道页面设计与制作	10 分			
		栏目内容构架搭建	10 分			
情感指标	综合运用能力	创新能力	10 分			
		课堂效率	5 分			
		拓展能力	5 分			
合计			100 分			

综合评价：

三、项目实施条件

(1) 多媒体教室一间。适合项目小组讨论，可以连接 Internet。

(2) 准备网络平台。本项目以陕西神舟计算机有限公司官网(maimaike.com)和官方淘宝店铺(maimaike.taobao.com)作为主要实训内容，建站系统使用凡科建站(jz.fkw.com)。

(3) 将教学对象分为 4-6 人的项目小组，分析频道及下属栏目的划分，以及它们的特点及定位，根据受众需求，增设频道和栏目，撰写策划方案。

模块二　项目知识

单元一　网络频道策划

一、网络频道概述

网络媒体频道策划就是把网络媒体中相同属性与相同题材的报道划分成单独的网络报道平台，即在各种网站首页信息的基础上设置的专门信息内容。

网络频道是网络提供信息、服务的有效形式，其在信息的传播过程中逐渐形成自己独特的优势和地位。网络频道的发展和它的生存环境、内容专业性、读者小众化、广告针对性、营销个性化等有着密不可分的关系。正是这些因素的集结，才使得它具有较强的影响力。

网络频道一般拥有独立的二级域名。比如新浪网的汽车频道域名是 auto.sina.com.cn，娱乐频道域名是 ent.sina.com.cn。而且，综合性较强的网络媒体的频道内容往往以行业来进行划分，比如体育、娱乐、汽车等。频道内容建设需要的编辑数量较大，往往多名编辑负责一个频道，并设有主编。

1. 网络频道种类多，内容覆盖面广

网络频道主要包括财经、娱乐、女性、房产、旅游、游戏、军事、体育、科技、音乐、育儿、家居、法制、星座、城市、博客、理财、饮食、汽车、教育、读书、健康等，一般设在网站的首页上方，读者点击即可进入浏览。网络频道以内容专业、知识性强、信息丰富、服务到位深受网民的喜爱，开设频道也是商业网站赢利的法宝之一。如图 3-1 为新浪网(www.sina.com.cn)的频道设置。

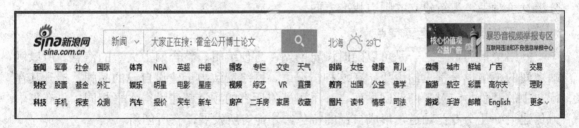

图 3-1　新浪网频道导航

2. 频道满足不同的需求，针对性强

设立网络频道可以针对特定人群，每一个频道都可满足不同年龄、性别、知识层次的消费者的需求。网络频道与传统媒体相比，消费者分类更细，通常一个网站包含多个频道，远远超出了传统信息的容量。由于内容的细化，相应广告的刊播就更专业，不同频道的针对性也更强。

如图 3-2 为中国钢材价格网(www.zh818.com)，频道导航专业性强，读者可以通览专门频道来获得特定的信息，网站频道也对企业产品有针对性地进行宣传。

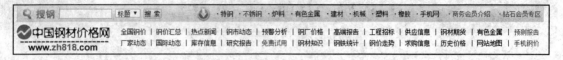

图 3-2　中国钢材价格网频道导航

3. 通过网络频道设置，提升网站影响力

与网络广告相对应的是网络招商，网络招商对网站和企业都有益处，网站管理者在经营管理中已把招商作为一个重要的内容。网络频道为商家提供了一个传播企业形象、宣传企业产品的渠道，其提供了经济服务信息，大量的商品、商家信息在网络上随处可见。如图 3-3 为新浪网手机频道(baby.sina.com.cn)，该页面设置了图集、新品发布、选购指南等详细信息，从各个方位让浏览者了解手机各方面的知识，对于普通大众来讲，这时提供的海量信息足以使他们全面了解有关手机的购买、维护等信息。

图 3-3　新浪网手机频道页面

二、网络频道定位

网络媒体的发展都以受众为导向，流量是考核网络媒体的重要指标，频道的建立都必须有助于流量的增长。另一方面，对于网络媒体来说要建立一个新频道就要有人员、技术、网络资源的投入，这就意味着要考虑成本。

所以，在频道建立之初，相关人员首先需要认真研究同类网络媒体生存与发展的状况，分析竞争对手，为新建立的频道找准方向。

1. 研究竞争对手运营特点

网络传播的特点之一是可以随时浏览网站，方便编辑、整合网上大量的信息。所以网站之间的模仿也是常见的现象。在这种情况下，网络应致力于建设自己的品牌，提升其在行业中的竞争力。对于商业网站而言，不可能将所有的频道都建设得水平相同，只有集中力量建设好几个专业频道，形成自己的特色，才能有所发展，有所创新。

找到独特的竞争优势，是决定一个新频道是否成功的关键。

例如腾讯网的专题服务，它并不是最早的，市场上有很多更好的专题网站，并聚集了大批用户，但腾讯网经过对竞争对手的分析后，注重网站的动态视频、游戏、社交、电商、搜索等各方面的建设，使其专题频道形成了与其他同类网站不同的风格。

2. 探索新频道的商业模式

在互联网行业，最早并且最成功的盈利模式是广告模式，其中以图片、文字、视频、搜索等广告模式为主，常见的盈利模式还包括移动增值服务、C2C、B2B、收费游戏等。成功的商业模式没有固定不变的，而新频道通常建立在新技术的推出，用户新需求涌现的基础上。所以，新频道的构建需要利用不断推陈出新的网络技术，如大数据、VR、AR 等技术整合资源，如图 3-4 是网易直播(v.163.com)频道页面，它用新技术重新构建媒体，使频道得到更好的发展。

图 3-4 网易直播频道页面

3. 分析网站自身需求

网络媒体发展主要有两个方面，一是内容的发展，一是为了增加经营的收入，相对于传统媒体，一切新机会、新技术都可能决定一个网站的生死，网络媒体通过新技术对网络频道的建设，打造自身品牌，网站创新要通过市场环境及对自身需求的分析，做好定位。如图 3-5 是新浪网(www.sina.com.cn)推出的 VR 频道，它抓住了互联网发展过程中的新技术、新机会，使网站得以朝更有利的方向发展。

图 3-5 新浪网频道页面

三、网络频道的策划

规划网站内容、参与网站频道设计，是网络编辑的工作之一。它要求网络编辑对网站的功能、价值取向、服务对象等因素有较好的宏观把握，也要求网络编辑具备一定的网站频道设计知识。

网络频道策划包括内容策划、栏目的设立、页面功能、页面的布局、页面设计、更新维护部署等内容。频道策划可以说是网站策划的缩小版。频道一般依托于现有网站，所以频道的策划一般不必过多考虑服务器的使用、数据库的搭建、页面风格的协调、内容推广等问题。但要对受众目标群体进行研究，做好定位。

(一) 网络频道形式策划

网络频道形式策划的目标是在栏目设置的数量和结构间形成很好的平衡,既便于信息的快速读取,又有助于读者理解,这种操作的简易性和亲和度是网站得到用户认可的关键。

1. 规划频道内容的表现形式

规划频道内容的表现形式需要对频道的结构、框架、栏目数量及表现形式、文字图片的空间排列顺序进行预先设计。除了必要的文字说明外,最好能够形成频道框架结构图,这有点类似于报纸的画版。

除了借鉴成功网站的各种表现形式,网络编辑还需要积极创新,这种创新可以来源于信息形式的创新,如利用 Flash 动画来表现内容。

需要注意的是,表现形式的规划并不同于网页设计。除此之外,还应事先考虑网站规划的配套手段是否能得到技术上的保障。例如,当用户中包含海外用户时,要考虑到是否有其他文字的显示平台,最好提供相应的软件下载服务。同样,运用音视频、动画等形式时,也要充分考虑到当前网络的客观状况。

2. 确定频道的结构

1) 树状结构

树状结构类似 DOS 的目录结构,首页链接指向一级页面,一级页面链接指向二级页面。这样的链接结构,用户在浏览时需要一级一级进入,再一级一级退出。它的优点是条理清晰,访问者明确知道自己在网站和频道的具体位置;缺点是浏览效率低,从一个栏目的子页面到另一个栏目的子页面,必须绕经频道首页。

2) 星状结构

星状结构类似服务器的链接,每个页面相互之间都建有链接。这种结构的优点是浏览方便,访问者可以点击想访问的页面;缺点是过多的链接容易使浏览者迷路,搞不清自己在什么位置和看了多少内容。

在实际设计中,多数情况是将这两种结构混合起来使用,使访问者既可以方便快速地达到自己想去的页面,又可以清晰地知道自己的位置。常用的办法是在频道首页和一级页面之间使用星状结构,在一级和二级页面之间使用树状结构。

3. 确定频道的版式

频道的版式类型有很多种,频道的版式设计风格应与网站和频道自身的风格相统一。频道的版式与网页的版式设计有共同之处,以下借鉴网页的版式设计,对几种常见的频道版式类型做简要介绍。

1) 骨骼型

骨骼型页面是使用一种规范的、理性的分割方法,类似于报刊的版式。常见的骨骼型有竖向通栏、双栏、三栏、四栏和横向通栏、双栏、三栏和四栏等,一般以竖向分栏为多。这种版式给人以和谐、理性的美。几种分栏方式结合使用,既理性、条理,又活泼、富有弹性。如图 3-6 为网易"军事"频道(war.163.com)页面。

图 3-6 网易"军事"频道页面

2) 满屏型

满屏型频道以图像充满整版屏幕，主要以图像为诉求点，也可将部分文字压置于图像之上，视觉传达效果直观而强烈，给人以舒展、大方的感觉，适合年轻人口味。随着宽带的普及，这种版式在网页设计中的运用越来越多。如图 3-7 为哈根达斯官网频道 (www.haagendazs.com.cn)页面。

图 3-7 哈根达斯官网频道页面

3) 分割型

分割型版式把整个页面分成上下或左右两部分，分别安排图片和文案。两个部分形成对比：有图片的部分感性而具活力，文案部分则理性而平静。另外，可以调整图片和文案所占的面积，来调节对比的强弱。例如，若图片所占比例过大，文案使用的字体过于纤细，字差、行距、段落的安排又很疏落，就会使页面显得生硬，造成访问者视觉心理的不平衡。倘若将文字或图片分割线虚化处理，就会产生自然和谐的效果。如图 3-8 为央视网 (www.cctv.com)频道页面版式。

图 3-8　央视网频道页面版式

4) 中轴型

中轴型版式是沿浏览器窗口的中轴将图片或文字作水平或垂直方向的排列。水平排列的页面给人稳定、平静、含蓄的感觉,垂直排列的页面给人以舒畅的感觉。如图 3-9 为 YOKA 时尚网(www.yoka.com)频道页面版式。

图 3-9　YOKA 时尚网频道页面版式

5) 焦点型

焦点型版式是通过对视线的诱导,使页面具有强烈的视觉效果,它又分为以下三种

情况:

① 中心:以对比强烈的图片或文字置于页面的视觉中心,就形成了一个中心的版式,如图3-10良品铺子官网(www.517/pp2.com)频道页面所示。

② 向心:以视觉元素引导浏览者视线向页面中心聚拢,就形成了一个向心的版式。向心版式是集中的、稳定的,是一种传统的手法。

③ 离心:视觉元素引导浏览者视线向外辐射,则形成一个离心的网页版式。离心版式是外向的、活泼的,更具现代感,运用时应注意避免凌乱。

图3-10 良品铺子官网频道页面

6) 自由型

自由型页面具有活泼、轻快的风格。如图3-11为三只松鼠官方网站(www.3songshu.com)频道版式页面。

图3-11 三只松鼠官方网站频道版式页面

4. 确定频道的字体格式

随着互联网技术的发展和页面设计的进步,网站频道的内容也越来越丰富,有绚丽多彩的静态图片，也有令人赏心悦目的动画。但无论制作什么样的页面，网页还是以文字信息为主，文本的效果对于网站频道的页面设计来说是必不可少的。

Windows 自带 40 多种英文字体和 5 种中文字体。这些字体，可以在网页里自由使用和设置。默认的浏览器定义的标准字体是中文宋体和英文 Times New Roman 字体，如果没有设置任何字体，网页将以这两种标准字体显示。同时这两种字体也可以在任何操作系统和浏览器里正确显示。

5. 确定频道的颜色

运用不同的色彩，网站的外观风格会有所不同，网站给人的感觉也不同。色彩作为传达网站形象的首位视觉要素，会在访问过网站的使用者脑中留下长久的印象。

频道首页就像网站中一个独立的主页，可以根据内容的不同而灵活运用多种颜色组合，以达到烘托主题、直观体现频道风格特色的效果。

频道色彩的选择包括色调、背景、文字、图表、边框和链接等内容，在设计时根据色彩对人们心理的影响，合理地加以运用。值得一提的是，现在几乎每一个成功的企业都有自己的文化颜色，设计频道时要体现出该文化颜色，不能舍弃企业原有颜色再设计新颜色。例如 IBM、Dell、HP 和微软 LOGO 的主色都是蓝色，蓝色被广泛用于与计算机、网络相关的主题中，频道首先应延承网站的颜色，然后再根据自身内容特色做出调整。

(二) 网络频道的内容策划

网络频道的内容策划是一个网站编辑方针的具体体现，是突出网站内容特色的重要因素。网络编辑应根据互联网发展的潮流和趋势，借鉴先进经验，综合用户意见，寻找、填补、开发市场空白点，不断对频道推陈出新，提出有关频道的设想，了解该频道的目标用户，充分考虑与已有频道在用户定位上的统一性和互补性，在广泛讨论和论证的基础上，形成频道内容的策划方案。

1. 网站中频道的设置

网站中的频道主要有三种设置方式：一是大众化专业频道，如新闻、娱乐、教育等频道；二是分众化专业频道，如财经、历史、探索、地理等频道；三是小众化专业频道，如 IT，汽车、母婴、高尔夫等频道。现在多数大型网站，都是结合了这三种方式进行频道划分的，但各个网站又各具特色。

网站的频道设置应根据网站自身定位来进行。普通小型网站，应以自身特色内容为主来设置频道；大型网站的频道设置，除应包罗万象以外，还应设有体现网站个性的特色频道。

2. 制定频道内容的策划方案

频道内容的策划方案应包括以下几项内容：

(1) 项目背景。介绍频道筹建的背景，对市场需求、受众群体、商业价值进行介绍，提出新频道推出的必要性。

(2) 市场分析。一是对受众人群分析，受众人群是网站潜在用户，在方案中要描述这部分群体的特点及需求；二是相关频道优劣分析，列出相关网站，并就其特点和优势展开分析，从而更准确地确立新频道的市场定位；三是从自身网站优势与强项进行分析，分析是否具备推出新频道的条件，是否需要推出新频道。

(3) 频道目标与定位。在分析市场中主要竞争对手的特点后，撰写新频道的目标与定位。

(4) 频道内容概述。准备频道上线前所需资源，频道编辑负责进行内容资源准备并策划新频道框图，展现频道结构，并作解释与说明。

(5) 网页设计。方案中的网页设计部分的撰写也十分重要，这部分确定了策划人员与编辑对网页页面网络、框架进行的规范说明。

(6) 技术解决方案。方案中要写明频道建设所需何种技术解决方案，将这些方案列出，方便工程师做好项目衔接。

(7) 频道的合作推广。频道的合作推广一般包括"我们的优势"、"我们需要什么"、"合作网站或媒体的选择"、"合作方式"这四个方面，从以上四点撰写合作方案，做好对频道的推广。

3. 频道内容的协调

(1) 协调内容的采集和分类。

频道内容采集需要稳定、可靠的信息来源。信息的来源需要经过严格的审定，以固定的程序认定为合格供方稿件。对于未经认定的非合格供方稿件不能随意使用，如有必要需要按照严格的审稿制度认真审核后才能进行采集。内容的采集还要按照实际需求进行，应在全面了解发布情况的前提下，设定足够岗位，安排信息采集人员进行工作，避免重复采集造成资源浪费。

对采集来的信息进行分类是信息入座的前提。为保证信息正确入座，需要按照网站既定的编辑方针，合理规划频道内容和栏目设置，制定分类的标准和样本，确立信息分类后的入座目标，并随时检验信息分类的合理性，以实现有目的的传播行为。

(2) 协调统一内容的编辑规范。

网站频道内容的编辑规范具有很强的约束性，它的贯彻实行可以靠信息发布后的监控管理来实现。但如果对稿件编辑加工环节进行积极的指导和协调，可以提高内容生产的效率和准确率，起到预防的作用，这对业务管理和网络编辑的业务技能提高也有着非常重要的意义。因此，网站应对频道内容的编辑流程做出合理设计，对网络编辑进行切实的指导。有能力的网站还可以更加详细地分解编辑流程，明确稿件编辑的每一个环节，配备合格人员，进一步规范编辑操作。

(3) 协调内容的签发。

信息文本本身的价值属性决定了一则信息有包含多种语义的可能，同时也存在被多层次、多角度解读的可能，所以发布信息的目的地一般也不只限于一个。要把统一信息签发到不同频道或栏目，就需要合理的协调，这其中包括对目标频道或栏目定位、风格的把握，对版式的兼顾，以及对信息重新组合后的价值考量等。

单元二　网络栏目策划

一、网络栏目概述

网络栏目是网络报道平台内容的细分归类，以满足受众不断变化的阅读需求。有时，也将网络频道设置为一级栏目。栏目设立后不是固定不变的，由于受众的阅读诉求不断变化，以及竞争的压力，使栏目的排序及内容更符合编辑理念和受众的需求，功能上更增加了新的实用工具或交互功能，使受众使用更方便从而增强网站的盈利能力。栏目的定位与频道的定位一样，前提都是要分析互联网市场环境，在这里不再做详细介绍。

栏目的域名是附于二级域名之下的，例如新浪读书频道(book.sina.com.cn/)下属的小说栏目的网址是 vip.book.sina.com.cn/weibobook?pos=202041。栏目的内容是频道内容的细分，以方便用户查找相关内容。比如新浪网的旅游频道(travel.sina.com.cn)里的一级栏目，有目的地、游记、酒店点评等，如图 3-12 所示。

图 3-12　新浪网的旅游频道栏目导航

二、网络栏目的意义

1. 引导受众梳理阅读脉络

互联网信息是纷繁复杂的，倘若将信息内容一股脑儿地堆在页面，必将造成阅读混乱。通过将栏目细分，内容进行整合、梳理，可以使网站内容更有条理性和逻辑性，更有利于受众对阅读内容的选择和对互联网的使用。

2. 可增加网站的专业性

栏目建设的好坏决定着网站的好坏，好的网站因栏目的合理设置而显得美观实用、层次清晰，并具有自己独特的风格，增加了网站的专业性，也增强了网站内容的可信度与权威性。

3. 可拓宽网络媒体经营渠道

专业的栏目建设等同于一个具有强大说服力的项目策划与实施案例，同时，专业的栏目建设通常也就代表着无穷无尽的流量，这一切都为网络广告打下了良好的基础。

三、网络栏目的策划

(一) 网络栏目板块划分

网络媒体内容可以划分为资讯、数据、互动等内容板块，其中，资讯是网络媒体的重要内容。在栏目设立之初，重要的一项工作是对板块进行划分。栏目板块划分使网站的内容更有条理性和逻辑性，也使受众的搜索有规律可循。

如今的网络在很多方面已开始进入细分状态，更显示出栏目划分的必要性和重要性。栏目的细分也越来越明确。比如新浪网娱乐频道(ent.sina.com.cn)栏目的细分，一级栏目就有17个，分别为明星、微博、电影、电视剧、综艺、音乐、红人、视频、看点、专栏、博客、韩娱、好莱坞、专题、图集、排行、滚动，如图3-13所示。虽然频道的栏目细分得很详细，但在人员的配备上，相对频道内容的建设来说，工作量还是比较小的，往往一个编辑可以负责多个栏目。

图3-13　新浪网娱乐频道栏目导航

(二) 栏目的内容策划

网站从整体上划分好各个频道，并且在确定频道宗旨、功能定位的基础上，进行频道的栏目设置后，可以进行具体内容的策划了。

1. 根据频道的服务对象设计栏目

栏目的内容基本上是按照内容属性进行设计的，并且有针对性地面向浏览人员，即所服务的对象，一般都会去了解受众的年龄阶层、教育程度及职称级别等。例如，新浪网的"军事"频道(mil.news.sina.com.cn)，服务的对象主要是广大网民中的军事爱好者和军中官兵，该频道里所有的栏目内容设计都是面向这类群体进行设置的，如图3-14所示。

图 3-14　新浪网 "军事" 频道的栏目设置

2. 根据频道的宗旨和功能定位进行栏目内容设置

频道的宗旨和功能定位，往往与频道服务对象的设定相辅相成。对象基本行为模式是制定栏目内容和流程的基础，内容的覆盖面始终与服务对象、功能定位保持一致。例如新浪网的 "军事" 频道里栏目的内容，服务对象都是军迷，我们从图 3-14 中也可以看到，新浪的特别标志也注明其为最多军迷首选的军事门户，其功能定位便以军事内容为主，因此该频道里栏目的内容也紧紧围绕与军事相关的内容去编辑，例如有军史、局势、航空等栏目内容。

模块三　项目任务

任务一　陕西神舟计算机有限公司数码频道策划

〔任务描述〕

随着学习的进一步深入，专业老师开始布置新任务，要求大家为陕西神舟计算机有限公司的官网频道进行策划改版，增设数码频道，以便更好地掌握频道策划设计这部分的内容，并写出频道策划方案。

〔任务分析〕

为了有效完成任务，大家经过充分的酝酿与讨论，在征求了专业老师的意见之后，确定以下操作内容和步骤：

　① 确定频道建立的必要性；

　② 确定频道定位及目标用户；

　③ 确定频道建设时间段；

　④ 频道内容构架搭建；

⑤ 频道页面设计与制作；

⑥ 新频道上线测试；

⑦ 频道策划方案的撰写。

一、确定频道建立的必要性

陕西神舟计算机有限公司于 2002 年成立，官方网站(www.maimaike.com)页面频道包括电脑商城、在线留言、会员登录、淘宝店铺、客服中心等内容，如图 3-15 所示。

图 3-15　陕西神舟计算机有限公司官网首页

频道内容主要以 B2C 模式为主，通过网络向客户提供咨询服务、采购销售的平台。现策划推出新频道——数码频道。推出频道的原因如下：

1. 市场环境分析

国内与数码相关的网站众多，综合性较强，比如腾讯数码频道(digi.tech.qq.com)，如图 3-16 所示，包括的内容有评测、视频、直播、产业等；新浪数码频道(digi.sina.com.cn)，如图 3-17 所示，包括众测、手机、电脑、家电等内容。建设公司专业性的数码频道，可以给客户提供更便利的服务，满足特殊的受众需求。

图 3-16　腾讯数码频道页面

图 3-17　新浪数码频道页面

2. 探索新收入模式的需要

陕西神舟计算机有限公司在整个西部地区已经具有一定的影响力，经过多年的发展，公司在 IT 产品销售、技术支持、系统集成、网络开发方面取得了骄人的业绩，而且神舟产品也逐步向多元化发展，增加数码频道，通过对产品国内外新闻的资讯报道、公司经营产品展示及服务，可以吸引更多相关行业人士关注，从而探索新的收入模式，为网站增加新的流量。

二、确定频道定位及目标用户

通过分析得出，综合性网站知名度较高，但专业性不够，而专业性网站专业性较好，知名度却不够。

在这种形势下，陕西神舟计算机有限公司可以以此为突破口，建设一个垂直类电子商务网站，增加数码频道，整合优势资源。通过对预期受众目标群体的调查，频道定位目标消费群体为年轻、时尚的数码消费一族，如企事业单位管理层员工、计算机专业人员，包括一些家庭条件较好的计算机专业学生，他们对新事物有好奇心且经济能力较好，对新科技产品有较强的需求和适应能力。这些消费者一般都有较高的文化水平，都是相对成熟有一定资源和物质积累的消费群体。

三、确定频道建设时间段

决定建设一个全新的频道后，首先会确定一个网站建设推进表，注明各个时期所需的工作时间和建设内容。根据网站建设的各个阶段任务和时间要求，配备相关人员来做好开发工作。一般的步骤是策划期→开发期→数据整合期→修改上线期，根据公司要求，每个阶段的侧重点各不相同，需要列出要完成的时间点，协调各部门按照规定的时间推进频道的建设。

另外，网络媒体在建设一个新频道的阶段，都会根据其重要性来确认新频道的规模，但频道建设的初期，规模大体都比较小，一般会在最短时间推出上线，经过一段时间运营后，通过再次评估，然后更进一步开发更多功能或建设更多的新页面，使频道得到完善。

四、频道内容构架搭建

数码的分类众多，建设一个以数码内容为主的电子商务类网站成功的先决条件是要建立完善的产品数据库，做好分类检索，这已经决定了频道的框架应以搜索、数据库结构为主。

根据定位和目标受众群体的确定，可将该频道主要业务划分为笔记本电脑、平板电脑、选机中心、大事件、配件、数码公社六大板块。确定业务板块后，应制作网站框架文档，即频道的蓝本，类似建筑设计图，如图3-18所示。

网站 LOGO	搜索区
导航区	
焦点图	产业新闻
热点产品	买家推荐
供应信息(数据库)	数码公社
	评测中心
最新动态	下载专区

图 3-18　频道内容构建参考示意图

五、频道页面设计与制作

第一，要确定频道设计规范和色调。在设计时，要遵守整体页面设计规范，频道菜单导航统一设计形式，频道整体页面背景为白色，导航颜色以浅灰色为主，小图标为玫红色。第二，频道的制作。基础设计确定后，使用凡科(jz.fkw.com)进行建站，设计过程中要注意按照频道页面开发时间进度安排，各小组按计划完成相关工作。图3-19所示为时间进度安排。

任务分类	任务细化	任务建设时间进度									负责人
		2017 年 10 月									
		第1天	第2天	第3天	第4天	第5天	第6天	第7天	第8天	第9天	
后台搭建	后台需求提供、页面布局及数据库系统的搭建	√	√	√							
热点产品	需求提供页面设计切片及页面开发				√	√					
......	......										
页面发布	页面调试、测试								√	√	

图 3-19　时间进度安排

六、新频道上线测试

通常来说，在频道上线之前，会安排一个内测阶段，这一阶段需要页面开发人员、编辑等工作人员依次点击查看各个页面，注册并使用网站的各项功能。作为电子商务网站，需要多次注册、修改、添加、搜索各种信息，确保网站的各项功能能够正常使用。

对于内测阶段发现的问题，编辑应及时与相关技术人员沟通，并进行修改，一般会出现的问题有表格未对齐，板块位置、顺序调整，链接表达模糊等问题，调整表达形式，增加沟通的有效性，方便浏览者使用。

七、频道策划方案的撰写

通过一系列资料收集，策划人员对频道情况已掌握，接下来需要对这些资料进行系统的分析，并撰写出一份可供操作的策划方案。具体撰写的方法在前面已有了详尽介绍，在此不赘述。

⊠ 技能操作

1. 找出至少 3 个搜索引擎类的网站或网站频道，并分析它们的特点和定位。
2. 根据陕西神舟计算机有限公司受众需求，增设"数码"频道，确定频道定位及目标客户。
3. 制作数码频道内容构建框架。
4. 列出频道页面设计与制作任务表及时间进度表。
5. 登录凡科建站(jz.fkw.com)平台，进行频道页面制作。
6. 测试频道运行情况。
7. 整理出一份频道策划方案。

【阅读材料】

安海财经频道建设方案

（纲要版）

第一部分　概　　述

一、提出方案原因

直播室的功能和整体没有办法达到门户网站的功能需求，还有现在金融白银和原油网上直播室几何倍数地增加，因此要对直播室做一次全面升级。走在别人的前面，才有机会占有更多的市场份额。

二、直播室升级的可能性

现有直播室是简单的页面展示链接到直播房间，主要功能只做简单的介绍，不具有其他功能。

升级直播房间，保留核心直播房间模块，制作好门户网站相嫁接就可以实现功能升级和直播室网站升级。

第二部分　项 目 介 绍

一、财经频道宗旨

1. 财经频道定位：致力于互联网金融在线财经信息库门户网站。

2. 财经频道宗旨：致力打造投资信息对等的平台、及时公布最新最真实的金融财经信息。

3. 财经频道文化：要做，就要做到最好。

4. 财经频道目标：成为中国最专业的金融财经信息门户网站。

二、定位和总体目标

1. 财经频道定位：致力于打造互联网金融在线财经信息库门户网站。

2. 财经频道目标：成为中国最专业的金融财经信息门户网站。

3. 市场分析：

(1) 对受众人群进行分析：用户、金融机构等。

(2) 对竞争对手进行分析：各大门户网站。

(3) 对安海财经频道自身进行分析：与各大门户网站相比，挖掘频道的优势、服务特色及竞争力。

三、网站结构和栏目板块介绍

网站介绍：

财经频道是为投资者掀开金融投资的神秘面纱，并为投资者提供在线专家指导咨询服务的一家行业类门户网站。

对投资新手诠释投资的各项风险性和正确认识投资市场环境，真正自主判断选择适合个人投资的投资平台。

金融产品：

从客观角度讲解已有投资品种和最新最热的投资品种，让投资者知道自己做的是什么投资，风险系数高还是低，是否真的知道自己是在投资还是在被骗。

投资大家谈：

原有直播室功能模块，除普通直播房间，增加老师专属直播房间和居间专属直播房间。

后期可以增加有偿聘请讲师开设直播房间和自主注册"我要讲课"协议讲课，根据能力设置权限，拥有权限可以设置有偿听课。

投资学堂：

制作系列级投资常识和知识，简单的技术讲解。

制作品牌系列频道专属节目。

数据中心：

报道国内国外最新的数据消息，新闻消息，政治消息。

平台资质查询：

对现有国家认可交易平台进行信息收集，问题收集，会员信息收集。

从业资质查询：

暂时提供本金融机构工作人员信息查询，业务成交和交易状况查询的服务。

四、技术解决方案

系统整体采用 JSP、JavaScript 等技术进行全方位的展示，随时为用户提供更好的互动界面和辅助提示，在操作较为复杂的地方引导用户进行正确的操作，使新用户尽快掌握系统的应用。

五、频道合作推广

1. 我们的优势。

2. 我们需要什么。

3. 合作网站或媒体的选择。

4. 合作方式。

（资料来源：百度文库 wenku.baidu.com）

任务二　陕西神舟计算机有限公司网站数码频道栏目设置

〔任务描述〕

频道设计好后，小王同学在专业老师的指导下，开始对以上新建的数码频道栏目做进一步的设置，丰富栏目内容，对该频道的栏目进行策划，并完成栏目策划方案的撰写。

〔任务分析〕

为了有效完成任务，各组同学经过充分的酝酿与讨论后，在征求了专业老师的意见之后，确定以下操作内容和步骤：

① 确定栏目的划分；

② 频道重点栏目内容策划；

③ 栏目内容构架搭建；

④ 栏目策划方案的撰写。

一、确定栏目的划分

栏目设置的原则是以电子商务 B2C 模式为主要风格，以吸引目标客户浏览并提高黏性，现在各栏目内容介绍如下：

(1) 笔记本电脑。这是 B2C 的核心栏目，是吸引目标受众浏览、注册和订购的最主要因素，这个栏目也是网站成功的关键之处，栏目信息不全，不丰富，会对经营带来影响。

(2) 平板电脑。这个也是 B2C 的核心栏目，但不是公司主营产品，添加这个栏目，主要是使频道信息更全面，让受众有更多选择，也能拓宽公司经营渠道。

(3) 选机中心。这是公司网站核心栏目，通过该栏目向用户进行产品推荐，用户通过此栏目内容进行检索，可以在庞大的数据库中找到自己所需的产品信息。

(4) 大事件。大事件定位于目标客户群更关注的行业性新闻，作为每日更新的内容主力之一，可以吸引客户群频繁光顾网站。

(5) 配件。对配件信息进行相关资讯报道，并使受众更快速地找到与公司所经营的产品兼容的配件，提供便利，促进销售。

(6) 数码公社。主流 B2C 网站都在大力打造目标客户群的社区理念，即目标客户群即使没有发现与自己直接有关的信息，也会定期浏览感兴趣的相关信息，设置数码公社栏目，名称新颖，具有行业的特点，加强了网站与客户群之间的互动交流，可以吸引大批的稳定客户群。

二、频道重点栏目内容策划

通常，频道中总会将一个或几个栏目作为重点栏目，这些重点栏目是一个频道的核心，也是吸引受众浏览的亮点。以上数码频道的核心是电子商务数据库和搜索，数据库存储买卖双方所需要的数据，搜索则是便于买卖双方查找有价值的数据。这两块内容建设的好坏，直接关系到电子商务网站的成功与否。所以，在该频道中，我们把笔记本电脑及送机中心作为重要的栏目进行重点策划。这两部分的策划，关键是根据需求，依据网站自身数据规范来布置数据库。

数据库可以进行几个板块的划分：

1. 数据库搜索部分

开发电子商务数据库搜索是为了用户能够方便地检索到自己所需的信息，这个搜索建立在供应信息数据库基础之上，内容的来源也是供应信息数据库。搜索部分是浏览页面的用户最常使用的工具，可以有效地把数据库内容整合呈现出来。

2. 供应信息部分

这部分是数据库的核心部分，存储大量的产品信息，如公司所经营的战神、精盾、优雅等系列产品。这个栏目重点就是把复杂的数据进行有效的分类。依照不同的功能。按公司产品有效分类，可分为战神、炫龙、精盾、管家婆等类别，每个类别下又有各种小类别。

三、栏目内容构架搭建

频道重点栏目内容搭建要求层级简单，通常设置为 3 层结构，即频道首页到二级栏目，最后是最终正文页。其中二级栏目是承载栏目内容的页面。页面结构要清晰，易于用户寻找相关资讯。例如，搭建二级页面——选机中心。在二级栏目整体架构设计中要体现栏目中的重点内容。在构架过程，页面可采用左右两栏结构，突出产品搜索数据库，页面中可放置一些测评等相关资讯，作为信息补充，引导受众购买。在这里注意一下，页面导航、页面搜索等元素一般放置在固定位置，能够给浏览者一个统一的视觉感受，使页面有一个整体感。最终页面效果图(参考)如图 3-20 所示。

⊠ 技能操作

1. 分析腾讯网、新浪网数码频道下属各级栏目的划分。

2. 策划陕西神舟计算机有限公司数码频道栏目内容。

3. 画出栏目内容构架搭建效果图,登录凡科建站(jz.fkw.com)平台进行栏目页面制作。

4. 根据栏目结构图、栏目说明等内容整理形成策划方案。

图 3-20　最终页面效果图(参考)

　【阅读材料】

电子商务门户网站建设通用栏目策划

随着国内电子商务的不断壮大,许多企业建设起了含有各种 B2B 电子商务的门户网站,使企业之间的联系更加密切。B2B 电子商务门户网站是针对某一个行业而构建的大型网站,包括这个行业的产、供、销等供应链以及周边相关行业的企业、产品、商机、咨询类信息的聚合平台。它提供了该行业信息与电子商务交流的入口,使用户可以获取到该行业的系统信息。下面一品威客网就为您介绍 B2B 电子商务门户网站建设栏目规划的方法:

1. 栏目表现方式分析

Web 站点应针对所服务对象(机构或人)的不同而具有不同的形式。有些站点只提供简洁的文本信息;有些则采用多媒体表现手法,提供华丽的图像、闪烁的灯光、复杂的页面布置,甚至可以下载声音和录像片段,同时提供很好的互动功能,引导用户去交流,去贡献等。比如,服务于个人职业相关的需求与个人的娱乐需求,就是很不一样的表达方式。同时这个栏目的主要内容是用户贡献还是网站收集,还是两者都有,都要写出来。

2. 栏目用户主要需求分析

确认栏目的主要用户,并将这个用户的需求详细记录下来,在写作的过程中,你会发现你的思路会慢慢地更加清晰,对这个栏目的模式、方向会更清晰,最重要的是,你要想到,最后这个栏目为大多数的用户解决了什么样的大问题,也就是我们常说的,门户网站策划的目标就是要使你的产品或平台能解决行业中的一个大问题,通过运营能促进行业的大发展。

3. 栏目整体风格分析

B2B 电子商务门户网站建设的页面策划时有许多基本的准则，比如，页面面对的用户需求更多是与企业经营相关的个人和企业需求，那么网站风格则需要相对严肃，不能出现太多娱乐的元素，页面要更多体现最新的、精华的内容，而不是漂亮的框架图片。导航的便捷性、页面的访问速度、每一个小图标与文字及页面的协调、整个页面看起来精细而不是给人粗糙的印象、文字与边框一定要有适合的距离、每个模块放置的先后顺序要符合用户的需求等都是网站风格分析需要考虑的内容。

4. 子栏目的确定

一个栏目是否要有子栏目，需要我们研究分析确定，一个栏目就代表一个用户群体的某种需求。同时，一个需求的满足，需要一个产品或平台来完成，一个产品或平台价值的体现，需要许多环节相扣才可以完美体现。所以，在栏目策划的时候，往往会根据网站在不同发展时期的任务、网站自身的实力等因素设置相对应的子栏目，而不是盲目地认为用户需要的子栏目都设置。比如 B2B 电子商务门户网站的资讯中心栏目，一般包括资讯列表、行业专题、行业访谈、行业周刊、行业展会等，因为他们具有相同的属性，都是提供行业资讯，只不过表达方式不同。比如，专题：将内容按照用户的关注点进行聚合；访谈：针对行业里的某件事或某个人的进行深度采写。而这两个栏目，在团队前期没有实力去运作的时候，可以放弃。

5. 栏目用户行为研究

栏目用户有许多需求，页面也有许多功能模块要体现，但是先表达什么，后表达什么，绝不是我们随便想想就得出来的，我们需要去调查，调查的方法之一就是问，比如，您浏览供求信息，是先搜索，还是先按类别浏览，还是看最新的呀？不同的人会给你不同的答案，部分人会说，我是先搜索的，部分人也会说，我是先按类别浏览，这时你要看大多数人是怎么说的。方法之二就是要常常对各种网站的流量统计系统进行分析研究，你可以看到一个用户进入首页后，他首先浏览哪个页面，然后浏览哪个页面，同时在浏览一个页面时，与这个页面相关的页面他是否浏览等。再比如，当用户看不到你的求购信息时，他就会想，为什么我不能看呢？这个时候你就要将收费会员的权限介绍做连接，使用户能方便地浏览。通过用户行为调查分析，你会发现原来你的很多想法都是错误的。

(资料来源：重庆网站建设公司舰创科技 www.jccit.com/news/1375.html)

模块四 项目总结

通过本项目的学习，大家都了解了网络媒体频道策划和栏目策划是网站策划的重要内容，也找出了两者之间的区别，网络媒体频道策划是把网络媒体中相同属性与相同题材的报道划分成单独的网络报道平台，栏目策划是细化这个网络报道平台的内容。在本项目里，要重点掌握网络媒体频道策划与栏目策划的流程，了解其建设实施原则和方法，并且掌握频道与栏目策划的编辑制作和规范，能够撰写出相应的策划方案。

在任务操作过程中，要注意进行市场环境分析与定位，把握市场游戏流行方向，笔记本电脑消费趋势，年轻用户的购买要求，售后服务的需求等，以满足受众不断变化的阅读需求。

【阅读材料】

中央政府门户网站频道栏目架构图

区	栏目	内　　　　　容		
概况区	中国概况	宪法/国旗/国歌/国徽/首都/版图/区划/货币 人口/民族/宗教/语言/简史/国庆/纪年/节日 中国共产党/立法体制/行政体制/司法体制		
信息区	中国政要	中央	中共中央/人大/国家主席/国务院/军委/政协/高法/高检	
		地方	直辖市/省/自治区/特别行政区	
	政府机构	机构职能/内设部门/人员编制/工作报告 现任领导/办公地址/联系方式/网站链接		
	法律法规	国家法律	最新法律/司法解释/法律草案/废止法律	
		中外条约	国际公约/中外协定/WTO条约/	
		行政条例	(国务院令)外交国防/经济建设/公共服务	
		部门规章	(部令局令)外交国防/经济建设/公共服务	
		地方法规	直辖市/省/自治区/特别行政区	
	政务活动	领导活动	出访/视察/讲话/	音频/视频/图片
		中央要闻		
		部委要闻		
		省市要闻		
		公报公告	国务院公报/部委公报/地方政府公报/白皮书	
		人事任免	中央任免/地方任免	
		政府采购	采购信息/招标投标/竞标结果	
		公务员招录	中央/省市	
		热点专题	西部开发/振兴东北/国企改革/三农问题/公共卫生	
	经济建设	宏观经济	月度数据　季度数据　年度数据　(按地区、行业分类)	
		产业经济	月度数据　季度数据　年度数据　(按地区、行业分类)	
		重点工程	三峡工程　南水北调　西电东送　青藏铁路	
		招商引资	项目信息　经验交流　重大活动	
服务区	公民办事	功能分类	办事指南　在线服务　表格下载　意见建议	
		事项分类	户籍/婚育/教育/医疗/社保/就业/消费/宗教/旅游/娱乐/急救/兵役 税务/治安/住房/食品/质检/出国/市政/环保/邮政/电信/公证/司法 求助/领事/交通/车辆/专利/遗产/死亡/监督	
		身份分类	儿童/老年人/成年人/港澳公民/台湾公民 海外公民/公务员/军人/残疾人	

续表

区	栏目	内　　容		
服务区	企业办事	功能分类	办事指南　在线服务　表格下载　意见建议	
		事项分类	注册/登记/纳税/变更/准营/广告/商标/专利/价格/破产/注销合同/年审/质检/进出口贸易/工程审批/劳动保障/消防治安/货款/投标/捐赠/公益	
		性质分类	国有企业/私营企业/外资企业/乡镇企业/股份制企业	
	涉外事务	功能分类	办事指南　在线服务　表格下载　意见建议	
		事项分类	侨务/婚姻/留学/定居/商务/旅游/移民/就业儿童领养/文化演出/外贸/交通/劳务	
		身份分类	海外华人/投资者/外交官/旅游者/留学生/记者	
	投资中国	投资环境	交通/环保/人才/教育/金融/能源	
		投资政策	税收/工商/海关/环保/外汇	
		管理机构	部委　地方	
		开发园区	工业　农业　高科技　综合	
	旅游中国	景区景点	世界遗产　A级景区　旅游城市	
		管理机构	导游管理/旅行社管理/景区管理/旅游投诉	
		交通地图	交通时刻　交通路线　网上地图	
		餐饮住宿	旅游宾馆/旅游饭店/网上预订	
	公共咨询	天气/交通/地图/邮政/电信/电视/广播/报刊/演出/赛事/外汇/股市/银行/保险/专刊/商标/医院/学校/宾馆/景区/房产/供水/供电/供暖		
互动区	公民信访	信访制度　信访机构　信访接待　在线受理　信访反馈		
	建言献策	部委论坛　地方政府论坛　领导信箱		
	举报投诉	纪检监察　公检法　审计　监督电话　举报信箱		
	咨询求助	中央　部委　地方		
	调查评议	网上调查　行风评议　公民听政		
	意见征集	人大议案　政协提案　法规草案　工作报告　任职公示		
	领导访谈	总理访谈　部长访谈　省长访谈　市长访谈		
应用区	多媒体	音频/视频/图片/图表		
	政务搜索	信息搜索　站点搜索		
	公务邮箱			
	内容定制			
	网站导航	政府网站　商业网站　媒体网站　社会网站　国外网站		

(资料来源：百度文库 wenku.baidu.com)

项目四　网络专题策划

模块一　项目概要

一、项目实施背景

最早的网络专题出现于何时何地，目前尚无资料准确回答这一问题。但可以相信，在网络媒体出现不久，网络编辑们逐渐发现相同主题的单条网络新闻可以组成专栏进行发布时，网络专题的雏形也即告出现。

网络专题最早以专题栏目和专题报道两种形式出现。这两种形式的不同之处在于访问入口的差异。专题栏目只是简单聚合相同主题的网络新闻，访问者点击栏目链接时，展现在屏幕上的通常是多条新闻标题的列表；而专题报道则由一则重头网络新闻为主，辅以背景资料、相关报道作为链接出现在该条重头新闻的页面中。前一种专题形式无需编辑过多干预，最多编写一个栏目导语；而后者则着重对报道主题的挖掘，背景资料需要历史数据库的积累，即时报道则需要时时更新。

二、项目预期目标任务评价

网络专题策划项目预期目标的完成情况可使用任务评价表(见表 4-1)，按行为、知识、技能、情感四个指标进行自我评价、小组评价和教师评价。

表 4-1　网络专题策划任务评价表

任务评价表						
一级评价指标	二级评价指标	评 价 内 容	分值	自我评价	小组评价	教师评价
行为指标	安全文明操作	是否按照要求完成任务	5分			
		是否善于学习，学会寻求帮助	5分			
		实验室卫生清洁情况	5分			
		实验过程是否做与课程无关的事情	5分			
知识目标	理论知识掌握	预习和查阅资料的能力	5分			
		观察分析问题能力	5分			
		网络专题基本知识	5分			
		网络专题内容策划	5分			
		网络专题形式策划	5分			

续表

一级评价指标	二级评价指标	评价内容	分值	自我评价	小组评价	教师评价
技能目标	技能操作的掌握	解决问题方法与效果	5 分			
		网络专题题材选择	10 分			
		网络专题版式设计	10 分			
		专题页面设计与制作	10 分			
情感指标	综合运用能力	创新能力	10 分			
		课堂效率	5 分			
		拓展能力	5 分			
		合计	100 分			
综合评价：						

三、项目实施条件

(1) 多媒体教室一间，适合项目小组讨论，可以连接 Internet。

(2) 对比分析网站相同选题专题资料，如人民网、新华网、千龙网、腾讯网、网易等。

(3) 将教学对象分为 4～6 人的项目小组，根据专题选题，收集专题所需的文章、图片等资料，撰写专题策划方案，并将专题内容以合理的方式加以组织和表现。

模块二　项目知识

单元一　网络专题基础知识

网络专题是网络媒体的一种重要表现形式，通常围绕某一特定主题，在网络媒体上设计固定的专题页面，进行图片与文字、即时新闻与相关资料的集中报道。

网络专题至今还没有严格的定义，一些专家学者给出的定义，比如，网络专题报道是以网络为平台，运用各种媒体手段对特定的主题或事件进行组合或连续报道的形式；网络专题报道是指基于网络技术支持，综合运用多种表现手段，展现某个特定主题或事件的一组相关新闻信息总汇。

从其特性来看，网络专题是网络媒体的一种重要表现形式，通常围绕某一特定主题(如突发事件或宣传主题)，设计固定的专题页面，进行图片与文字、即时新闻与相关资料，有时还会有音视频全方位的集中报道。网络专题是主题相对同一的网络媒体表现形式，它与一般性网络新闻报道相对应，是网络媒体表现形式中的一种主要类别。由于网络专题在内容上能对某一主题做较全面、详尽、深入地反映，在形式上可以集中网络媒体的各种表现手法、技法之大成，因而它被认为是具有网络媒体特色，最能发挥网络媒体优势的表现形式。

网络新闻专题是指以集纳的方式围绕某个重大的新闻事件或事实，在一定的时间跨度内，运用新闻各种题材及背景材料，调用文字、图片、声音、视频、图像等多种表现形式，进行连续地、全方位地、深入地报道和展示新闻主题前因后果来龙去脉的新闻报道样式。

(一) 网络专题的特点

1. 容量大

传统媒体受版面或播送时段的限制，网络报道不受时间、版面限制。网络专题通过主题网页对相关的信息进行系统介绍，对相关题材进行深度挖掘，保证了传播内容的丰富性和多样性，理论上有容量无限的数据库，能方便地将文字、声音、图片、视频等内容存储起来，既保证信息的大容量，又能达到综合传播的效果。

2. 信息系统专业

传统媒体对同一主题的报道可能会有系列或连续报道，但检索起来是非常麻烦的，通常查找到的资料会很分散并且凌乱，在网络媒体中编辑按照一定的主题把分散的信息汇集成一个专题，并且存储在网站的数据库中，形成一个信息系统，方便了用户的阅读、检索，可节省大量的时间和精力。

3. 时效快

网络专题以互联网为载体，用户可以在网页之间，文档之间构造任意链接，通过链接，使文本结构就像一张无边无际的大网，通过这张网可以不断把最新的信息添加到组织的专题文本中，随时更新最新报道。

4. 表现形式多

传统媒体如报纸的表现形式为文字、图片，电视广播主要为音频、视频，而网络专题的表现形式非常丰富，囊括文字、图片、图表、音频、视频、Flash、动漫、电子书、电子报、滚动条、PPT、Word、Excel、搜索引擎等一切数字化传播方式，具有多媒体性。

5. 互动性强

互动性是网络区别于其他媒体形式的本质特点之一，许多网民不仅满足于浏览信息，还表现出强烈的参与意识，希望发表自己的意见并和其他人一起讨论。在网络专题中，往往多种互动形式并用，并且对互动内容的提取与利用也越来越广泛。比如通过论坛、博客、播客、维客、电子邮件、网络调查等进行互动形式，在很大程度上调动了网民的关注度和参与度，同时也使网络专题形式多种多样，内容更加丰富。与网民的互动以及对互动内容的利用也是考察网络专题水平的极为重要的指标之一。

(二) 网络专题的作用

1. 有效整合信息

网络专题把有效的信息整合在一起，解决了网络新闻"瞬时化"和"碎片化"问题，可以让受众系统化地浏览阅读。

2. 深化报道

网络专题把新闻事件或某一事实的前因后果、来龙去脉、未来走向以及各方反应、各界评说等都一一呈现出来。

3. 形成舆论强势

网络专题有报道、有评论、有网民议论，有文字、有图片、有音频、有视频，各种形式有效结合在一起，形成连续不断的冲击波。

4. 为网民提供更好的服务

由于互联网信息的海量性特点，制作网络专题有效地避免了因为网络海量性而导致网民搜索阅读不方便的问题。

5. 扩大网站影响力

好的专题，可以给网站带来很强的影响力，有效代表该网站发出自己的声音和观点。一个媒体如果没有自己的声音和观点，它是不够成熟或者说是欠缺的。

6. 体现媒体实力

大型综合专题运用多种网络报道手段、互动手段及表现形式，需要采编、美编、技术及市场推广等环节共同努力，只有实力强才能想得到做得到。

(三) 网络专题的分类

专题按照网站的业务来分类，一般分为两种类型，一种是以新闻性为主的新闻性专题，另一种是以经营性为主的经营性专题。

1. 新闻性专题

新闻性专题是以新闻报道为主的网络集纳手段，以大量的新闻信息与多种报道形式为主，一般情况不要求网页漂亮花哨，网页设计要以简洁大方、方便网民浏览阅读为主。如图 4-1 所示为新浪网新闻中心专题页面。

图 4-1　新浪网新闻中心——"李双江之子无照驾车打人"专题页面

新闻专题又可以细分为以下三种：

(1) 突发事件专题。

突发事件主要是指突然发生且不断变化的事件。专题要求快捷和海量，以突出时间更新为侧重，由于要求快捷，此类事件专题在网页上不追求好看，但推出专题要快，常常在事件三四条快讯发出之后，专题就要推出。例如：

① 灾难：地震、矿难、空难、食品药品、气象事件等公共安全事件；

② 政变：如马达加斯加政变、泰国军事政变；

③ 战争：如以色列攻打哈马斯、以色列攻打真主党等；

④ 恐怖袭击：如 911 恐怖袭击、7-7 伦敦恐怖袭击、孟买恐怖袭击等；

⑤ 名人逝世：如叶利钦逝世、阿拉法特逝世等；

⑥ 焦点事件专题。

如图 4-2 所示为新浪网"法国巴黎枪击及爆炸事件"专题(news.sina.com.cn/ w/z/ Parisqjjbzsj2015)，以时间更新为重，快捷推出新闻信息，并不注意页面的美观设计。

图 4-2　新浪网——"法国巴黎枪击及爆炸事件"专题页面

(2) 重要的社会现象或问题专题。

重要的社会现象或问题专题主要是指为某一社会热点、焦点问题而精心策划编辑的专题，如户籍改革、医疗改革、人肉搜索、山寨现象等受到社会广泛关注的民生话题专题。内容和网页设计要围绕这个热点进行展开，对事件本身报道不多，但是会充分展示各方面的意见和观点，常常会极大程度利用网络互动手段。

(3) 可预见性专题。

可预见性专题主要指将在预定的时间、地点，有特定的重要人物参与的新闻事件，或是为纪念过去某一重大事件而制作的新闻专题。以海量的信息量为主，可以建成该事件的网上数据库。因为是大事，关注度高，所以在网页设计上也非常漂亮，这种专题一般会处理成一个封面形式的网页首页。

可预见性专题通常分为以下几种：

① 纪念性：如建国 60 周年、五四运动 90 周年、改革开放 30 周年等；

② 时政性：如全国两会、十九大等；

③ 领导人出访：习近平出访拉美三国并举行中美首脑会晤；

④ 国际会议：如 20 国金融峰会、亚太经合组织峰会；

⑤ 外国选举：2012 法国大选、2012 俄罗斯总统选举等。

如图 4-3 所示为央广网"中华人民共和国建国 65 周年"专题页面(news.cnr.cn/special/gq65/?zh_7shui?term=x20sr)，页面设计美观，信息海量。

图 4-3　央广网——"中华人民共和国建国 65 周年"专题页面

2. 经营性专题

经营性专题是网络用户要求制作的专题宣传形式，跟报纸的专刊类似。这类专题应以客户需求为主，以突现客户重点为主，但是跟广告和软文有区别，要将客户需求和网民需求有机地结合一起。网页醒目、美观是第一位。

经营性专题又可以细分为活动性专题及宣传性专题。

两种专题形式在内容和网页设计上各有侧重。活动性专题，可以按照新闻规律来组织内容；宣传性专题纯粹以宣传为主，可以不考虑新闻规律，设计可以像广告海报，如图 4-4 所示为新浪网新浪时尚"做个闪亮 Party Icon 年末派对美妆品总动员"专题页面(fashion.sina.com.cn/z/b/beautyshopping7)。

图 4-4　新浪网新浪时尚——"做个闪亮 Party Icon 年末派对美妆品总动员"专题页面

单元二　网络专题内容策划

网络新闻专题的内容策划是针对选定的主题与角度，设计相关的栏目并用合理的结构将它们组织起来，同时选择最合适的手段来表现各个方面的内容，最终体现在栏目的设计上。

一、网络专题制作流程

定专题主题→策划专题→整理思路→确定专题框架→收集专题内容→将专题内容及框架提交给设计者→开始设计制作→各方确认专题内容无误→上线推广。

二、策划网络专题的五个要点

1. 思路清晰

一个好的专题必须要有一个思路清晰、巧妙或独特的编辑思路。必须认真思索新闻背后究竟隐藏了什么，考虑到网站定位和受众需求，突出网站特色和优势。

2. 栏目丰满

新闻专题的栏目多种多样，比如有要闻栏、评论栏、互动栏、调查栏等，但一个最基本的准则是要分清各个栏目的主次，然后按照主次合理安排各个栏目位置。

3. 标题抢眼

这是新闻专题的视觉刺激，如何根据新闻内容提炼一个好的标题直接决定着专题的传播效果。标题要以明示内容为第一要旨，要简洁、准确，即用最简洁的文字将最有价值的信息生动地展示给读者，强调动感。可以用一些人们喜闻乐见的语言形式吸引受众，贴切地借用古诗词、俗语、流行歌曲等。

4. 维护及时

及时进行信息维护，抓住热点，这是影响网站浏览量的关键，这不仅体现在新闻的滚动播出方面，也体现在栏目的调整方面，当增则增，当减则减。

5. 版式精美

版面设计上，网站整体定位和风格与专题色彩相协调，与专题内容相一致，特别注意专题的色彩一般以简单为宜，过于花哨容易让人产生视觉疲劳。

三、专题内容组织的方式

1. 使用搜索引擎

搜索引擎是目前网站编辑最常使用收集材料的手段。具体操作方法在项目一已做了详细介绍。输入关键词后，通过引擎会自动找出相关网站和资料，显示出所有符合查询条件的全部资料，并能够把最精确的网站或资料排在前列，当然会受到竞价排名的影响，这就要求我们懂得去判断理解，找到合适自己的内容，获取相关信息，对其进行分类整合，形成自己的专题。

2. 一手资料与二手资料

一手资料是指没有经过编辑或记者加工过的原始材料，是原创内容写作的重要渠道，也是突出与其他网站有所区别的重要特征之一。

二手资料是指经过编辑或记者选择、加工过的信息资料，比如在广播、电视和互联网上刊登、播发的各种文字、视频和音频资料等，这些资料对于网站专题来说，只需要在合法的范围内对其充分运用，就可以充实自己的专题，能节省大量的人力、物力和财力，并且可以建设重要的数据库。

3. 网站合作，信息共享

传统媒体发展历史较长，有着相当宝贵的资料，很多网站和传统媒体通过合作协议实现彼此内容的共享和相互转载。网站通过与其他媒体和网站合作，大大丰富了自身的内容来源渠道，特别是一些重大事件和专题，通过这种方式组织内容，可以用较低的成本快速高效地获得专题需要的有关信息。

4. 专家学者约稿方式

很多好的专题，是由专家、学者等权威人士深入挖掘创作出来的，他们是行业中的佼佼者，他们在很大程度上影响到受众的浏览。组织创作大量的独家专题是网站生存和发展的重要条件之一。在一些综合性的专题里，都会设置有"在线专家访谈""专家交流""专家看法"等类似的栏目。

四、网络专题栏目的设置

网络专题栏目是构成整个网络专题的骨架，若处理不当，会导致专题内容凌乱不堪，内容不够丰富，从而影响网站的浏览量。网络专题的内容策划最终体现在栏目的设置上，可想而知栏目设置的重要性，好的栏目设置主要从网站的服务重点以及读者需要出发，尽可能在有限的页面上合理地、有针对性地设置栏目，把专题的内容展示出来。

通常我们在收集完所有的相关信息、材料后，对其进行整理，整理后根据专题的侧重点，结合网站的定位，可以确定专题的栏目设置，在制作之前，需要简单画出栏目的树形结构图，来帮助表达专题结构。以新浪网"聚焦国家安全教育日"新闻专题(news.sina.com.cn/c/z/qmgjaqjyr2016)为例，简单树形结构如图 4-5 所示。

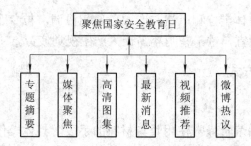

图 4-5　新浪网"聚焦国家安全教育日"专题栏目结构

常用栏目种类有以下几种：

1. 专题摘要

专题摘要主要是为了方便人们阅读，激起人们阅读的兴趣。摘要又称概要、内容提要，它是以提供文献内容梗概为目的，不加评论和补充解释，简明、确切地记述文献重要内容的短文。其基本要素包括研究目的、方法、结果和结论。具体地讲就是研究工作的主要对象和范围，采用的手段和方法，得出的结果和重要的结论，有时也包括具有情报价值的其他重要的信息。

如图 4-6 所示，新浪网"第四届兰花大会"专题(news.sina.com.cn/c/z/dsjzglhdhzk)，设置了专题摘要栏目，以方便受众阅读。

图 4-6　新浪网——"第四届兰花大会"专题页面

2. 要闻栏

要闻栏也称最新消息、最新报道等，即专题中主题或事件的最新进展和动态，是专题的重点，根据专题的类型，确定其所占篇幅的大小，比如，新闻专题，要闻栏可能占的篇幅较大；对于普通型专题，可以只是几条关键性的要闻，所在的篇幅相对比较短小。在要闻栏里，内容必须根据主题的进展情况随时更新、扩充和删除，时时刻刻关注，这也是网络专题区别于一般传统媒体的地方。要闻栏在网络专题里是更新最多的栏目之一。以新浪网"聚焦国家安全教育日"新闻专题(news.sina.com.cn/c/z/qmgjaqjyr2016)为例，可以看到其消息更新的频率之快，如图 4-7 所示。

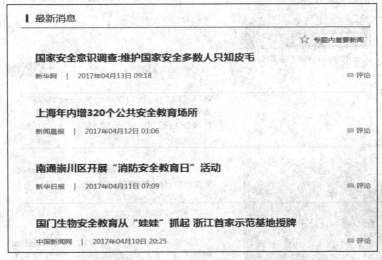

图 4-7 新浪网——"聚焦国家安全教育日"新闻专题页面

3. 多媒体栏

常见的多媒体类栏目包括图片栏目、视频栏目、Flash 动画、音频栏目等，多媒体手段的运用能够使网络专题做到图文并茂、视听共赏，为网络媒体发挥自己的创造性提供了更广阔的空间。在网络专题实践中，图片栏目主要围绕事件或主题的图集，视频栏目主要围绕事件或主题的电视报告等，给受众体现了更丰富多彩的内容。如图 4-8 所示，在新浪网"习近平赴俄出席金砖峰会"(news.sina.com.cn/c/z/xjpjf)的专题里，设置了多媒体栏目进行全方位的详细报道。

图 4-8 新浪网——"习近平赴俄出席金砖峰会"专题报道页面

4. 互动栏

网络专题要重视与读者的互动，通过与受众的互动，了解受众对事件的态度和看法，最大限度调动受众的积极性。根据受众的及时反馈，及时调整专题传播的策略。互动栏的设置是有针对性的，主要针对某专题。读者延伸专题内容甚至能帮助编辑挖掘专题深度，把专题做得更深入，更全面。

互动栏目的形式多种多样，如在线评论、在线调查、手机短信交流、微博分享等。如图 4-9 所示为新浪网"聚焦国家安全日"(news.sina.com.cn/c/z/qmgjaqjyr2016)专题微博热议栏目。

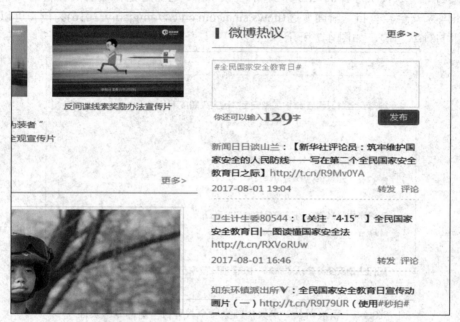

图 4-9　新浪网——"聚焦国家安全日"专题微博热议栏目

单元三　网络专题形式策划

网络专题的形式策划，不仅是承载信息的空间，也是引导阅读的手段。好的版面，既要符合一定的审美要求，又要条理清晰、重点突出、方面阅读。好的策划设计往往可以提升内容的价值，相反，蹩脚的设计可能埋没好的内容。所以网络专题在制作时需要考虑如何把专题内容以合理的方式加以组织和表现，以吸引网民的注意力，吸引他们进一步阅读。专题形式设计要考虑到专题的页面结构、版式以及制作等问题。

网络专题的制作可以通过两种途径来完成：一是利用网站现成的模板，快速地完成专题的制作，这时只需要在模板中填入根据需要设计的栏目，并通过自动发布系统来生成页面即可；另一种是利用 Dreamweaver、FrontPage 等软件来制作个性化的专题。

一、网络专题版式设计的一般原则

1. 线索明晰、便于阅读

一般栏目的设置相对固定，坚持内容第一性，增加导读功能，且均采用同一种字体，不出现各种字体混杂的局面，比如，新浪网采用宋体字为标准字体，符合中国人的文化气质。

2. 符合平面设计构图的基本原理

把质或量反差很大的两个要素成功的配列在一起，使人感觉鲜明强烈而又具有统一感，使主体更加鲜明、作品更加活跃；图像的形量、大小、轻重、色彩和材质的分布作用与视觉判断上的平衡，画面图像的轮廓变化，图形的聚散，色彩或明暗的分布都可对视觉中心产生影响，即对比、平衡、统一、节奏等。

二、网络专题版式设计

版式的专题设计主要体现在首页上。因为它是整合专题各种内容的主要载体，内容也相对繁杂，更需要进行专门设计。而正文页可以沿用网站一般页面的风格或专题首页的风格。下面就专题的结构版式与内容版式进行分类讲解。

(一) 网络专题结构版式

1. "日"型

这种版式主要出现在国内的新闻网站上，在人民网、新华网、新浪网、搜狐网等较为常见。它的版面结构是栏头位于专题最上方的中央，首屏的左边部分是视频或焦点图片，它们共同构成第一屏中的视觉冲击中心。各栏目名称紧接在栏头下，下面的主体位置是最新新闻，接下来依次是各个栏目的最新新闻。由小幅图片组合成的图片集锦将专题拦腰截断，使人们在阅读了一段文字之后有一种视觉上的变化，图片集锦的版块也构成第二屏的一个新的视觉冲击中心，使人们再度进入一个阅读兴奋状态。

从整体上看，专题的核心信息被安排在屏幕的中间地带。周边信息和辐射性信息分别位于屏幕的两边。当然，当专题内容十分丰富时，内容的位置安排会有所调整，但整体构图类似于汉字的"日"字，版面被分割成几个清晰的区间。阅读时感觉视觉移动路线比较稳定，有规律可循，易于形成阅读习惯。如图 4-10 所示为新浪网"2016 巴黎国际车展"专题(auto.sina.com.cn/parisautoshow)页面。

图 4-10　新浪网——"2016 巴黎国际车展"专题页面

2. "T"型

这种专题的版式将页面分割成三个区域，专题的栏头位于屏幕的右上方，屏幕的左侧以图片为主，栏头与图片构成类似英文字母"T"的形状，而屏幕的右下区域以文字稿件为主，各个栏目自上而下依次排列。目前，人民网的专题有不少采用这种版式。"T"型版式，版面结构简单，条理清楚，分区明确，便于网民阅读。有些专题在中部也加入了一组小图片，版式类似于英文字母"F"型，但总体布局思路与"T"型是一致的。图 4-11 所示为人民网"福田汽车"专题(auto.people.com.cn/GB/25959/145867/index.html)页面。

图 4-11　人民网——"福田汽车"专题页面

3. "门"型

"门"型版式是将版面分成四个区间，栏头位于屏幕上方，屏幕的中间部分为主要的文字栏内容。而左右两侧则是图片或相关信息及链接等。整个版面构成一个"门"型，给人以平衡感与稳定感。国内网站中新华网等采用此版式较多，国外不少的新闻专题也采用此版式。图 4-12 所示为新浪网"2017 香港书展"专题(book.sina.com.cn/z/料hongkongbookfair2017)页面。

图 4-12　新浪网——"2017 香港书展"专题页面

从总体上看,一个网站专题应该尽可能保持一定的稳定性。这样便于读者阅读习惯的形成,使他们可以以较小的代价从专题中获得更多有用的信息。摇摆不定的风格变化,往往造成读者阅读成本的提高,也给读者带来困惑。但是,一些特别重大的专题可以根据内容的需要设计特别的版式。

(二) 网络专题内容版式

1. 综合式版面

综合式版面是一种常见的版面类型,其主要特点是栏目多,而且无论内容、体裁还是篇幅都不尽相同。

综合式版面内容涉及面广,不着意突出某一主题、重点。其特点是版面所包含的稿件多、内容广,重要性程度差别不大,不着意引导读者特别去注意版面的某一局部,而是力图表现版面内容的丰富,让读者自己去判断和选择。

在编排上要注意两点,第一,不能只重视版面的"上左"或"上右"这两个最重要的版区,对其他版区的安排也要重视。在"下右"和"下左"两个版区,可以借助比较大的标题来弥补强势的不足,以求得整个版面的匀称。第二, 要特别注意版面的组合,尽量把内容接近的稿件编排在一起,避免版面因内容比较多、比较分散而陷于紊乱,做到版面虽散而不乱。图4-13所示为腾讯网"胡锦涛出席第20次APEC会议"专题(news.qq.com/zt2012/20apec/index.htm)页面。

图4-13 腾讯网——"胡锦涛出席第20次APEC会议"专题页面

2. 重点式版面

重点式版面，就是相对突出一、两个重点内容的版面。其特点是强调版面的某一局部，使这一局部成为版面的重点。

一般全版只有一个重点，有时也有两个重点。读者看这种版面，首先会被这些重点所吸引，然后再去注意其他部分。当版面上有一两篇或一两组稿件特别重要，需要在版面上予以强调时，往往采用这种版面。这种版面运用得比较多。运用时要特别注意以下几个方面：

(1) 要赋予重点稿件较大的强势，增强其视觉冲击力。按照版面语言的使用规律，重点稿件安排在"上左"或"上半部"这种最具有强势的版区；标题应排长栏，采用较大的字号，还可以适当采用栏的变化和醒目的线条来突出重点。

(2) 要注意版面其他部分对重点的烘托。突出版面的重点，不仅要注意加强重点本身的强势，而且要适当减弱版面其他部分的强势，如把非重点稿件放在强势小的版区、缩小标题、不采用或少采用变栏、线条等。有抑才有扬，有烘托才有重点。如果版面其他部分处理也很突出，重点就必然被淹没，甚至被转移，使读者误以非重点为重点。

(3) 如果全版只有一个重点，可以利用上半版；如果有两个重点，一般可以采取对称的方法来安排。如把一个重点安排在"上左"，一个重点安排在"下右"；一个重点安排在上半版，另一个重点安排在下半版等。

如图 4-14 所示为新浪网"平均工资涨幅之惑从何来"专题(news.sina.com.cn/z/pingjungongzi)页面，标题醒目，采用不同的字体、字号和有冲击力的图片及颜色把内容重点展现出来，突出了我们关心的"平均工资到底怎么算"栏目。

图 4-14　新浪网——"平均工资涨幅之惑从何来"专题首页

3. 对比式版面

对比式是指把两种人或事物、同一人或事物的前后不同的方面组合在一起，进行对比。

对比式版面是指片面上编排了相互对立或矛盾的两个栏目，使版面上形成强烈、鲜明的对比，使矛盾暴露得更加清楚，褒贬更加鲜明。对比式版面的形式主要是两个栏目的强烈对比。如图 4-15 所示为搜狐网"中印军力对比"专题(mil.sohu.com/s2013/zyjldb)页面。

图 4-15　搜狐网——"中印军力对比"专题页面

4. 集中式版面

集中式版面，就是集中突出一个主题的版面。其特点是用一个版或大半版的篇幅来报道一个事件或主题。这个事件或主题应是重大的，如国际国内重大事件、重大典型等。这种版面的长处在于可以同时多方面表现一个内容，比非集中式版面有更大的声势，可以引起读者更大的注意。短处是要挤占其他报道的版面，不利于报道的平衡。因此不宜常用。集中式版面在具体编排上要注意：

(1) 主题要单一，内容、角度、体裁要多样。主题单一，才有内在的凝聚力量，运用集中式版面才能达到内容与形式的统一。主题单一，并不要求内容、角度、体裁也单一，恰恰相反，内容、角度、体裁应力求多样，这样版面才能生动。

(2) 要注意版面的统一。与主题单一相适应，版面形式必须统一。使全版统一的常用方法有用大标题来统率全版，用各篇稿件的相互呼应来取得内在的联结，也可用空间组合的方法把各篇稿件结合在一起。图 4-16 所示为新浪网"法国前总统萨科齐因贪腐遭起诉"专题(news.sina.com.cn/w/z/Sarkozy)页面。

图 4-16　新浪网——"法国前总统萨科齐因贪腐遭起诉"专题页面

模块三　项目任务

任务一　企业网站专题内容策划

〔任务描述〕

一个好的专题能弥补一个老网站的很多缺点，在很大程度上提升网站的社会影响力。老师要求，以陕西神舟计算机有限公司为例，确定一个专题的选题，策划专题的角度，策划栏目，利用前面所学的信息采集的知识组织专题内容。

〔任务分析〕

经过同学们分组认真讨论后，拟从以下几个方面进行专题内容策划：

① 前期工作：成立小组讨论，确定专题的选题；

② 中期工作：广泛收集资料、处理图片、视频等内容，通过电话采访等方式获取一手资料，收集邀请嘉宾作客评论内容；

③ 后期工作：确定栏目，维护专题内容；

④ 完成专题的策划方案。

一、专题的选题

在网络媒体的传播活动中，要制作出一个成功的网络专题，选题至关重要。

1. 选题原则

1) 专题选题要与网站定位及受众需求相一致

不同的网站定位不同，风格不同，其面向的受众也不同。网站在策划专题选题时，也要考虑到网站定位和受众需求，突出网站特色和优势，这样才能做出更为准确的定位。例如东方财富网专题汇总，以财经信息为主，如图 4-17 所示。

图 4-17　东方财富网专题汇总页面

2) 专题选题要关注热点问题

网民所关心的热点，大到重大新闻事件，小到日常生活问题，只要是网民关注度高的，都可以成为热点。因此，突发事件、社会热点、具有争议性的话题等内容常常成为各大网站专题选题的重要内容。图 4-18 所示为新浪网"天津港特别重大火灾爆炸事故"专题(news.sina.com.cn/c/z/tjbhxqbz)页面。

图 4-18　新浪网——"天津港特别重大火灾爆炸事故"专题页面

重大突出事件虽然是热点的选题，但也容易造成同质化竞争，因此，往往需要通过报道角度与内容等方面的策划更好地发挥网站的资源优势。

3) 专题选题要有独创性

一个好的选题策划必须有其独特的思路和视角，而不是简单地停留在事件本身上，也不能一味模仿别人的选题思路，抄袭别人的选题模式。有自己的独创性，可以给受众留下深刻鲜明的印象。例如腾讯网的"神舟十号"专题报道(news.qq.com/zt2013/shenshi)就很好地体现了网站的特点和独创性，如图 4-19 所示。

图 4-19　腾讯网——"神舟十号"专题页面

2．确定选题

陕西神舟计算机有限公司一直致力于电脑产品、数码产品、管理软件产品及互联网产品经营与开发，是神舟电脑及管家婆软件授权客户服务中心，神舟笔记本电脑快修中心。经过对陕西神舟计算机有限公司的调研，首先确定所要制作的专题可为经营性专题这一大类，将客户需求和网民需求有机地结合一起，可以选择其中一类产品为主制作一个宣传性专题(在此项任务里以神舟战神系列产品为例进行专题制作)。专题具有较强的传播知识与提供服务的功能,内容也涵盖广泛,以此向网民提供具有指导性的实用信息。

在此需注意,此类专题更多要考虑到网站受众的实际需求,尽量贴近网民日常生活所需去进行制作。

二、收集信息,内容组织

内容组织并不是简单的信息汇总,需要从一个独特的角度去把主题表现出来。专题的内容可以转载电视、报刊、网站等传统媒体和网站的信息,也可以是来源于论坛、博客的社区内容。

1．组织思路

1) 抓住阶段性特征显示事物的进展

要想在专题中将产品表现出新意,需要对对象在不同阶段的不同特征有着深入认识,尤其是能判断出它在当前阶段的新动向、新特点或新趋势。以此为突破口揭示事物的发展进程。

2) 以典型空间或环境为场景表现对象

任何对象总会有它所依托的空间或环境,从空间或环境出发,不仅有利于发现内容所需的特定角度,同时也便于为专题的多媒体报道提供舞台。

3) 以专业的眼光审视大众话题

许多报道对象本身是大众性话题,但是如果用大众化的视角来报道,往往会使报道流于平淡,难以形成突破。而从专业的角度来加以审视可以打开认识对象的另一扇窗口,使专题内容超越普通人的认识高度。

2．内容组织

1) 原创内容

利用网站发布系统把网站发布过的有关内容组织起来作为专题的有关内容。如图 4-20所示为陕西神舟计算机有限公司网站产品新闻热点信息。

图 4-20　陕西神舟计算机有限公司网站产品新闻热点信息页面

2) 搜索引擎

运用百度搜索引擎检索关键词,以神舟战神产品为例,设置"神舟战神"等关键词,了解背景资料、相关新闻等，然后对这些内容进行分类整合，作为专题的相关内容。图 4-21 所示为百度搜索引擎按照"神舟战神"关键词检索出来的资料。

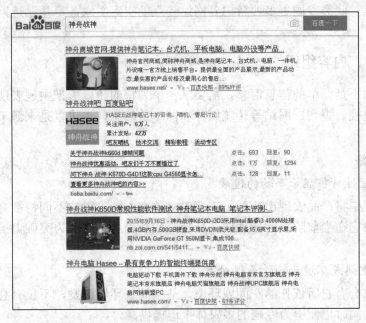

图 4-21 百度检索关键词"神舟战神"部分页面

3) 社区内容

网民通过 BBS、博客、在线评论等发布的各类社区内容也是网站专题内容的一个重要资源。通过神舟战神贴吧了解有关内容，作为专题内容资料的一部分。图 4-22 所示为百度贴吧——神舟战神贴吧部分页面，图 4-23 所示为太平洋电脑论坛里的神舟笔记本论坛部分页面，图 4-24 所示为 ZOL 论坛里的神舟笔记本电脑论坛部分页面。

图 4-22 百度贴吧——神舟战神贴吧部分页面

图 4-23 太平洋电脑论坛——神舟笔记本论坛部分页面

图 4-24 ZOL 论坛——神舟笔记本电脑论坛部分页面

4) 从其他媒体和网站中获取信息

将专题内容与神舟官网 (www.hasee.com)、神舟电脑京东官方旗舰店 (mall.jd.com/index-179037.html)、神舟电脑网销联盟(www.hasee.com/cn/netstore/index.php)等网站相结合,通过这种方式快速组织内容,以获取所需的专题有关信息。

5) 嘉宾约稿

通过电话连线、即时通信软件 QQ 等与嘉宾对话,或直接约见嘉宾面对面交流,以获取与专题相关的更深入的内容,创作出相关的原创稿件。

三、确定专题栏目

在前期工作专题的选题中我们已经确定选题为宣传性专题,专题栏目可以设置为导读、背景资料、最新消息、高清赏图、独家点评、评测亮点、购买指南等栏目。另外，要注意，策划网络专题栏目并无固定的模式可以遵循，而是需要根据专题的选题情况、网站定位和受众需求，围绕专题的主题，给专题设计出分类清楚、有针对性、有特色、动静结合的栏目。

⊠ 技能操作

1. 搜索陕西神舟计算机有限公司战神系列产品相关信息，确定策划专题的角度。
2. 根据专题选题及角度，策划专题的栏目。
3. 根据专题栏目需要，利用信息采集的各种途径组织专题内容。
4. 撰写神舟战神产品活动宣传专题策划方案。

　【阅读材料】

一个完整的产品专题页面策划思路是什么样子？

网站运营中专题页面的作用非常大，经常能够看见很多付费推广都把专题页面做落地页，直接打开就能看见，足见一个好的专题页面的重要性了。它可以帮助网站从不同的角度，或者从某一个优势点去包装产品，好处有很多，如更加具有针对性，能详细地说清楚产品各个优势，嵌套不同的产品文案等。专题页面的类型有很多，不仅仅局限在产品包装上面，我们也可以用来包装一个活动，包装一个品牌形象，或者包装某一个事件宣传等。

1. 用户对产品有没有一个直观的认识？

对于这类产品，用户乍一听可能不太熟悉，脑海中没有一个相似的东西来联想，对产品整体印象模糊，这个时候专题页面要解决的第一个问题就是让用户知道产品，用最快的速度建立起对产品的直观印象。

我们可以通过以下方法让用户快速了解产品：

(1) 大树下好乘凉。

什么叫"大树下好乘凉"？就是找一个在本行业中已经做得非常不错的典型来举例，让用户一下就能明白你的产品是什么。

比如一个 O2O 系统开发的专题页面，对于这样技术性比较强的产品，你就不能直接从正面介绍，第一用户看不懂，第二用户不会看。所以这个时候就要找一个典型，比如"有一个系统能帮你做一个像美团一样的网站"，这样的介绍能让别人一下子就知道你的产品是什么。

(2) 描述一个熟悉的场景。

还有一种情况就是我们产品从正面介绍同样是很难让用户了解，但是利用上面的方法去寻找一个"大树"有比较困难，那么此时我们要怎么快速让用户了解我们的产品呢？

比如现在比较流行的 VR 购物，乍一听你可能不懂，但是告诉你这样的一个场景：戴上一副眼镜，你就能立刻进商店里面去购物了，你马上就能明白 VR 购物是什么意思了。

2. 用户有没有使用产品的需求？或者说这种需求够不够强烈？

在引导用户对产品产生使用需求方面，有两点建议：

(1) 分析行业环境，让用户意识到这种需求的紧迫性。

很多时候我们分析了行业环境，告诉用户某种需求现在已经非常紧迫的时候，可能用户就会去关注，即使之前他不在意的东西。

比如销售减肥产品，可以分析每年有多少肥胖的人患上各种疾病影响健康，有多少人因为肥胖产生自卑影响日常生活，越来越多的垃圾食物防不胜防等，这些数据当你罗列到一起的时候，就会让用户有紧迫感，产生使用需求。

(2) 从用户自身痛点出发，告诉他我们能解决。

要站在用户的角度，想一想他们有哪些头疼的事情是和你的产品相关的，把它们罗列出来，最好是在专题页面有专门的地方展现出来，最后别忘了声明你可以帮他解决。这样的目的就是先和用户产生情感共鸣，然后以朋友的口吻告诉他，你能帮他(不要直接说销售产品，这样用户容易排斥)。

3. 即使有了使用需求为什么就要用你的？

当用户知道你是什么，也有使用产品的需求时，接下来一个非常关键的问题就是为什么要用你的？市场同类产品那么多家，有的比你的产品便宜，有的比你的品牌大……问自己一句：为什么要用你的？

在给出下面的建议之前，先把下面所有建议的出发点亮出来：找差异化。因为有了差异，所以用户才会选择你，如何寻找更多的差异化让用户接受你呢？可以从下面几个方面着手：

(1) 亮出产品的特色优势。

把自己产品最核心的优势罗列出来，或者说用户最关心的特色功能，文字总结一定要简练，让用户在最短的时间内知道你产品的优势。

(2) 增加产品的额外价值。

除了产品本身的特色功能和优势之外，我们还可以给产品增加一些附加价值，还是以减肥产品为例(以下完全是为了帮助大家理解自己编的附加价值，请知悉)，如：

① 使用起来很方便，跟喝茶一样；

② 有哪些名人都已经在使用了，并且效果很不错；

③ 晚上睡前吃还有助于睡眠质量的提升；

④ 1 个月就能提高回头率。

(3) 给用户"算算账"。

有很多时候用户徘徊不定是因为对于自己的付出和所得之间的关系太模糊，这个时候就要给他算算账，让他知道原来选择你的产品是最划算的，投入和所得之间的差额是最大的，于是他便会做出选择。比如销售源码的专题就可以使用如下方法：

思路：达到同一目的(使用你产品的结果)，有哪些实现方法，并且列出每一方法背后的投资与回报，比如几个假设：

① 如果用户自己组建团队开发：高额费用(人员工资) + 巨大时间成本 + 团队磨合等风

险成本；

　　② 如果用户自己找外包公司开发：高额开发费用(价格不透明)＋无售后保障(维护费)＋不了解行业(结果不达标)；

　　③ 使用我们的产品搭建平台：透明低廉费用(客户平摊)＋功能齐全(我们是专业的)＋半天搞定(开发工作前期完成)。

　　所以不管是比效率，比专业，比时间，比费用，只要用户的确有需求，他会有非常大的可能性选择我们。

　　(4) 打消用户的顾虑。

　　即使用户准备下单了，可能还会有很多顾虑，所以在设计专题页面的时候也要考虑如何打消用户的顾虑？

　　在此之前首先要弄清楚用户到底会有哪些方面的顾虑，比如售后有没有保证，到底东西是不是像你说的那么靠谱等。这个时候你就可以有针对性地制定应对的方法：比如用户担心售后，那我们就公开售后服务体系运作流程，并用合同写明；用户担心不靠谱，那就列举一些现实的案例，如用户真实评价，或是资质认证，利用名人效应等手段，最终目的就是打消用户顾虑。

　　　　　　　　　　　　　　　(资料来源：何杨博客 blog.sina.com.cn/heyangnote)

任务二　企业网站专题形式策划

〔任务描述〕

　　老师要求，该任务根据本项目任务一的选题情况及专题内容，对该专题结构和版式进行设计。

〔任务分析〕

　　以陕西神舟计算机有限公司网站为例探讨专题策划思路、方法和步骤，大家经过讨论，确定以下操作内容和步骤：

　　① 了解专题页面结构，确定制作专题的页面结构；
　　② 了解专题版式，确定制作专题的版式；
　　③ 确定专题栏目编排；
　　④ 设计专题页面。

一、专题页面结构

　　专题形式策划的一项重要内容是结构的安排，如何使版面美观，鲜明地突出主题，便于材料组织和网民的阅读是编辑要重视的问题。结合“日”“T”“门”型等结构，选择一种合适的结构做准备后，还需考虑以下两种情况：

1．单网页专题

　　单网页专题是最简单的专题结构。当专题资料不多的时候，往往制作单网页专题，通常栏目比较少，甚至没有栏目，把所有信息集中在专题首页，结构形式比较简洁、直观。如图 4-25 所示的新浪网“埃及热气球爆炸”专题(news.sina.com.cn/z/reqiqiubaozha)，页面非常简洁，只有"专题摘要"和"最新消息"栏目，每篇稿件的详细内容直接链接到网站的有关新闻页面。

图 4-25　新浪网——"埃及热气球爆炸"专题页面

2．多网页专题

多网页专题是针对内容比较多的专题，其结构比较复杂，最常见的是树状结构。

无论单网页还是多网页，为了使浏览者不在网络专题中迷失方向，要做好导航系统，让浏览者直接简单地浏览，最低限度是每个网页中至少有一个指向主页的链接。主要技巧是抓住能传达主要信息的字作为超链接，使超文本颜色与单纯叙述文本的颜色有所区别，另外，注意不要在短小的网页中提供太多的超链接，过分滥用会损害网页文章的流畅性与可读性。

在这个任务里，每个小组根据自己的信息资料，选择合适的专题结构来制作专题页面，并确定采用的版面。

二、确定专题栏目编排

(1) 将相关素材划分层次，用一个主体架构描述整体信息和关键信息，把重要的内容如文章标题、文章导读、重要图片等放在首页上，而有关的细节和详细内容，则用超链接给出。

(2) 在确定好各个栏目名称和形式的基础上，分清栏目主次，按照主次顺序合理地安排栏目位置。重要的内容一般放在页面的左上角和顶部，然后按重要性的递减顺序，由上而下地放置其他内容。

(3) 在栏目编排时，要有次序、有条理地安排栏目和内容，以便于读者阅读，要有重点地突出和强调某些栏目或内容，介绍和引导读者优先阅读。

（4）充分考虑网民的阅读习惯，在众多网页构成要素中强化一个清楚的主体，使之成为最方便阅读的视线流动起点，让网民找到一个最佳的阅读起点。

（5）在一篇文章中要突出最重要的信息，如将字体加粗或用彩色字体，避免长时间手动滚动才能看到想看的关键内容，造成网民视觉疲劳。

（6）栏目色彩搭配与网站整体定位和风格相协调，与专题内容风格相一致。

以新浪网"爸爸去哪儿　跟着男神去旅行"专题(travel.sina.com.cn/z/babaquna)为例，可以看出其在栏目编排、页面色彩搭配及多媒体的使用方面都处理得非常好，如图 4-26 所示。

图 4-26　新浪网——"爸爸去哪儿 跟着男神去旅行"专题页面

⊠ 技能操作

1．分析新浪网——"新年单反选购攻略"(tech.sina.com.cn/digi/dc/07buy_DSLR.html)专题页面栏目结构及版式布局，以 WORD 文档格式形成分析报告。

2．根据搜集到的陕西神舟计算机有限公司相关信息，确定制作专题的结构及版式布局，确定栏目编排，并画出草图。

3．设计并制作一个与活动宣传性主题相符合的专题网页。

　【阅读材料】

活动专题页面设计制作规范(商家版)

一、活动页面尺寸

（1）海报式页面：宽 990px，高最好不超过 3000px；分辨率 72px；颜色模式 RGB。

（2）模版式页面：宽 990px，高 400px 左右；分辨率 72px；颜色模式 RGB。

（3）页面宽幅可以做到 1920px，但是主要内容必须在 990px 区间内。

页面需标注活动起止日期。

二、字体规范

字体使用正版免费的微软字体和方正字库内包含的 67 款字体。禁止使用其他字库中的任何字体，如汉仪、文鼎等。

三、布局规范

系统布局框架要求如图 4-27 所示，布局尺寸内可随意设计(尺寸内为有效设置区域，常用专场为通栏布局 990)。

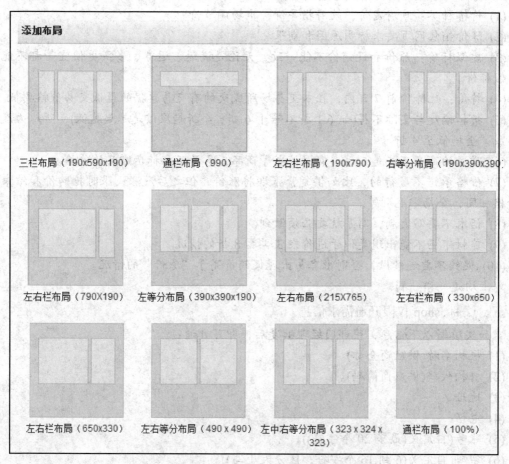

图 4-27 系统布局框架要求

四、专场促销语

1. 促销中要注意的事项

(1) 禁止使用词汇：顶级；最高级；极品；xx 大会堂专供；国企；国徽；国歌；国家领导人等。

(2) 促销条款有附件条件的，必须在显著位置标明。

(3) 商标、3C、肖像权要仔细审核。

(4) 不得低于成本价销售(除鲜活、积压、偿债)。

(5) 原价的定义：降价前 7 日内，在本交易场所成交的有交易票据的最低交易价格；

如果前 7 日没有交易，以之前最后一次交易价格为原价。吊牌价不等于原价、市场价等。因此专场价格禁止标注"原价：￥199"；可直接将价格打划线使用。

(6) 市场价必须有依据(含最低价、出厂价、批发价、特价、极品价等)，因此专场价格禁止标注"市场价：￥199"；可直接将价格打划线使用。

(7) 抽奖活动并非都需要公证的。

(8) 买 xx 送 xx 要标清楚送的是什么，如果是券要写清楚规定。

2．物价局——市场价格监管基本情况

(1) 价格种类：政府定价，政府指导价，市场调节价。

(2) 降价销售网页要求标明原因和期限。

(3) 虚假标价：原价和促销价不能一致，无论是满返、返券、多买更便宜等都不能出现虚假标价。

(4) 特价：比降价前 7 日内，在本交易场所成交的有交易票据的最低交易价格要低。

(5) 折扣幅度与实际不符(如 6.1 折不等于 6 折，4 折起应该是越起越低)，所以力度应该写成"全场低至 4 折"。

(6) 赠送的商品不能是三无、假冒伪劣等商品，尽量不要标示赠品的价格。

(7) 价格承诺不履行的，比如供货紧张即将涨价，但之后没涨；限时抢购价和结束时的价格相同；全场零毛利等。

(8) 话术不要写太满，写了就要必须做到。

(9) 建材市场不能出现类似于进价乘 3 再打 8 折的情况。

(10) 促销不要连续做，否则很容易出现促销价高于"原价"的情况。

以上均是一事一罚。

五、厂商 Jshop 权限开通需求信息

需如实填写以下信息，获部门经理批复后，即可开通：

(1) 机构名称(供应商全称)。

(2) 机构代码(供应商简码)。

(3) 地址。

(4) 电话。

(5) 账号(自定义(最多 20 个字符))。

(6) 密码(自定义(6 到 16 个字符，区分大小写))。

(7) 用户姓名(最多 20 个字)。

(8) 手机(最多 11 个字符)。

(9) 邮箱。

六、品牌专场上线流程

(1) 设计专场：生成 PSD/AI 文件。

(2) 页面切图：生成 HTML + images 文件(images 小图每切片不超过 200k，总切片数量控制在 20 片以内)。

(3) 添加链接：用 Dreamweaver 打开 HTML 文件添加产品链接后保存 HTML 文件。

(4) 制作广告入口图：

①　Banner：766×240px(宽屏 小于 60K)；546×240px(窄屏 小于 50K)。

②　Button：211×138px(小于 30K)。

③　通栏：983×70px(宽屏 小于 60K)；766×70px(窄屏 小于 60K)。

④　手机端同步宣传图：990×372px(小于 50K)。

⑤　HOT 大图：180×348px(小于 60K)。

(5) 专场上传：生成网页链接。

①　Banner 标注活动起止日期。

②　未开通 Jshop 权限的品牌厂商：1—4 步骤厂家完成，提供生成已添加产品链接后的 HTML(包含 images 文件)＋广告图(符合 K 数大小)上线；已开通 jshop 权限的品牌厂商：1—5 步骤厂家完成，提供生成专场链接＋广告图(符合 K 数大小)上线。

(资料来源：百度文库 wenku.baidu.com/view/1319be40866fb84ae45c8dc6.html)

模块四　项 目 总 结

网络专题被称为"网络媒体的集大成者"，其追求的是一种立体式的报道方式，在内容上力求从不同角度和不同层面多层次全方位地报道同一主题，在形式上可以集中运用网络媒体的多种表现手法，被认为是最能发挥网络优势的一种形式。

在本项目里，重点讲述了网络专题内容策划和形式设计的相关知识。通过本项目的学习，了解网络专题的概念和特点、网络专题的分类、网络专题策划的原则、专题选题及角度策划方法、专题内容的组织方法及专题常用的栏目类型，并能够根据网站及栏目的需要确定专题的选题和内容，设置和编排专题栏目，制作专题网页。

在专题制作过程中必须有团队意识，扬长避短，能正确评价自身的优点和缺点，能对信息做出有效的价值判断，保持谨慎的态度和理性的心理。如何有效地整合各方资源，最经济，最有效，最快捷地完成项目任务，是对团队中每位成员的巨大挑战。

只有经过不断地比较、分析、修改和完善，才能圆满完成任务，业务能力才能真正得到提升，也许在制作过程中会枯燥无味，可能会遇到各种困难，但是同学们要拥有积极的心态，持续的创作热情，只有坚持，才会成功，这是一个网编人员必备的素质。

　【阅读材料】

门户视频网站专题风格比拼　分析称视频更直观

近年来互联网有赶时间上市的、有玩命掐架的、有收购和被收购的……，在新的一年即将到来的时候，各家网站纷纷推出策划的年度专题，盘点这一年经历的让人反思和记住的互联网事件。

有一些热心的网友向 TechWeb 推荐了一些他们看到的别具特色的专题，其中以门户专题为代表的有搜狐用足球做背景的专题(图 4-28)、凤凰科技(图 4-29)和网易(图 4-30)

的专题。

在搜狐网的年度专题页面中，搜狐首席执行官张朝阳和360董事长周鸿祎为前锋、腾讯董事局主席马化腾为守门员、百度CEO李彦宏为后卫，其他互联网大佬纷纷成为球队一员。整个专题基调比较轻松，淡化了互联网让人紧绷的基调。

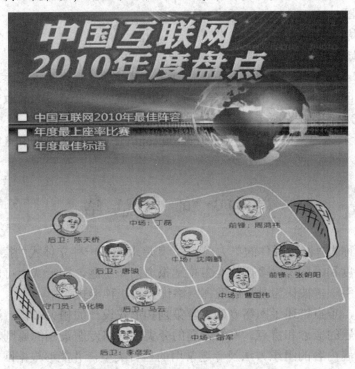

图 4-28　搜狐年度专题页面截图

图 4-29　凤凰科技专题页面截图

打开凤凰网的专题，互联网科技专题一板一眼的风格跃然纸上，以亲身参与者的姿态作为专题基调，整个专题都是以亲历者的方式呈现。

图 4-30 网易专题页面截图

网易的专题遵循了其一贯的别具特色的风格，采用水墨画作为专题底色，专题口号为"选择"，使得具有代表性的人和事件成为这一专题骨骼，让人过目不忘。

门户网站以图文为主要表现形式，而视频网站则利用以视频为主的专题让人耳目一新，以土豆网为例(图 4-31)，它提出了"神马、浮云、通胀"三个关键词，每一个与之有关的事件都是以视频形式体现，有网友在微博中表示，在带宽允许的情况下看视频专题更显直观，也增强了互动性。

图 4-31 土豆网专题页面截图

有分析人士认为，在视频网站发展迅猛的这几年，视频专题也将成为网民乐于接受的方式，与图文时代的专题平分秋色，"随着带宽的普及，看着这些由视频组成的专题让人有身临其境的感觉，未来将会被网民广泛接受。"该分析人士说道。

(资料来源：TechWeb 报道 周陌)

项目五　网络互动管理

模块一　项目概要

一、项目实施背景

智慧校园：线上操作方便线下生活

复旦大学江湾校区曾因离市区较远，生活不便，被师生们戏称为"江湾大草原"。2014年9月，上海首家高校"智慧屋"在复旦江湾校区亮相。现在，该校区的5000余名师生足不出生活园区，就能享受到快递自提、就医挂号、充值缴费、火车票代购、自助银行等线下服务和勤工助学、场地预约、失物招领、就业实习等8项线上服务。

复旦"智慧屋"是上海首家真正实现线上线下一体化的智慧社区实体中心。在其信息化构建中，它的一头正是连接着复旦的学生网络互动平台。以设在"智慧屋"里的由学生自己经营的超市、文印店为例，这些勤工助学岗位都在网络互动平台投放，学生可以线上申请。

无论是快递代收，还是演出票打印，目前，在"智慧屋"为复旦江湾校区师生们提供的20项服务内容中，有九成都是智能化、自助式互动服务。"线上操作方便线下生活，还能有针对性地提供最符合我们需求的信息。"复旦很多师生都为"智慧屋"点赞。

据悉，到明年年底前，类似的"智慧屋"还将出现在沪上30所高校，为更多师生们提供快捷便利的服务。

在上海政法学院，学生网络互动平台的线下体验启动得更早。比如，该校的很多"吃货"都知道，只要拿出自己的手机点几下，就能以团购价购买食堂里的饭菜——同样一份午餐，团购后立省3元。原来，这是学校网络互动平台和后保中心联合推出的"食堂团购"插件。据统计，推出活动的2个月，通过插件点餐累计达6609份，总计为学生们提供了近2万元的优惠。

考虑到移动互联网的发展态势，上海政法学院里的学生网络互动平台不仅设有PC端，还创建了微信平台，且一并连接到学校"高大上"的线下体验馆。

在线上，上海政法学院整合、集结了校内的各类电子通道，如学工系统、社区系统、图书馆、课程中心、一卡通、失物招领、三维地图、网络电视台、微信订阅号和服务号等，为学生提供及时的服务。而走进线下体验馆，迎接学生们的是提供各类专项服务的终端机。"咖啡预定"、"讲座预定"、"场馆预定"、"CEO午餐"、"电影抢票"等活动，学生们都能在终端机上迅速搞定。

融汇线上线下，改善学生们的校园生活，上海交通大学的学生网络互动平台也创意独具。在该校开发的一款名叫"同去"的校园活动信息平台上，通过信息共享，组织方可以与参与者们实现"零距离"接触。学校到底在开展哪些有趣的校园活动？有了"同去"，一切尽在师生们的掌握中。目前，"同去"已向上海交大师生全面开放，日访问量超两万次。

　　　　　　　　　（资料来源：凤凰教育 edu.ifeng.com/a/20141212/40902634_0.shtml）

　　通过以上案例可以看到，网络互动平台可以给生活带来很大的便利，网络互动平台可以根据生活需求延伸功能，网络互动的形式也多种多样，网络互动的实现方法可以从简单到复杂，总之，网络互动的应用促进了我们生活的智能化。如何进行网络互动管理，这是本项目将要学习的知识和应用。

二、项目预期目标任务评价

　　网络互动管理项目预期目标的完成情况可使用任务评价表(见表 5-1)，按行为、知识、技能、情感四个指标进行自我评价、小组评价和教师评价。

表 5-1　网络互动管理任务评价表

一级评价指标	二级评价指标	评 价 内 容	分值	自我评价	小组评价	教师评价
行为指标	安全文明操作	是否按照要求完成任务	5 分			
		是否善于学习，学会寻求帮助	5 分			
		实验室卫生清洁情况	5 分			
		实验过程是否做与课程无关的事情	5 分			
知识目标	理论知识掌握	预习和查阅资料的能力	5 分			
		观察分析问题能力	5 分			
		网络社区的规划与管理	5 分			
		网络时评的组织策划	5 分			
		网络常用的互动方式	5 分			
技能目标	技能操作的掌握	解决问题方法与效果	5 分			
		网络社区话题策划实践	10 分			
		网络时评撰写	10 分			
		微信公众号软文编辑	10 分			
情感指标	综合运用能力	创新能力	10 分			
		课堂效率	5 分			
		拓展能力	5 分			
合计			100 分			
综合评价：						

三、项目实施条件

(1) 多媒体教室一间，适合项目小组讨论，可以连接 Internet 的机房各一间。

(2) 准备网络互动主题至少 5 个，主题可以是热点事件、社会民生、商品推广、校园周边等。

(3) 将教学对象分为 4-6 人的项目小组，整理主题，形成互动传播的图文形式，利用邮件、电子公告、社区论坛、博客微博、即时通信工具、网络调查、微信公众号等形式就该主题进行网络互动，实现网络互动的价值。

模块二　项目知识

单元一　网络社区的规划与管理

一、网络社区基本知识

(一) 网络社区概述

网络社区是指包括论坛、贴吧、群组、个人空间、博客微博、在线即时通信工具、无线增值服务等形式在内的网上交流空间。

网络社区最典型的特点是同一主题的网络社区集中了具有共同兴趣、爱好、话语等的用户。

网络社区的用户一般指登录网络社区浏览或发表言论的网民。

网络社区与现实社区一样，包含了一定的场所、一定的人群、相应的组织，社区成员参与一些共同的兴趣文化活动，并且提供各种交流信息的手段，如讨论、通信、聊天等，使社区居民得以互动。不过，网络社区具有自己的特性：匿名性、异步性、开放性和广泛性。

而在商业领域，网络社区作为电子商务的一种商业模式得到了广泛认同。那么，网络社区如何实现商业价值，如何选择实现盈利的收入来源方式，成为网络社区的核心问题。网络社区的盈利来源主要有以下 4 个方面：

1) 广告费

由于网络社区聚集着企业的目标顾客，越来越多的企业向网络社区投放广告。据调查，网络社区的收入来源以广告最多，大多数网络社区选择广告作为其盈利模式。网络社区的广告收入直接受社区点击流量的影响，流量越大，广告收入就越高。此外，网络社区的广告收入还受网民的特征影响，因为企业是否向网络社区投放广告取决于社区网民是否属于企业的目标顾客。可见，以广告费作为主要收入来源的盈利模式仅适合一部分网络社区。

2) 会员费

网络社区将社区网民分为不同的会员级别，不同级别收取不同的会员费。比如某交友社区划分三个会员级别：免费会员、普通会员和 VIP 会员，免费会员不收费，普通会员每月 5 元，VIP 会员每月 15 元，交友社区对收费的会员提供交友信息服务，免费会员则没有。实际上，以会员费作为网络社区的盈利模式受很多条件的限制。在网络社区的发展初期，收取会员费会直接抑制社区成员规模的扩大。而社区的生命力来自社区网民的活跃程度，也就是人气。所以，一般只有当社区网民对社区产生强烈的服务需求和忠诚感时收取会员费才比较合适。

3) 内容服务费

网络社区通过向网民提供不同的内容服务进行收费。比如 QQ 社区通过发行 Q 币，提供网络人物形象、装束、场景和网络商品等收费服务。以内容服务费作为盈利模式，取决于社区成员的忠诚度和所提供内容的价值。如果成员缺乏忠诚度，社区内容作为一种依托于网络的服务产品缺乏吸引力，该模式就不能给社区网站带来丰厚的收益。

4) 交易费

网络社区通过为网民发布和提供交易信息而收取费用，或向交易者收取佣金。交易费是交易类社区的主要盈利模式。对非交易类社区，以收取交易费作为盈利模式比较困难。

网络社区的盈利从根本上是来自社区网民及网民带来的附加价值。社区网民是网络社区的主体，主体规模越大，社区价值就越大，盈利来源就越广泛。

网络社区也是有其自身的文化属性的。比如，有些网民自称为天涯人，这是由于他们在天涯社区能找到归属感，这是该社区在发展过程中网民形成的一种共识，或者说网民情感的凝聚。

(二) 网络社区的分类

网络社区有多种分类方法。学术界普遍将网络社区分为以下四类：

(1) 交易社区。它是一种以商品或无形产品作为交易对象而形成的交易信息互动网络平台。

(2) 兴趣社区。它没有明确目的，在互动过程中自发形成某种兴趣而聚集的网络社区。

(3) 关系社区。它是以扩大人脉，获得有共同目标的网民成为好友为目的的互动社区。

(4) 幻想社区。它可以说是兴趣社区和交易社区的结合体，是某种群体有共同的精神追求而形成的网络社区。

另外，网络社区也可以分为横向型网络社区和垂直型网络社区。

横向型网络社区指就某一个话题在网上讨论形成一个有共同兴趣的网络社区；垂直型网络社区指网上企业利用业务关系和新闻组、论坛等工具形成以企业站点为中心的网络商业社区。

二、网络社区的规划

(一) 明确网络社区的定位和主题

在进行网络社区的规划时首先更明确网络社区的定位和主题，包括网络社区的类型、服务对象、服务行业、参与对象、规模发展等。根据网络社区的规模和参与者的成分，可将网络社区划分为综合性社区和专业社区两种主要类型，每种社区通常又会按照不同的主题划分为若干不同的版块，比如网易社区定位为综合性社区，划分了诸如生活、情感、文学、电脑、音乐、股票等十几个主题板块；而阿里巴巴商友圈则定位于网上商人专业社区，然后根据如商业性质划分为网商故事、创业论坛圈、成长营、国内贸易、外贸论坛圈等。

那么，如何定位社区呢？

从社区的商业价值来讲，综合性社区和专业社区各有优势。综合性社区通常先取得网民的注意力，吸引大量人气，然后通过网络广告等形式获得收入。而专业社区直接隐藏着商机，因为专业社区的网民就是行业的需求者和提供者，比如汽车社区的大量会员就可能是潜在购买者和汽车服务供应者。

一般门户网站定位综合性社区，其他专业网站或企业网站在创建社区时通常会定位于专业社区。而专业社区除了创建与专业有关的主题之外，还需要创建专业之外的相关主题，因为专业的网络社区不仅仅是专业类讨论，它还是一个休闲的场所，社区网民希望在轻松愉快的气氛中了解感兴趣的内容以及发表讨论。

(二) 确定网络社区的功能

社区网民如何参与网络社区讨论，是通过网络社区提供的功能实现的。一般来说，一个网络社区有几个最常用的基本功能，社区功能选择可根据社区的具体情况确定。

(1) 论坛功能。也称为电子公告板(简称 BBS)，是虚拟网络社区必不可少的功能，大量的信息交流主要通过 BBS 完成，论坛会员通过发布信息或者回复信息实现相互交流。有些简易的网络社区只有一个 BBS 功能。

(2) 聊天室功能。在线会员可以实时交流，对某些话题有共同兴趣的会员通常可以利用聊天室进行深入交流。

(3) 讨论组功能。会员可以建立讨论组对某些话题进行交流，实践表明，基于电子邮件的讨论组会更加方便，而且有利于形成大社区中的专业小组。

(4) 网页邮件功能。为了避免不同邮件提供商的电子邮件之间出现通信的时间差甚至相互屏蔽的现象，在同一社区的成员之间交流往往倾向于使用该社区提供的网页邮件功能。

(5) 即时信息功能。社区为在线成员提供类似于 ICQ 的即时信息交流功能，将异步信息变为同步信息，为会员交流提供更及时的互动。

(6) 留言系统功能。有时会错过与会员同时在线交流的时间，此时留言系统功能发挥重要作用。

(7) 回复通知功能。如果在社区上发表话题后希望及时关注别人的回复，而自己却不能经常上网查看时，就可以利用回复通知功能，将别人回复的信息发送到指定的电子邮箱中。

(8) 信息定制功能。社区可以提供管理者与会员之间以及会员与会员之间的多向交流，管理者有时需要会员发布多种多样的信息，在大量发布信息前，应该允许会员定制自己需要的信息。

三、网络社区的管理

在管理和维护网络社区时，需要充分考虑社区会员的多样化需求，管理者应该注意以下管理事项：

(1) 共享利益。这是网络社区的最基本出发点，如果会员不能从社区中获得自己所期望的利益，可能就不会持续关注该社区，甚至离开社区。会员期望的利益包括了解有价值的信息、与兴趣共同者的交流、满足心理情感等内容。

(2) 营造开放性氛围。每个社区都有一群核心会员，他们是社区最活跃的会员，但只有核心会员的参与是不够的，还要吸引新成员不断加入，此时，应该营造一种开放、平等、自由的氛围，社区新老会员都可以自由参与。

(3) 关注潜在会员。由于网络社区很多，新用户在决定是否加入一个社区时，一般先考察和了解社区，对于还没有成为社区会员的网民，应该提供了解社区的机会。

(4) 增进会员忠诚度。不定期地为社区会员提供附加价值，从而增进会员对社区的忠诚度和依赖性，比如会费折扣、积分奖励、主题奖品等，甚至可开展一些线下活动，利用线下沟通强化会员与社区的忠诚关系。

(5) 保护社区环境。过多或无关的广告会使会员厌烦，需要杜绝或及时清理，也可以聘请核心成员参与社区管理，授权他们删除无关话题和垃圾广告，以及非法言论、恶意中伤、违背道德等不良信息。

单元二　网络时评的组织策划

一、网络时评的基本知识

时评，全称新闻时评，又称时事评论，是传播者借助大众传播工具或载体对刚刚发生或发现的新闻事实、现象、问题等在第一时间表达自己意愿的有理性、有思想、有知识的一种论说形式。时评文章也就是时事评论性的文章。

网络时评就是利用网络作为发布和传播载体的时评。

网络时评不同于网络意见。有人认为，网络时评是那些首先发表在网上的评论，而那些先发表在其他媒体然后转载到互联网上的评论严格意义上不能叫网络时评。实际上，相对传统媒体的评论，网络时评的形式更加灵活多样，可能是张贴在论坛、个人主页、博客的文章，也可能仅仅是新闻或者文章后面的跟帖，字数有鸿篇大论，也可能就是简单的一个"顶"字。我们都知道，表达意见和观点，未必以篇幅见优劣。我们也常常见到，往往一个简单表达情绪的帖子，由于后面很多"顶"的跟帖，却使它具有了出乎意料的传播力度。

按目前的状况，网络时评既包括在网络上原创发表的，也包括转载其他媒体的。网络作为一种传播媒介，对转载而来的其他媒体的时评进行了放大效应的再传播，某种意义上也就是一种再发表。

网络时评优势很多，归纳起来有以下 5 个方面：

(1) 时效性强。网络时评由作者写成电子文本之后，可以直接发表到论坛或博客里；若投稿给网站的原创付费评论专栏或网友讨论之类的网络社区，则需要编辑审核，但审核流程少，审核速度快。

(2) 无篇幅限制，无千人一面。网络时评的篇幅不受限制，时评文章可长可短，不像传统媒体受版面限制，常常把文章删改过度，使文章的表达偏差很大。不受篇幅限制的时评更容易形成和保持作者的个人风格，避免千人一面，使网络时评更加丰富。

(3) 网上共享度高，随时随地浏览。网络时评一经发表，就长久存留在了网上，而网络全球共享，无论身在何处，都可以通过网络搜索并共享阅读。

(4) 言论尺度大，利于百花齐放。网络时评对传统的言论尺度带来强有力的冲击，这种冲击由于大家熟识的网络的特点，已经为社会各阶层所认可。

(5) 发表门槛低。网络时评在语言文字、层次逻辑等方面不是那么严格讲究，一般只要语句通顺、言之有理且表达到位，即可发表。因此，网络时评的流行，也就意味着更多有一定文字功底且爱读新闻报道、善于思考的人，有更多机会公开发表自己的时评文章。

网络时评具有以下五个特点：

(1) 时效性。网络时评是针对当前发生的事实或问题所作出的评论，它兼有新闻和评论的双重特点。时评一般把评论的对象按一周内发生的新闻作为上限范围。

(2) 针对性。所谓针对性是指为什么要写？针对什么而写？要解决什么问题？希望网民能从中得到什么？这些都应当十分准确。如果一篇时评只有时效而没有针对性，不能称为时评，只能说是对新近发生的新闻的评述。

(3) 准确性。准确性包括真实性和科学性，它是时评有没有生命力的一个关键特点。它要求作者命题要明确，选取要准确，分寸要适度，分析要服人。否则就经不起推敲，站不住脚。

(4) 说理性。如果时评没有应有的力量，说明时评缺乏说理性。那么，要增加说理性，就要在写时评时多摆事实、多对比、多讲理，让读者信服。

(5) 思想性。思想性是时评重要的表现特点。这就要求作者站在较高位置去认识和解决问题，把人们的思想提高到一定高度，从而更有力地说服读者。

二、网络时评的组织策划

网络时评的组织策划可以从以下途径进行：

(1) 观点集中。时评属于小文章，切忌面面俱到。选准切入点，深入剖析往往能出奇制胜。

(2) 题目要能吸引眼球。没有好标题，文章再好也没人看。如写评价毛泽东的文章《岂能用数字比例评价领袖人物》，用此名时点击量极少，后改为《能用三七开评价毛泽东吗》，点击量猛增几十倍。

(3) 选好主题之后一定要多搜索材料。选用最精的上等原料，吸收最精彩的观点，在此基础上发挥，自然能胜人一筹。

(4) 要注意文采。言之无文，行之不远。能用艺术语言表达，就不要用书面语言表达。要善于化繁为简，用形象比喻去解读复杂道理。这样文章就能增加信息量和可读性。

(5) 文章一般控制在 2000 字以下，这适合人的阅读习惯。行文要注意层次，逻辑关系越鲜明，人们越爱读。

(6) 在网上发帖没有编辑，需要自己对自己负责。文章写完后先用文档自动校对，然后仔细阅读两遍。确实没有错误再发帖。

单元三　网络常用互动方式

一、网络互动概念与特点

网络互动是指在互联网上进行的互动展示，可以让网站和受众、受众和受众之间在内容和形式上进行信息交互。网络互动具有不受地域限制、信息量大、信息传输及时等优势。

对于企业来说，网络互动主要是网络互动营销，它具有以下特点：

(1) 互动性。互动营销主要强调的是商家和客户之间的互动。一般都是前期的策划，然后对某一话题，网络营销公司的幕后推手开始引导，接着网友就开始参与其中，这是比较常规的互动。互动性是互动营销发展的关键，在企业营销推广的同时，更多信息应该融入目标受众感兴趣的内容之中。认真回复粉丝的留言，用心感受粉丝的思想，更能唤起粉丝的情感认同。这就像是朋友之间的交流一样，时间久了会产生一种微妙的情感连接，而非利益连接。像官网、企业微博、微信公众平台等媒介营销，可称之为泛自媒体营销，它是在泛自媒体的概念上创建的一个具有专业性及权威性的互动营销模式。

(2) 舆论性。互动营销主要是通过网民之间的回帖活动、间接或直接对某个产品产生了正面或负面的评价。但其中舆论领袖的作用也在彰显其重要地位。在市场竞争日益激烈的情况下，舆论领袖对企业的品牌口碑作用依然产生引领作用。

(3) 眼球性。互动营销就是要吸引网民的眼球。如果一个互动营销事件，不能吸引眼球，那么无疑这个互动营销事件是失败的。互联网本身就是眼球经济，如果缺少网友关注，就无法产生互动。当然想要获得很多的互动效果，不应仅仅只考虑到眼球经济，更为重要的是定位要精准。

(4) 热点性。互动营销有两种事件模式，一种是借助热点事件来炒作，另一种是自己制造事件来炒作。热点事件往往更能引起网民的关注，然后抓住网民内心的需求和兴趣，在热点事件互动过程中实现企业营销的目的。

(5) 营销性。互动营销一般是为了达到某种营销目的而进行的事件炒作和互动，一般都是网络营销公司借助互动营销来帮助客户传达企业的品牌或者促进产品的销售。

二、网络互动方式

1. 网络论坛

网络论坛，简称为论坛，又称讨论区、讨论版等，是那些以在线讨论为主的网站。

在网络论坛中，网民讨论的题材有很多，比如教育、新闻、时事、社会、旅游、运动、休闲等，网民在互动讨论中还会相互分享资源，比如视频、图片、音乐等。可以说，网络论坛是一种讨论式、分享式的互动方式。

2. 博客和微博

博客是以网络作为载体，简易、迅速、便捷地发布自己的心得，及时、有效、轻松地与他人进行交流，再集丰富多彩的个性化展示于一体的综合性平台。

博客以时间为序来组织内容，可以进行网络留言、引用跟踪，同时也提供简单的多种文档归类和检索查询等功能。概括说来，其作用主要体现在三个方面。第一，个人知识管理。博客不仅对个人知识按照时间顺序进行归档存储，同时它还可以将这些知识进行共享交流。也就是说，博客作为个人知识管理工具，不仅促进了个人自身的知识积累，同时也为他人提供了帮助，使知识具有了更高的共享价值。第二，知识积累和过滤。读者可以通过浏览兴趣相同或主题相近的博客来获得自己所需要的相关资料，而不必在漫无边际的网络中花费过多的时间和精力去寻找，同时，也可以通过浏览不同博客对某些信息的评论，加深个人的理解。第三，网络群体的深度交流和沟通。博客为建立网络社交群体提供了良好的机会，同时其简单易用和即时发布的特点又使得人们能够方便地利用它展开对于一些主题的探讨。通常，人们都可以在别人对自己信息的回复中获得许多有益的反馈意见，获得许多启发。对于团队或组织来说，博客也是一种内部非正式信息交流的良好渠道。

博客的商业价值是作为一种营销工具，也称为博客营销，它的本质在于通过原创专业化内容进行知识分享争夺话语权，建立起信任权威并形成个人品牌进而影响读者的思维和购买。

微博，即微型博客，是一种允许用户及时更新少于 140 字的简短文本并可以公开发布的博客形式。

微博的最大特点是集成化和开放化，可以通过手机、IM 软件和外部 API 接口等途径向你的微型博客发布消息。

微博在互动营销中的价值体现在四个方面。第一，微博可以降低网站推广的费用。当一个企业网站知名度不高并且访问量较低时，往往很难找到有价值的网站给自己链接，此时则可以利用微博为本公司的网站做链接。企业管理者还可以在微博内容中适当加入企业营销信息以达到网站推广的目的，这样的微博推广成本低，且在不增加网站费用的前提下，提升了网站的访问量。第二，以更低的成本维持顾客关系。企业管理者可以借助微博平台发表观点，读者可以发表评论，管理者可以回复读者的评论，因为微博的实时实地性，管理者与读者的沟通会更及时、更便捷，因此可以更好地维持与顾客的关系。第三，微博有利于加强内部沟通。企业通过创建微博，一方面可以宣传自己的产品，另一方面也可以很好地阐述自己的经营理念。第四，微博是危机公关的有效方式。当企业出现危机事件时，通过媒体消除负面影响是一个有效的方式。在微博里，企业家通过与网友的及时交流，以诚恳的态度相对，能更好地达到危机公关的目的。

3. 社交网站

社交网站主要提供社交网络服务，主要作用是为一群拥有相同兴趣与活动的人创建在线社区。这类服务往往是基于互联网，为用户提供各种联系、交流的交互通路，如电子邮件、即时通信服务等。提供此类服务的网站通常通过朋友，一传十、十传百地把网络展延开去。

大多数社交网站提供多种让用户交互起来的方式，比如聊天、留言、回复、分享等。社交网站一般会拥有数以百万的登记用户，使用该服务已成为了这些用户每天的生活。

社交网站的商业价值主要是通过用户的登录习惯、发言内容、发言频率，加上海量数据的挖掘，为企业精准向潜在用户投放广告和在线互动。

4. 微信

微信是一个为智能终端提供即时通讯服务的免费应用程序。它支持跨通信运营商、跨操作系统平台通过网络快速收发语音短信、视频、图片和文字，同时也可以使用通过共享流媒体内容的资料和基于位置的社交插件"摇一摇"、"漂流瓶"、"朋友圈"、"看一看"、"合作平台"、"小程序"等服务插件。

微信营销是网络经济时代企业营销模式的创新，是伴随着微信的火热而产生的一种网络营销方式。微信不存在距离的限制，用户注册微信后，可与周围同样注册的"朋友"形成一种联系。用户订阅自己所需的信息后，商家通过提供用户需要的信息，推广自己的产品，形成点对点的营销方式。

然而，微信营销所基于的强关系网络，如果不顾用户的感受，强行推送各种不吸引人的广告信息，会引来用户的反感。凡事理性而为，善用微信这一时下最流行的互动工具，让商家与客户回归最真诚的人际沟通，才是微信营销真正的王道。

5. 即时通信工具

即时通信工具是指互联网上用以进行实时通讯的系统服务，它是许多人使用即时通信软件实时传递文字、文档、语音以及视频等信息流的软件统称。

随着软件技术的不断提升以及相关网络配套设施的完善，即时通信软件的功能也日益丰富，除了基本通讯功能以外，逐渐集成了电子邮件、博客、音乐、电视、游戏和搜索等多种功能，而这些功能也促使即时通信已经不再是一个单纯的聊天工具，它已经是成功具有交流、娱乐、商务办公、客户服务等特性的综合化信息平台。

即时通信工具是常用的企业网络营销工具之一，即时通信工具在企业网络营销中的作用主要表现在下列六个方面：增进顾客关系、在线顾客服务、在线导购、网络广告媒体、作为病毒性营销传播工具、促进企业绩效管理。

模块三 项 目 任 务

任务一 网络社区话题策划实践

〔任务描述〕

专业老师这次布置的任务是，要求大家利用网络社区针对陕西神舟计算机有限公司的精盾 T96 笔记本进行网络社区推广，让该产品深入大学生视野，成为大学生的笔记本新宠。

〔任务分析〕

为了有效完成任务，大家经过充分的酝酿与讨论，在征求了专业老师的意见之后，确定以下操作内容和步骤：

① 产品特点和大学生兴趣分析；

② 根据分析结果选择网络社区；

③ 根据分析结果策划话题；

④ 策划话题的实践时间表；

⑤ 利用网络社区进行话题互动；

⑥ 进行话题互动效果分析，完成分析报告的撰写。

一、产品特点和大学生兴趣分析

通过陕西神舟计算机有限公司官网(www.maimaike.com)了解精盾 T96 笔记本的特点(图 5-1)，通过太平洋电脑网(图 5-2)和天猫(图 5-3)，搜索了解大学生对笔记本的兴趣需求。将了解的结果记录到表 5-2 中。

图 5-1　精盾 T96 笔记本产品详情

图 5-2　来自太平洋电脑网的分析入口

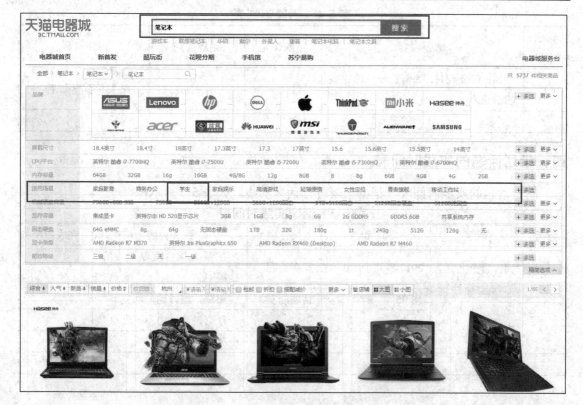

图 5-3 来自天猫的分析入口

表 5-2 产品与需求分析表

分析项目	产品特点	兴趣需求	
	精盾 T96 笔记本	来自太平洋电脑网	来自天猫
如：用途，价格，速度，便携度等			

二、选择网络社区

分析网络社区的特点，结合社区推广产品的特点，选择合适的网络社区。依据表 5-3 进行分析并选择。

表 5-3 网络社区选择表

序号	网络社区及特点	是否选择	选择原因
1	如：天涯社区：……(特点描述)		

三、策划话题

依据表 5-4 进行话题策划。

表 5-4　话题策划表

话题序号	话题内容	话题优先	话题周期	网络社区
1	如：黄金九月，如何选择性价比高的游戏本？	最优	一个月(九月)	某大学百度贴吧

四、策划话题的实践时间表

制定话题的实践时间表，根据该表进行话题实践，如表 5-5 所示：

表 5-5　话题实践时间表

序号	话题	时间	操作项	操作内容	完成情况
1	如：黄金九月，如何选择性价比高的游戏本？	2017-8-30 18:00	发布话题	在某大学百度贴吧发布话题	
		18:05	话题回复	跟踪话题讨论，回复	
		18:10	引出	根据讨论引出不同观点	
		……	……	……	

⊠ 技能操作

1. 利用选择的网络社区进行话题互动。
2. 收集话题互动数据，进行话题互动效果分析。
3. 根据效果分析数据，完成分析报告的撰写。

【阅读材料】

共享单车失控了吗？全民话题热度下的囚徒困境

"小样，你以为穿上马甲我就不认识你了？"当小品中的台词出现在现实中，穿上"马甲"的共享单车却已经让人看不清方向。上周，一款披上"黄金甲"、装上充电宝的共享单车再度成为全民话题，半小时 1.5 元的骑行价格也刷新了共享单车的最高单价，吐槽如潮水般涌来。"颜色不够用了"的担心在此刻显得有些滑稽，但不断涌现的新车却一再挑战经济学的生产规模边界。距离 7 月的共享单车比赛已经到达冲刺阶段，这辆被誉为"新经济"代表的战车将何去何从？或许是所有人都迫切想知道的答案。

扩张！扩张！共享单车演绎速度与激情

刚刚过去的一周，共享单车的玩家们用实力演绎了什么叫做"速度与激情"。

如果你在上周四的早上路过北京和杭州的街头，或许已经被一款涂成"土豪金"颜色的共享单车晃晕了眼。虽然被网友吐槽颜色"丑到爆"，但这款名为"酷骑单车"的共享单车还是迅速成为全民话题。在南方的一些城市，车身涂成黑白线条的"斑马车"也在悄悄地等待时机爆发。兴奋的人们开始重新思考一个问题，"颜色不够用了"的担心是否是多余的？既然市场能容得下土豪金战车的"重金属摇滚"，那么文艺小清新的糖果色单车，或是野性款的豹纹、虎纹，或许也能等到出头之日。更重要的是，将没个性的绿色版单车涂上金粉，装上充电宝，骑行单价就可以顺理成章从半小时 3 毛钱变成 1.5 元，这样的赚钱速度，能让投资人兴奋得睡不着觉。

但对于共享单车的高阶玩家们来说，颜色就像皮肤，确定了就不能改变，但提高颜值的做法却有很多，故事讲好了，还能将企业带入品质骑行的新阶段。前不久，ofo 宣布，将官方名称改成"ofo 小黄车"，一方面拉近品牌与用户的距离，小名变大名，另一方面也是重新强调品牌效应。6 月 9 日，ofo 小黄车发布全新"公主车"，首批投放 1 万辆，将率先在北京、上海地区投入使用。这款专为女性量身定做的新车，在产品和体验方面进行了复古风格的精细化设计，在实用性上充分考虑女性用户的需求。

除了增添产品线，ofo 的步伐也已迈向海外。6 月 10 日，世博会在哈萨克斯坦首都阿斯塔纳举行，作为本届世博会中国馆唯一官方共享单车合作伙伴，1000 辆 ofo 小黄车将全面撒向阿斯塔纳街头。这也是 ofo 小黄车自去年宣布出海计划以来，继美国硅谷、英国剑桥、新加坡之后进入的第四个海外国家。

摩拜单车的扩张也丝毫没有停歇，最新进驻的中国城市列表在不断刷新，"已经超过 90 个城市了，光这几天就新开了好几座城市。刚刚还是盘锦，但这周末还要有新的。"

多了？还是少了？标准答案变得越来越难给出

一个城市到底需要多少辆自行车？当共享单车出现以后，这道数学题的标准答案变得越来越难以给出。

5 月 23 日，交通部运输服务司副司长蔡团结指出，据不完全统计，目前我国共有互联网租赁自行车运营企业 30 多家，累计投放车辆超过 1000 万辆，注册用户超 1 亿人次，累计服务超过 10 亿人次。目前部分城市的部分区域出现了共享单车过剩现象。

今年 3 月，上海 4500 辆共享单车因乱停乱放并侵占公共资源，被政府扣押在停车场内的照片刷了屏。五颜六色的自行车密密麻麻地挨在一起，再没有暖春三月街头巷尾的畅快自在。车辆过度投放、局部公共空间饱和、自行车无序停放、故障率高、无法准确定位、押金管理不规范、未成年儿童骑车过程遭遇事故等问题，使共享单车的问题日益突出。

根据腾讯创业的调研，北上广深四个一线城市的人口数共计 7132 万，现有的共享单车投放量达 108 万辆，若未来 ofo 和摩拜继续进行投放，可以达到 181 万辆，但远远消耗不了 3000 万的单车产能。即便是下沉到二三四线城市，一共需要约 1745 万辆车，距离 ofo 与摩拜今年 3000 万辆的订单总和仍有不小的差距。

共享单车过剩了吗？从数字上看，是的。但在着急上班的周一清晨，每个人又都会遇到出门十分钟还找不到一辆好车的尴尬。所以，蔡团结指出，交通部不会对共享单车做出总量控制的要求，而将鼓励各城市根据现实条件，按照属地管理的方式，自行制定管理办法。

单车骑向何方？严管将加快市场洗牌速度

如何管理共享单车，考验的是一个城市的智慧。随着政策的密集发布，共享单车也将迎来严管阶段，市场的洗牌也将加快。

在刚刚结束的科博会上，北京市经信委宣布已与大兴区沟通跟进试点事宜，年内本市电子围栏的数量也将增至 700 个左右。后续有关部门还将在 ofo 小黄车已纳入的基础上，尽快推动摩拜、小蓝、酷骑等企业接入共享自行车政府监管与服务平台。6 月 7 日，共享自行车政府监管与服务平台在通州区上线运营，北京市将率先利用北斗导航技术实现共享单车精细化管理。5 月 22 日，交通运输部网站发布《关于鼓励和规范互联网租赁自行车发展的指导意见(征求意见稿)》，拟规定共享单车推广实名使用，加强信用管理，违规记入信用记录，并规范对用户在骑行、停放等方面的要求。5 月 15 日，由上海市自行车行业协会和天津市自行车电动车行业协会共同发起起草的共享自行车三个团体标准，进入上报审批阶段。

对于狂飙突进的共享单车来说，严格精细的监管政策也将促进行业洗牌的展开。对于部分共享单车企业而言，靠押金理财、维持生计的模式已走不通。共享单车未来核心的价值，或许并不在单车投放数量，而在于数据入口和支付入口，这也是资本青睐之处。

今年 3 月，在谈到共享单车的决战之时，ofo 方面曾表示，决战将在 7 月前后展开。时间一天一天地近了，但共享单车的战争似乎还未到收官之时。根据艾瑞咨询的预测，规范整治后，共享单车市场将进一步洗牌整合，而后中国共享单车将迎来新的发展机遇。到 2017 年底，全国共享单车市场规模将达 5000 万用户，预计增长约 260%。

(资料来源：中国电子商务研究中心 www.100ec.cn)

任务二　　网络时评撰写

〔任务描述〕

小王同学随着学习的进一步深入，专业老师开始布置新任务，要求大家利用微博和博客针对陕西神舟计算机有限公司的市场热点新闻"你的情敌已经为她订购了这款电脑，你居然还在玩王者荣耀"，写一篇网络时评的文章，通过热点评论，让更多的人了解陕西神舟计算机有限公司。

〔任务分析〕

为了有效完成任务，大家经过充分的酝酿与讨论，在征求了专业老师的意见之后，确定以下操作内容和步骤：

① 通读发布在陕西神舟计算机有限公司官网的该市场热点新闻；

② 拟定评论主题，要求主题与学生热点相关；

③ 撰写网络时评文章，字数不限；

④ 选择最佳时机在微博和博客发布网络时评文章；

⑤ 激发网络时评文章热度，扩大学生参与度；

⑥ 将微博和博客的网络时评有关内容截图，整理形成一份汇报报告。

一、通读该市场热点新闻

进入陕西神舟计算机有限公司官网(www.maimaike.com)的市场热点栏目，打开"你的情敌已经为她订购了这款电脑，你居然还在玩王者荣耀"热点新闻(图 5-4)，阅读并列出 3-5 个该新闻的关键词。

图 5-4　市场热点新闻链接

二、拟定评论主题

分析新闻关键词，小组讨论拟定针对该新闻的评论主题，如"大学生七夕送电脑给女友玩'农药'，该？不该？"，又如"爱情就是在电脑前玩王者？"

三、撰写网络时评文章

根据确定的评论主题，通过情景再现或故事等方式撰写一篇时评文章。虽然字数不限，但结合当下网络快速阅读的特点，时评文章应该追求短小精悍，观点明确，忌拖泥带水或无关的叙述。

四、在微博和博客发布文章

选择一个与该主题相关的时间点在新浪博客上发布网络时评文章，如图 5-5 所示，最佳时机可选择七夕节前三天发布。与此同时在新浪微博上发布该时评文章的摘要，将提问文字链接到博客的时评文章中，如图 5-6 所示。接下来就是积极参与评论互动，评论文字涉及陕西神舟计算机有限公司的信息。

⊠ **技能操作**

1. 在微博和博客发布网络时评文章。
2. 积极参与评论互动，激发网络时评文章热度。

3. 将有关内容截图，整理形成一份汇报报告。

图 5-5　在新浪博客上发布时评文章

图 5-6　在新浪微博上发布时评文章摘要

【阅读材料】

新华时评："职业差评师"能教人什么？

有媒体报道，电子商务领域出现了"职业差评师"。这些人以"差评"敲诈卖家，每月可获利上万元，而网店经营者面临维权举证困难的窘境。这让原本就不太让人放心的网购环境更加堪忧。

平心而论，上述以"差评"要挟网上卖家发不义之财的人，是不配被称为"师"的。师者，所以传道、授业、解惑也。所谓的"职业差评师"能教给人什么无须赘言，如果非要从积极意义上来看，无非是提醒人们，在享受网上购物方便、快捷的同时，应注意甄别商品真伪、价格高低、交易安全与否等。更重要的是，有关方面应加强对网购环境研究，加强行业监管，规范网络交易，努力构建安全可靠的网络交易平台。

生活在网络时代，越来越多的人参与网上购物。中国互联网络信息中心此前发布的报告显示，截至2011年底，我国网络购物用户规模达到1.94亿人，较上年底增长20.8%，网上支付用户和网上银行全年用户增长了21.6%和19.2%。

网络购物规模的快速增长，使其在社会经济中的地位越来越重要。然而，与传统"一手交钱，一手交货"的买卖方式相比，网购市场鱼龙混杂、良莠难辨，在商品信息、交易行为的可控性等方面存在潜在风险。

给网店"好评"或"差评"，本应是消费者自愿的行为。"职业差评师"的出现，不仅使正常的网店经营受到威胁，而且加深了消费者对网上购物的疑虑。与"职业差评师"相对应，网上店主索要"好评"，也让消费者不堪烦扰。有网友反映，因没有给淘宝卖家"好评"，在随后的3天内接到90多个电话骚扰和谩骂短信。

规范网络交易，需要建立健全政府监管、行业自律、网站自律、社会监管四位一体的监管体系，依托信息技术手段提高网络市场监管能力。从媒体近日报道的"职业差评师"现象来看，应加快网络投诉中心建设，建立诉讼证据保全机制，简化投诉手续，为交易双方提供维权援助。

(资料来源：中国电子商务研究中心 www.100ec.cn)

任务三　微信公众号软文编辑

〔任务描述〕

小王同学掌握了利用微博和博客进行网络时评发布后，专业老师开始布置新任务，要求大家利用微信公众号针对陕西神舟计算机有限公司的市场热点新闻"你的情敌已经为她订购了这款电脑，你居然还在玩王者荣耀"撰写的网络时评文章的评论观点进行软文编辑，通过公众号向关注者反馈时评的阶段性结果，让更多的关注者持续关注陕西神舟计算机有限公司。

〔任务分析〕

为了有效完成任务，大家经过充分的酝酿与讨论，在征求了专业老师的意见之后，确定以下操作内容和步骤：

① 关注陕西神舟计算机有限公司的微信公众号"ihasee"，阅读其发布的软文，了解软文风格；

② 收集并整理任务二的网络时评及其评论；

③ 根据整理内容策划并撰写一篇软文，要求图文结合；

④ 在微信公众号进行软文编辑；

⑤ 跟踪了解软文的阅读量和评论情况，及时互动；

⑥ 分析软文的关注效果，整理形成一份汇报报告。

一、阅读公众号软文

使用手机进入微信，通过"通讯录"→"公众号"→右上角的"+"→输入"ihasee"搜索，选择"陕西神舟计算机有限公司"，点击关注即可，如图 5-7 所示，通过"查看历史信息"阅读公众号发布的软文，如图 5-8 所示。然后阅读软文，了解软文的风格。

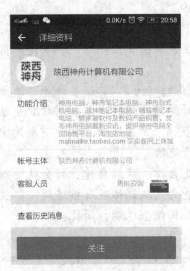

图 5-7　关注微信公众号

图 5-8　微信公众号的软文

二、收集整理网络时评

收集任务二网络时评的各种评论的观点，找出相对争议最大的两种观点或非常新颖有趣的观点作为软文主题，摘录观点文字并截图，整理成为思路清晰、逻辑性强的辩证资料。

三、策划撰写软文

根据辩证资料，策划一篇与陕西神舟计算机有限公司的某一个产品有关的软文，策划手段可以是故事式、百科式、事件式、前沿式等。然后根据陕西神舟公众号的软文风格，撰写一篇图文结合的软文，软文篇幅控制在手机 3-5 屏，并在软文正文前和结束处加入陕西神舟计算机有限公司的某一个产品图。图片规格根据微信公众号说明的图片要求进行编辑。

四、编辑软文

通过 PC 端进入微信公众平台，对于学习者来说，这里是不提供陕西神舟的微信公众号的登录信息的，对于没有微信公众号的学习者来说，还需要注册开通微信公众号，注册开通步骤参考微信公众平台官网(mp.weixin.qq.com)。然后输入账号和密码登录，登录中还需要手机扫一扫 PC 屏幕的二维码，以确认安全登录。接着通过左栏菜单"素材管理"→"新建图文素材"，进入软文编辑页面，如图 5-9 和图 5-10 所示。

图 5-9　软文编辑页面的链接

图 5-10　软文编辑页面

在软文编辑页面，录入标题、作者，以及图文结合的正文后，可以通过底部的"预览"按钮查看软文排版效果。如果暂时不公布，就点击"保存"；如果马上发布给关注者浏览，就点击"保存并转发"。至此，软文成功发布，可以通过微信公众号查看实际效果。

⊠ 技能操作

1. 在微信公众号进行软文编辑。
2. 了解软文的阅读量和评论情况，及时互动。
3. 分析软文的关注效果，整理形成一份汇报报告。

 【阅读材料】

盘点：6大技巧让你微信公众号粉丝涨涨涨

毋庸置疑，在互联网不断普及的今天，微信公众号已经成为互联网化生活中不可缺少的存在，通过微信公众号人们可以清楚地知晓相关企业的动态。无论是个人还是公司，开通和运营微信公众号已经成为一种常态，然而怎样运营微信公众号才能让粉丝不断增加呢？下面笔者就和大家一起分享关于公众号运营初期的6大吸粉技巧。

NO.1：内容为王，做好原创文章

微信公众号在运营的初级阶段，往往是从"零"开始的：0内容，0粉丝数。打破零的界限，则需要经历"内容创作——内容传播——粉丝关注——粉丝维护"这样的过程。由此就可以看出内容的重要性，它是微信公众号最本质的存在，没有"内容"的公众号只是一个空壳，没有"好内容"的公众号也不会长远。而这就是：内容为王。

很多人在运营公众号的时候，既想快速涨粉，又不想花时间花精力去生产内容，于是每天转载别人的文章，从不写原创。其实，适当转载一些符合自己公众号定位的、有深度的好文章是无可厚非的，但是，必须要在自己的公众号内容充实、有一定的粉丝基础之后；而在运营的初级阶段，这种投机取巧的方式行不通。

为什么？首先，既然是转载的，说明内容已经被很多受众看过，不具独特性和首发性，无法吸引关注；其次，不是经过自己独立思考创作完成的内容，无法根据受众的反应调整写作角度；最后，不利于自媒体平台的二次传播。

因此，要做到内容为王，就必须坚持创作更多优质的原创文章。

坚持写原创文章的好处在于：不管是订阅号还是服务号，当你的原创文章写的足够多，时间足够长，微信公众号官方就会自动向你发出开通"原创"功能的邀请。之后，所有推送的文章都会带有属于自己的原创标志，标明作者和公众号来源，拥有设置转载的权限，完全避免侵权的情况；当有别的号需要转载自己的原创文章时，就会自动带上公众号的来源，自然为自己的号引流。

另外，创作出优质的原创内容，在自己公众号进行推送时，吸引的不仅仅是前来关注的个人粉丝，还有一些同样在运营公众号的人，他们会主动把文章转载到自己的公众号，这样就有了前面所说的带着来源进行引流吸粉。

总而言之，在初期运营阶段，一定要不断地生产出独特的、有深度的、具有强大传播性的原创内容，这是一切的基础。

NO.2：利用自媒体平台进行大量投稿

有了好的原创内容，就要想办法扩散出去，吸引更多人的关注。但是，在公众号运作的初期，最缺的就是人；如果仅仅靠自己那点少得可怜的粉丝，带动阅读乃至大量的转发传播，是非常难的事情。这时就可以利用外部庞大的网络资源，向各大自媒体平台进行投稿。

投稿最大的好处就在于，不花费任何的资金成本却能让文章得到最大程度的曝光。比如我写的"我用了两个月，做死了六次热点营销"这篇文章，在自己公众号的阅读量是600+；而在公众号"人人都是产品经理"投稿收录后，阅读量高达10000+，曝光率大增，很多平台因此也转载了该文章，并通过文章来源关注了我的公众号。

那么，该如何有效地进行自媒体平台投稿，达到为自己公众号吸粉的目的呢？

首先，根据文章的内容，选择定位与之相符的自媒体平台进行投稿。不要盲目乱投一通，就像运营干货类的文章，你不应该找一个创业平台投稿，这样不但浪费上传文章的时间，重要的是没有任何效果。

其次，为了引流到自己的公众号，一定要在平台允许的情况下，在自己投稿的文章中标明作者、公众号ID，可以的话，把公众号的二维码插进去。进行平台注册填写个人资料时，也记得要带上自己的微信公众号，说白了，就是尽一切可能展示公众号。因为，吸引粉丝关注才是最终目的。

最后，争取成为自媒体平台的专栏作者，这对于文章的发布以及曝光度都有极大的好处。

NO.3：加入各种微信、QQ群进行宣传

除了利用自媒体平台进行公众号文章的投稿外，在运营的初期，还可以通过加入各种微信、QQ群推广公众号。这里关键就是找到可以加入的群。

如何找？我们可以巧妙地利用豆瓣、知乎等社交平台进行检索。以豆瓣为例，首先去注册一个豆瓣账号，成为会员；然后搜索并关注与微信公众号运营相关的豆瓣小组；最后，在小组已经发布的众多话题中找到适合的微信运营交流群申请加入。利用知乎的话，可以直接在搜索栏中输入"微信群"、"QQ群"这样的关键词进行检索。

往往这些微信、QQ群都是由同一类人组成的，人数在几十到几百不等，他们就是我们所需要的潜在目标受众。

在加入相关的群以后，接下来就是如何巧妙地把自己的文章、公众号推送给群里面的人。除了平时经常在群里刷存在感，混脸熟外，还要注意在群里发布文章的好时机。应该选在群里有人交流，处于热闹的状态，这样才能引起足够的关注。当然，最有效的手段，莫过于在发文章或者公众号名片求关注的时候，再快速发几个红包。俗话说：拿人手短吃人嘴软，别人自然就会按照要求办事。

因此，加入相应的微信、QQ群做公众号的推广不失为一种良好的传播以及吸粉方式。

NO.4：寻找公众号进行互推

在运营初期，利用公众号进行互推，是一种双赢的合作方式。当然，前提是找到一个"门当户对"的互推号。做互推，自己的公众号先要有基础的粉丝数以及文章阅读量，不管多少，但一定得有。多有多的选择，少也有少的配对，那么，该怎么做互推呢？

找互推的公众号是关键。我们可以多多留意自己加的那些交流群，在里面寻找相类似的号，并询问有没有互推的意愿。要注意，我们必须根据自己的粉丝数和文章阅读量情况有选择地寻找，但不要往低于自己的找：假如我们的号有 1000 个粉丝，推送文章的阅读量一般是 200 左右，就不应该找粉丝低于 1000 阅读少于 200 的公众号。

另外，千万不要忽略两个互推公众号内容定位之间的契合度，不可能让做运营干货类的公众号与一个专做旅游攻略的号互推，这完全就是格格不入的。

最后，注意服务号和订阅号的区别，做服务号的最好就找做服务号的互推，做订阅号的最好就找订阅号互推。因为两者的推送次数相差甚远，服务号每个月只能推送 4 次，订阅号则可以每天推送 1 次。当然，如果双方协商好，觉得没有问题，服务号与订阅号之间也是可以达成互推的。

这里说的互推，并不是指一个公众号找十几个号，直接就向粉丝发布一条单纯推荐这十几个号的消息，而是通过互相转载推送公众号的文章，通过来源进行互相引流。

NO.5：把已有的官网、app 粉丝导入公众号

这里主要是针对那些拥有独立 app 或者官网的公众号运营而言，可以通过策划相关的活动，把 app 里面的已有粉丝引导到自己的公众号。至于是怎样的活动，以及怎样引流，都要根据具体的情况来制定。

很多 app 事先需要下载或者注册才能使用，而那一批使用的人群就是我们想要引流的目标受众。如果是一个可以生成活动的 app 工具，就可以直接用这个工具策划一场抽奖活动，并把"关注公众号获得抽奖机会"作为规则放出来，这就是最简单的利用 app 引流的方式。

当然，类似使用这种方式获得的粉丝，来得快去得也快，最终能够沉淀下来的肯定没有想象得多。但总还是有留存的部分，所以，有可以利用的资源，还是要物尽所用。

NO.6：策划线上线下微信活动

微信活动的范畴是相当大的，包括了线上和线下两大部分，而这也是微信公众号吸粉、提高曝光度相当有效的手段之一。

在微信公众号的起步阶段，对于缺乏资金、资源的运营者来说，用最低的成本，甚至是不花费资金就能完成的活动无疑是最需要的。那样的活动有哪些呢？

对于线上来说，可以策划一些免费经验分享的活动，邀请一些嘉宾，然后利用微信群、YY 直播等平台，让受众通过关注公众号的方式参与线上交流活动。

而对于线下来说，也可以组织一些分享小沙龙、或者与别的公众号合作，成为其线下活动的协办方等。总之，微信活动的形式多种多样，要根据实际情况，认真策划并执行，以达到最终的目的。

（资料来源：中国电子商务研究中心 www.100ec.cn）

模块四　项目总结

通过本项目的学习，大家在感受到网络互动对企业非常重要的同时，通过网络途径获得市场信息、分析、策划、撰写有价值的话题、时评、软文，有效完成任务操作的学习。

在本项目里，要了解网络社区、网络时评的概念和特点，了解网络常用的互动方式，掌握网络社区的规划与管理，以及网络时评的组织策划。

在实验操作过程中，要熟练运用多种网络互动方式，能够区别不同的互动方式所特有的优势，充分利用其优势，通过网络互动实现企业产品和文化的传播与社会认可。

 【阅读材料】

如何玩转微淘粉丝的互动及激活？

说到微淘粉丝互动有人会想到"粉丝"这两个关键字，本文主要的话题是 618 大促期间利用微淘做粉丝互动及激活，所以粉丝的增长只做简单的介绍，常规方法一笔带过，不做重点阐述。

粉丝的有效增长方法有以下几种：

(1) 设置关注店铺微淘送淘金币。

(2) 设置关注店铺微淘送店铺优惠券、店铺红包。

(3) 店铺装修引导买家关注店铺微淘。

(4) 客服设置自动回复引导买家关注店铺微淘。

(5) 做好日常微淘运营，多一些互动玩法，让老顾客分享给新顾客关注。

(6) 在快递里面加一张微淘二维码，卖家对店铺宝贝和服务满意的话可以扫描关注店铺(运营可以做一个互动，关注店铺可以送优惠券等好处来鼓励买家关注)。

接下来要讲到的就是微淘的运营了，要玩好微淘主要就是两点，一点是内容，还有一种就是玩法。首先来说说内容，现在很多卖家包括一些大卖家的微淘内容都还沉浸在过去拼命的发产品内容和促销内容的模式里，这样的内容吸引一些新买家还可以，对于一些经常逛淘宝的老买家来说，这样的促销内容对他们来说已经完全没有什么吸引力了，建议的是多发些资讯信息，热点话题，搭配推荐等。马上就要 618 年中大促了，所以这里根据大型促销说说微淘互动玩法，利用互动工具激活粉丝。其中典型的微淘互动工具就是盖楼。所以接下来以盖楼为例进行讲解。

微淘玩法中的"盖楼有礼"，虽然它只是众多玩法中的一种，但如果能在 618 等活动中玩好，对于增强粉丝的黏性意义非凡；当然，每一种粉丝互动玩法看似简单，其实都暗藏玄机。不同的店铺，不同的策划，不同的投入预算和粉丝权益、礼品，不同的推送渠道，以及不同的投放时间，所产生的效果也是不尽相同！正如粉丝运营比较好的七格格旗舰店所言，"微淘相关的所有行为，其实都是为了吸引，唤醒并转化为我们的忠实客户的一种行为，特别是微淘的客户是我们的目标客户。我希望各位思考下，你们的店铺粉丝有多少？你们的店铺是否有专人在运营粉丝？你们的粉丝互动效果怎么样，是否有进行数据监测？你们是否有一套完整的粉丝运营方案，以及今年你们希望与粉丝进行怎样的互动，预期能够达到怎样的销售目标？今年的目标达成了，明年的怎么办？"

我经常会说的一句话："战术有千百种，战略只有一种"。今天我在这里主要讲粉丝互动，更确切地说是讲粉丝互动其中的一种形式——盖楼有礼！

盖楼有礼怎么玩?

一次精心策划好的店铺盖楼活动,需要团队成员的配合。大店有大店的玩法,小店有小店的玩法,根据团队成员数量的不同,可以分工选择。基本围绕的点主要包括主题、标题、主推图设计、文案图片设计、文案内容文字设计、奖品设计、中奖规则等。

以微淘渠道为例,主要是关注体系,因此一般针对的都是老客户、老粉丝,他们在日常浏览微淘时能够看到相应的活动。对于新访客和新关注的粉丝,需要在 PC 和无线首页、详情、菜单栏和二维码等渠道告知用户,传达方式主要通过设计 Banner、客服千牛等方式。广而告之,才有参与的可能性。

对于盖楼有礼活动文案的设置,可以设置文字的形式,也可以将所有的文字设置为图片的形式展示,最终的目的是要让用户粉丝了解完整的活动信息。在 618 造势期、预热期和正式期三个时间段做盖楼有礼活动,个人建议需要考虑店铺赠品数量、运营人员精力等因素。如果礼品充足,可以在造势期前 3 天(6 月 15 号)策划盖楼有礼活动,为预售做准备;在预热期为了每天活动都精彩,也为了能够短期发挥盖楼有礼的作用,可在 618 前 5 天策划盖楼有礼活动。如果礼品不充裕,可整合所有优势资源,集中在 618 前 3 天策划活动,全链路推送信息,唤醒老粉丝、新粉丝和围观的新访客。综上所述,想要玩好盖楼有礼活动,需要团队配合,也需要精心策划,通过全链路的信息推广,在给予粉丝权益赠品的同时,短期内唤起粉丝记忆和吸引新访客的注意力,将主题文案等与 618 大促靠拢,在为大促聚集人气的同时,通过社会化营销渠道为店铺增长销售额,促进整体销售目标的快速达成。

不过有的时候也会出现尴尬的情况就是盖楼冷场,盖楼有礼看似简单,稍微玩不好,精心策划了很长一段时间,结果用户粉丝不买账,最终导致活动失败。盖楼有礼做的楼层高的如 MG 小象(原毛菇小象)可以做到 56 万层,做的楼层低的几百层,几千层也是有的。仔细分析盖楼冷场的原因,主要包括以下几点:

1. 活动吸引力

在策划盖楼有礼时,要考虑粉丝为什么参与?参与此次活动能有什么收获?我们都讲无利不起早,设计盖楼有礼的奖品主要有优惠券、红包、流量包和实物赠品等,设置多少和中奖规则等,会直接影响该活动是否能引起用户心动,积极参与到其中。

另外,在分配中奖楼层的时候,要考虑公平性和中奖覆盖范围。个人建议选择活动结束的总楼层的百分之几比较好,保留悬念,而固定楼层数指定中奖,对于其他参与者缺乏动力。

2. 粉丝数量

店铺粉丝的数量,是一个基数问题,粉丝数量越多,能够覆盖的范围越广,但是数量不是决定性因素,因为有些粉丝可能在盖楼活动期间未必关注。

3. 粉丝活跃度和黏性

举办一次盖楼活动,粉丝回复的高低也需要参考粉丝的活跃度,因为目前很多用户代表着沉默的大多数,而粉丝的黏性是一个长期运营、策划的结果。另外,粉丝活跃度高的店铺或品牌,即使没有中奖,粉丝也愿意参与活动,全当是一种乐趣。

策划好盖楼有礼,形成长期的活动进行下去,在日常、大促合理安排,对于增加粉丝互动和提升粉丝黏性有很大帮助，能够在短期内聚集人气，从而将流量、新访客、老访客和粉丝等引入到大促当中。

4. 主题设计、图片和文案

这方面和宝贝主图的设计思路相似，要怎样吸引用户的关注，激发他们的兴趣点。标题党、图片党和文案策划整体的设计、策划和推进不可或缺。

马上就要618年中大促了，所以我们可以利用微淘盖楼工具激活粉丝，多和粉丝互动，把老客户维护好，再通过活动拉取更多的新客户。然后把新客户和老客户引入此次618大促当中，引爆全场。当然，618大促，店铺肯定会有新的客户进来，这批客户也需要好好维护，转化成店铺粉丝。

（资料来源：www.100ec.cn）

项目六　网络平台建设

模块一　项目概要

一、项目实施背景

龙岩市供销社构建供销电商网络平台卓见成效

2017 年 3 月 7 日上午，百农汇农产品福州直销中心投放一批"三八"节专卖生鲜产品，吸引很多福州市民前来选购，前来购物的一位林姓女市民说："第一次能看到又能够买到这么多优质绿色、有机、无公害、有标志的农产品。"据悉，百农汇福州直销中心有近千种农产品商品上架，自 2 月底开业以来销售额一路攀升。

福建供销百农汇农产品有限公司是龙岩市供销合作社 2013 年与省供销合作社联合成立的，公司为农产品提供网上产品交易平台、实体展示直销、信息咨询与发布等服务，在莆田和龙岩市区、上杭古田、永定湖坑均布设了直销中心，近三年实现销售额 1450 万元。

一、电商意识超前效果佳

自"互联网+"被列入政府行动计划以来，市供销合作社系统作为岩农村流通现代化进程中的担大任者，从 2006 年开始进行探索各种模式的电商发展。

"2010 年，我们率先成立福建农产品网上超市平台，帮助农产品商家进行销售推广和产品展示。"市供销社电商科科长许建宝说道。作为福建省最早设立电商科的市级供销社，紧跟互联网电子商务发展的脚步，至去年 11 月份，福农网超入驻商家 700 多家，展示农产品 4800 多种，网上促成交易 9600 多万元。2016 年成立"淘宝·特色中国"龙岩馆仅一年时间，就实现网上销售额 1.11 亿元。

该社整合系统内外相关资源，组建 9 家电子商务公司，创建百农汇、集农汇、冠寨好、梁野仙珍等电商品牌，指导基层电子商务服务中心开展电子商务具体业务和服务，近三年实现网上交易额达 3.26 亿元。

二、带动农民创业促增收

近年来，全市供销系统累计培育农民合作社 1088 家，联合社 48 家，成为农业社会化服务的骨干力量，大力发展农村电商，促进农民增收。

该社向市政府争取每年 100 万农民合作社重点示范社扶持资金，每年评选出 40 家农民合作社市级示范社，给予重点扶持，带动农民创业的积极性，同时，为破解农民创业融资难的问题，市供销社分别与省供销社和县级社联合投资成立 5 家县级供销农业服务公司，累计基金达 2316 万元，助农贷款授信额度达 2.316 亿元。2016 年长汀县入社农民比例达60%，年经营规模达 12 亿元，带动农户 5.5 万户，年助农增收 1.5 亿元。

三、培育电商复合型人才

许建宝说："我们构建的不是一个单纯的商品交易平台，而是为农民生产生活提供综合服务的平台。"去年，32 个乡镇农村电商服务中心已投入使用，与"村淘"不同，这些服务中心既可以帮助农户网上购物，还可以帮助农民网上推销农产品，为农产品提供"线上销售＋线下体验"的销售模式。

在农村，既懂种植，又会经商，又了解电商的复合型人才很少，因此阻碍了农村电商服务网络的发展。近三年来，市供销社组织电商业务培训 16 期，培训从业人员 1300 多人次，并成立全省首家农产品电商协会。

当下，该社将逐步提升龙岩市农产品标准化生产、品牌化经营、市场化运作、规范化管理的水平，秉承把农田变成资产、让农民成为股东的初衷，努力打造一个集产品展示、贸易合作、旅游购物、物流配送、招商引资的区域性高端综合平台，把优质农产品推向全省、推向全国甚至推向世界，惠及万家。

(资料来源：闽西新闻网 www.mxrb.cn/lyxws/content/2017-03/09/content_1586243.htm)

通过以上案例可以看到，网络平台是一个组织或企业从事电子商务的基础，企业的网络商务的实现实际上就是企业的网络平台的功能实现，网络商务的延伸也是网络平台的功能延伸。那么，如何进行网络平台的建设与管理，这是本项目将要学习的知识和应用。

二、项目预期目标任务评价

网络平台建设项目预期目标的完成情况可使用任务评价表(见表 6-1)，按行为、知识、技能、情感四个指标进行自我评价、小组评价和教师评价。

表 6-1　网络平台建设任务评价表

一级评价指标	二级评价指标	评价内容	分值	自我评价	小组评价	教师评价
行为指标	安全文明操作	是否按照要求完成任务	5 分			
		是否善于学习，学会寻求帮助	5 分			
		实验室卫生清洁情况	5 分			
		实验过程是否做与课程无关的事情	5 分			
知识目标	理论知识掌握	预习和查阅资料的能力	5 分			
		观察分析问题能力	5 分			
		企业网站基础	5 分			
		B2C 平台基础	5 分			
		网站内容的优化	5 分			

续表

一级评价 指标	二级评价 指标	评 价 内 容	分值	自我 评价	小组 评价	教师 评价
技能目标	技能操作 的掌握	解决问题方法与效果	5 分			
		Dreamweaver 的使用	10 分			
		第三方平台企业商城建设	10 分			
		网站搜索引擎友好性分析	10 分			
情感指标	综合运用 能力	创新能力	10 分			
		课堂效率	5 分			
		拓展能力	5 分			
合　　计			100 分			
综合评价：						

三、项目实施条件

(1) 多媒体教室一间。适合项目小组讨论，可以连接 Internet。

(2) 准备编辑内容和网络平台，本项目以陕西神舟计算机有限公司的官网和淘宝店铺作为内容，凡科建站作为网络平台。

(3) 将教学对象分为 4-6 人的项目小组，整理编辑内容，可以使用 Dreamweaver 工具排版，利用第三方电子商务平台"凡科建站"完成企业商城建设，在建设过程中注意内容编辑要适合搜索引擎的友好性。

模块二　项 目 知 识

单元一　企业网站基本知识

一、企业网站

企业网站是企业在互联网上进行形象宣传和产品营销的平台。

企业网站是企业在互联网上的名片，不但对企业的形象是一个良好的宣传，同时可以辅助企业通过网络直接实现产品的销售，企业可以利用网站来进行企业信息发布、产品资讯发布、招聘信息发布等。

随着网络的发展，许多企业都拥有自己的网站，或用于企业形象宣传，或发布企业对外信息，或实现企业产品网络销售等。同时，市场上也出现了一些以提供网络资讯为盈利手段的网络企业，这些企业的网站上提供了生活各个方面的资讯，如时事新闻、旅游资讯、娱乐信息、经济动态等。但无论哪一种企业网站，都应该注重浏览者的视觉体验，加强客户服务，完善网站业务功能，吸引潜在客户关注。

二、企业网站的类型

根据企业网站的功能，将企业网站划分为以下三种类型：

1. 电子商务类

电子商务类的企业网站主要面向供应商、客户或者企业产品(或服务)的消费群体，是以提供某种直属于企业业务范围的服务或交易服务为主的网站。

这类网站可以说是正处于电子商务化的一个中间阶段，由于行业特色和企业投入的深度、广度的不同，其电子商务化程度可能处于从比较初级的服务支持、产品列表到比较高级的网上支付的其中某一阶段。通常这种类型可以形象地被称为"网上 XX 企业"，例如网上银行、网上商城、网上农产品等。

2. 多媒体广告类

多媒体广告类的企业网站主要面向客户或者企业产品(或服务)的消费群体，是以宣传企业的核心品牌形象或者主要产品(或服务)为主的网站。

这类网站无论从目的上还是实际表现手法上相对于普通网站而言更像一个平面广告或者网络广告，因此用"多媒体广告"来称呼这种类型的网站更贴切一点。

3. 产品展示类

产品展示类的企业网站主要面向需求商，是以展示自己产品的详细情况，以及公司的实力等方面为主的网站。

这类网站是企业网上展示自己产品的最直接有效的方式，一般在网站上发布产品的价格、生产、详细介绍等最全面的图文介绍信息，在产品的介绍中更加注重企业产品品牌和形象的提升。

那么，企业网站如何确定是哪种类型呢？在实际应用中，很多企业网站往往不能简单地归为某一种类型，无论是建站目的还是表现形式都可能涵盖了两种或两种以上类型。对于这种企业网站，可以按上述类型的区别划分为不同的部分，每一个部分都基本上可以认为是一个较为完整的网站类型。而无论哪种类型的企业网站都别忘了企业网站的核心观点，那就是企业使用网站推动企业网络营销，实现企业的信息化管理。

三、企业网站的建设方式

1. 企业网店

作为企业电子商务的一种形式，企业网店是一种能够让人们在浏览的同时进行购买，且通过各种在线支付手段完成交易的企业网站。企业网店往往不是构建一个独立的互联网店铺，而是使用淘宝、天猫、京东、亚马逊等大型网络贸易平台完成企业网店的建设、运营、交易和服务等。更多的中小型企业要合理利用网店，争取做到效益最大化。

2. 第三方平台发布

第三方平台为各类企业提供专业、丰富的企业建站模板，企业只需要注册成为平台会员，即可开通企业网站，可以发布企业产品、企业新闻等图文资讯。第三方平台提供的企业模板覆盖各行各业，让企业管理者轻松快速地完成自己的网上企业黄页。随着信息技术的进步，现在有不少的第三方平台还提供了企业商城的网站模板，让企业轻松搭建企业的交易网站，在产品展示的同时实现在线交易和配套的服务。更多的品牌企业都选择第三方平台构建企业的网站，更专业地展示企业的专业形象。

3. 企业独立网站

企业独立网站是企业在互联网上进行网站建设和形象宣传的独立平台，具有独立的域名和网站空间，由企业自主管理与维护。由于第三方平台不能满足部分企业网站的功能需求，特别是大型企业，此时，企业利用自己的资金优势聘请或托管网站建设团队完成企业独立网站的建设与管理维护。更多地大型企业都选择企业独立网站建设方式，在企业形象宣传、产品展示的同时，还可以实现企业的业务全程信息化管理。

单元二　　B2C 平台基本知识

一、B2C 平台主要模式

B2C 平台是提供企业与消费者间电子商务活动平台的网站。在实践发展过程中，B2C平台形成了不同的模式，归纳起来可以划分为以下六个主要模式：

1. 综合商城

综合商城主要是为各行业商家提供一站式的、面向消费者的线上商务活动的综合类网站。综合商城类似于现实生活中的大商城，商城一楼可能是一线品牌，二楼是服饰，三楼是鞋类，四楼是运动类，五楼是数码类，六楼是日常用品等，将众多商家放进去，就形成了商城。综合商城一般有庞大的购物群体，有稳定的网站平台，有完备的支付体系和诚信安全体系，齐全的销售配套体系，从而促进了卖家进驻商城卖东西，买家进入买东西。

以综合商城模式形成的 B2C 平台，在人气足够、产品丰富、物流便捷的情况下，其低成本，二十四小时服务，无区域限制以及更丰富的产品导购等优势，体现着综合商城成为了交易市场的一个重要角色。

2. 百货商店

百货商店主要是直接面向消费者提供日常消费需求产品的线上商务活动的经销类网站。百货商品的卖家只有一个，提供的是日常消费需求的丰富的产品。百货商店一般有自有仓库，有库存系列产品，能够提供更快的物流配送和客户服务。这种商店甚至还会有自己的品牌，如网上沃尔玛等。

3. 垂直商店

垂直商店和百货商店类似，不同的是提供的产品有着很多相似性，主要是满足某一人群，或满足某种需要，或满足某一行业，比如苏宁易购等。

根据市场的细分，互联网上活跃着众多的垂直商店模式的 B2C 平台，竞争非常激烈，然而，也正因为有了良好的竞争格局，促进了垂直商店的服务越趋完善，为消费者提供更具价值的消费服务。

4. 品牌店

品牌店又有复合品牌店和轻型品牌店之分。随着电子商务的成熟，越来越多的传统品牌商加入电商战场，在网上建设品牌店，以抢占新市场，拓充新渠道，优化产品与渠道资源为主要目标。企业到底选择复合品牌店还是轻型品牌店，关键是找出企业核心的竞争力。

5. 服务型网店

服务型的网店越来越多，都是为了满足人们不同的个性需求，甚至是帮消费者排队买电影票，随着创新创业的意识不断加强，将会涌现更多的服务形式的网店。

6. 导购引擎型

导购类网站主要是使购物的趣味性、便捷性和可靠性大大增加。同时很多购物网站都推出了购物返现，甚至是联合购物返现，这些都用来满足一部分消费者的需求。许多消费者已不单单满足直接进入 B2C 网站购物，购物前都会通过一些导购型网站获取新商品和优惠折扣等活动信息。

二、B2C 平台开展方法

1. 电商定位

电商定位的关键是确定三个问题，分别是卖什么、卖给谁、怎么卖。为了解决三个问题，可以分三步走。首先要选择具有一定优势、适合在网上销售的产品，通过网络市场分析确定卖什么。其次要明确我们产品的消费人群，也就是目标受众，根据产品对受众进行目标市场细分，解决卖给谁的问题。最后是根据细分产品和消费人群，了解他们喜欢的风格和宣传方式，进行精准营销，解决怎么卖的问题。

2. B2C 电商模式

电商定位清晰后，接下来选择适合该定位的 B2C 电商平台。目前市面上主流的方式有两种：

(1) 第三方平台(如天猫、京东等)。

优点：平台大、用户多、品牌保证。

缺点：依赖性强、处罚多、要求高。

(2) 自建独立网店。

优点：自主拥有、域名独立、不依赖任何平台。

缺点：需专业建站、运营和推广的人才，解决提升流量、提高转化率等问题困难等。

两种主流方式都各有优缺点，如何选择需要根据企业发展的不同情况和不同阶段综合考虑。目前一些有实力的企业是同时选择两种方式，同时进行，这样比较安全、有保障，为节约技术成本，自建独立网店往往选择第三方商城系统服务商。

3. 电商推广

B2C 电商平台建立并运营之后便是推广的问题了，目前主要有以下几种推广方法：

(1) 竞价排名。通过百度、谷歌等搜索引擎付费推广，将一定的关键词排列靠前，获得流量和用户。优点是效果明显、竞争力大。缺点是费用高昂。

(2) 网站 SEO 优化。其目的也是为了让用户在搜索引擎能够找到网站，只是需要专业 SEO 人员来操作，这种方法不需要向搜索引擎付费。

(3) 软文推广。软文推广不仅可以提升品牌效应、带来流量，并且优质的软文对网站的 SEO 优化、外链建设起到很好的作用。

(4) 微博营销。微博营销传播快、速度广、目的性强。但是要做好微博营销就必须养号，具有一定规模粉丝数的微博才有可能更好地做营销。

(5) 邮件营销。邮件营销不管效果如何，都是很多电商企业不会放弃的推广方式之一。邮件营销主要需要解决的问题是发送渠道、邮箱数据和内容三方面，其效果还是很客观的。

(6) 其他。当然还有很多其他的推广方法，比如微信推广、群推广、论坛推广、博客推广、短信营销、问答平台推广、直播推广等渠道，只要适合企业网店，并掌握了推广技巧，都可以尝试。

4. 用户体验

用户体验涉及客户整个消费过程中的主观体验、感受和喜欢等问题，这些问题会影响消费者的选择和购买行为，需要引起重视。一个愉快、舒适、简捷的购物流程才会有好的用户体验，才能留住客户。因此，网站的功能建设、产品推广、售后客服等都需要考虑用户体验。

单元三　　网站内容优化

一、网站内容分类

网站内容是网站上为用户提供的所有文字、图片以及该网站上的一切可供用户充分利用的信息资源。

如何使网站用户更方便地利用网站信息资源，这就涉及网站内容的分类。

网站内容的分类是为了让用户在浏览网站时更清晰地获取信息资源。根据统计数据分析发现，如果用户超过五秒找不到想找的内容，那么网站的跳出率会增高一倍，所以我们要把网站的内容整理好，让用户更容易查找。

由于不同行业、不同网站的出发点不同，网站内容的分类也有不同的侧重。企业类、论坛、产品类等网站都有不同的分类标准。

1. 企业类网站的内容分类

企业网站一般主要是以企业展示为主，包含的都是企业的展示信息，比如新闻中心、产品中心、联系我们、公司简介等。相对来说，企业网站内容是较少的，所以企业网站分类时选择一个主导航为最佳，不需要其他的二级导航、竖导航的分类，而且企业网站的展示主要是以介绍企业和产品为主，比如一个企业总共十几个产品，此时就不需要对产品进行分类，否则既影响了用户体验，对搜索引擎也不友好。

2. 论坛网站的内容分类

论坛主要是以版块作为内容划分，此时划分的版块一定要与网站主题相关，不要为了追求大而全去划分过多的版块。而实际上，大部分的站长将论坛划分成无数个版块，比如一个 SEO 论坛网站，除了跟 SEO 相关的版块，还划分了如生活秀场、情感天地等无关的版块，而且这些版块除了管理员发的几条帖子外就什么都没有了，这样的内容划分极大地影响论坛的形象。论坛网站的版块分类应该以简单合理、容易理解、相关性高为标准，这样符合用户需求，也适合搜索引擎的友好要求。

3. 产品类网站的内容分类

一般产品站是根据产品来分类的，或者按照功能或种类区分，实际上只要一种的区分方式就行了，不要用两种或者多种来区分。

二、网站内容优化方法

1. 原创的网站内容优化

(1) 原创内容必须是和主题相关的。用户就是看到网站体现的主题进来的，如果内容与主题不相关或者乱七八糟的信息，不仅用户不想继续看，还会对网站产生不良印象。

(2) 内容的每个段落最好包含要描述的关键词。通过增加关键词到一个密度，可以明确内容的描述重点，利于搜索引擎对内容的更准确地判断。在内容关键词优化中很多人有这样的一个误区，就是在这个关键词上添加网站首页的链接，而准确做法是应该添加本篇文章的链接地址，因为关键词表达的主题就是该篇文章。另外，网站的内部链接在一定程度上比外部链接的作用要大，因为网站内链可以把网站串联起来，形成容易让搜索引擎蜘蛛爬行的网络。

(3) 关键词出现频率不要过高，适中即可。有些内容为了表明重要性程度，盲目地增加关键词，认为关键词越多越好，这样的内容优化适得其反。关键词密度最好控制在原创内容字数的 2%~8% 之间。

2. 网站内容的更新优化

适当的更新有利于搜索引擎定期进行检索收录和快照更新，快照更新较快一点的对网站的排名有一定的好处。对网站更新的程度可以做到一个月更新网站内容的 60% 左右。对于搜索引擎，内容越是丰富，加上网站各个页面之间的链接，就越有利于提高各个页面在搜索引擎的评分。

3. 站内内容的链接优化

(1) 建立网站地图。建立网站地图是为了方便搜索引擎蜘蛛爬行的，更好地抓取网页内容及判断网页之间的内容结构，从而准确地定位网站，利于搜索引擎准确收录，从而更加准确地为搜索引擎使用者提供准确的搜索结果。

(2) 网站页面的点击深度要合适。网站每个页面，从首页开始点击进去最好不要超过 4 次。适度的点击深度既能提供更好的用户体验，也能方便搜索引擎蜘蛛爬行器抓取页面。

(3) 尽量使用文字导航。有时也许为了网页丰富好看，往往喜欢用图片或者脚本菜单链接，但这不利于搜索引擎对网站内容和结构的判断，所以最好使用文字实现内容导航。

(4) 链接文字。网站导航上的链接文字应该准确描述栏目中的内容，自然就会有关键词在链接文字中。在网页正文中提到其他网页内容的时候可以使用关键词链接到其他网页上。这样的反向链接中的关键词也是搜索引擎排名的重要因素之一。

(5) 整站的 PR 数值传递和流动。只要是友好的网站结构，PR 分布是很均匀的，顺序依次是首页最高，其次到栏目页，最后是详情页。

(6) 网页的相互链接。网站内容分类一般都是树型结构，但要注意树型结构不是每个栏目下的文章页面之间不会有链接，相反，在不同栏目的网页中链接其他栏目的相关网页，这样让整个网站结构看起来更像蜘蛛网结构，更有利于搜索引擎的友好性分析。

模块三　项目任务

任务一　Dreamweaver 的使用

〔任务描述〕

小王的学习进度进入到网络平台建设的项目，专业老师开始布置实践任务，要求大家使用 Dreamweaver 网页设计软件制作陕西神舟计算机有限公司网站的首页，通过该项目，让大家掌握使用 Dreamweaver 软件设计网络平台建设中的设计网页的基础技术。

〔任务分析〕

为了有效完成任务，大家经过充分的酝酿与讨论，在征求了专业老师的意见之后，确定以下操作内容和步骤：

① 企业网站首页的结构分析；
② 首页基本素材的收集整理；
③ Dreamweaver 软件的基本使用；
④ 根据结构设计首页页头部分；
⑤ 设计首页的其他结构模块；
⑥ 对比运行中的企业首页效果，总结作品的不足地方。

一、结构分析

打开陕西神舟计算机有限公司官网(www.maimaike.com)首页，如图 6-1 所示，利用网页知识分析首页的结构模块，首先划分为页头、页主体和页底三个模块，然后对三个模块内的内容做进一步分析，比如图 6-2 中对页头部分的结构划分为 Logo、搜索、购物车、导航和 Banner。以此类推，大家可以对页主体和页底做进一步的结构分析，在此不再细述。

图 6-1 企业网站首页图

页头		
Logo	搜索	购物车
导航		
Banner		

页主体		
产品图文分类		
产品展示		
资讯展示		

页底		

图 6-2　企业网站首页的结构分析结果

二、素材整理

设计网页前需要准备素材，一般包括网页中呈现的文字、图片图标、动画、音频和视频等。企业网页主要的素材是文字、图片图标等。

陕西神舟计算机有限公司官网首页的素材主要是文字和图片。进入陕西神舟计算机有限公司官网首页，将文字和图片收集整理，整理结果的形式可以参考图 6-3 和图 6-4。

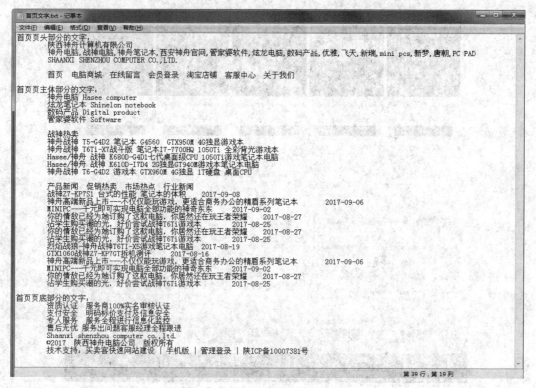

图 6-3　首页文字素材整理结果

图 6-4 首页图片素材整理结果

三、Dreamweaver 软件

在使用 Dreamweaver 软件前，先掌握 Dreamweaver 的一些基本使用。

(1) 创建站点。打开 Dreamweaver 软件，进入如图 6-5 所示的软件界面。然后选择菜单栏"站点"→"新建站点"，在弹出的对话框中输入站点信息，如图 6-6 所示。点击"保存"，创建站点完成。那么，网站的所有网页及其素材都放在 D 盘下的 mysite 文件夹中。

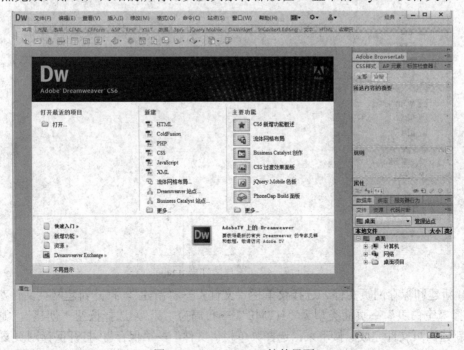

图 6-5 Dreamweaver 软件界面

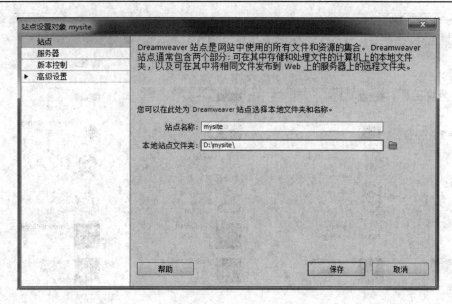

图 6-6　创建站点

(2) 图片准备。打开 D 盘，在 mysite 文件夹中建立图片文件夹，一般命名为 images，如图 6-7 所示，然后将网页设计需要的图片放到 images 中。

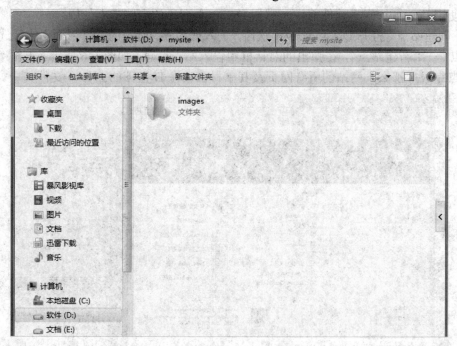

图 6-7　建立图片文件夹 images

(3) 新建和保存网页文件。选择菜单栏"文件"→"新建"，打开新建网页文件对话框，依次选择"空白页"→页面类型为"HTML"→布局为"无"，选择按钮"创建"，如图 6-8 所示，新建网页文件完成。接下来，选择菜单栏"文件"→"保存"，打开保存网页文件对话框，保存在 mysite 文件夹下，文件名命名为 index.html，如图 6-9 所示，保存网页文件完成。

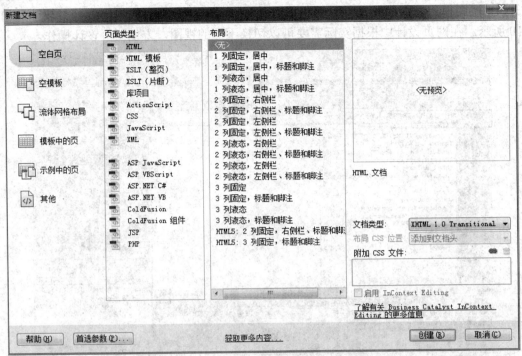

图 6-8　新建网页文件

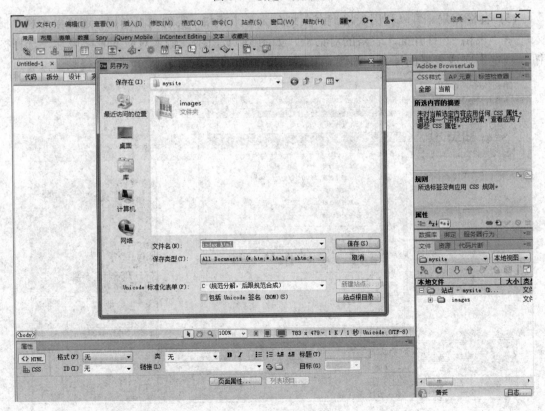

图 6-9　保存网页文件

　　(4) 视图模式。Dreamweaver 提供了三种视图模式，分别为代码、拆分、设计，如图 6-10 所示。在网页设计中根据实际需要可以切换不同的视图，方便网页设计操作。

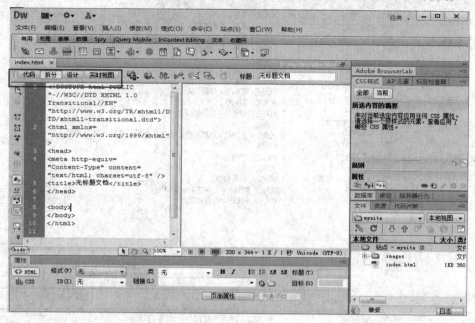

图 6-10　三种视图模式

　　(5) 表格布局。可以利用表格把网页划分为各个模块，实现网页布局。选择菜单栏"插入"→"表格"，打开插入表格的对话框，如图 6-11 所示，输入对应的表格属性，选择按钮"确定"完成表格的插入，如图 6-12 所示，将网页自上而下划分为三个模块。

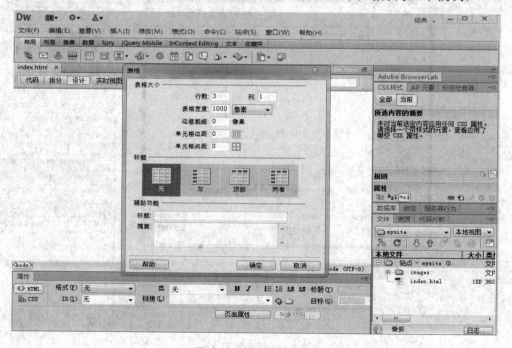

图 6-11　插入表格布局

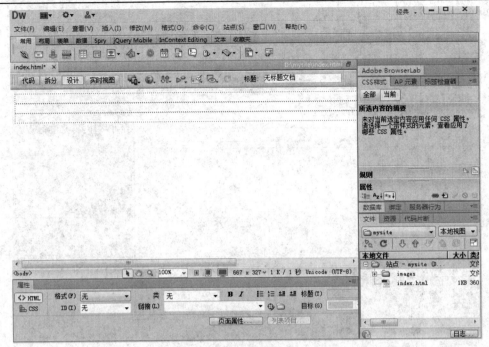

图 6-12　表格布局

(6) 插入图片和文字。首先在第一行的单元格中插入图片。将光标置于第一行中，选择菜单栏"插入"→"图像"，打开插入图片的对话框，选择 mysite 中的图片文件夹 images 下的图片 logo，如图 6-13 所示，选择按钮"确定"，完成图片的插入，如图 6-14 所示。接下来，将光标置于第二行，通过键盘输入文字，如图 6-15 所示。

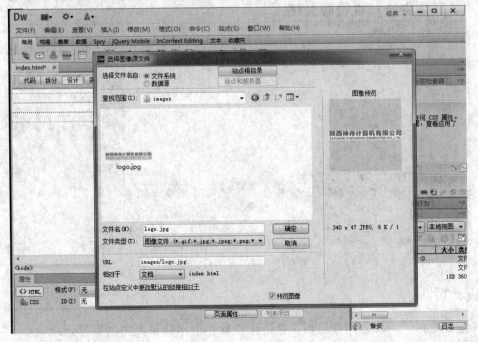

图 6-13　插入图片

图 6-14　插入图片后的效果

图 6-15　输入文字后的效果

四、设计页头

掌握 Dreamweaver 基本使用后，接下来设计企业网站首页的页头部分。

（1）创建企业网站站点，如图 6-16 所示。

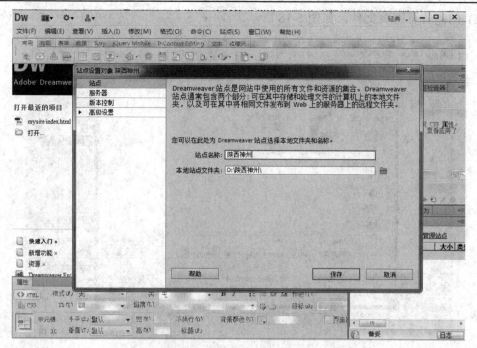

图 6-16 企业站点"陕西神舟"

(2) 将准备的图片素材放入站点文件夹下,如图 6-17 所示。

图 6-17 网页素材准备

(3) 创建首页网页文件，如图 6-18 所示。

图 6-18　企业首页文件

(4) 首页的全局布局。利用表格将网页全局布局划分为页头、页主体和页底三部分。如图 6-19 所示。

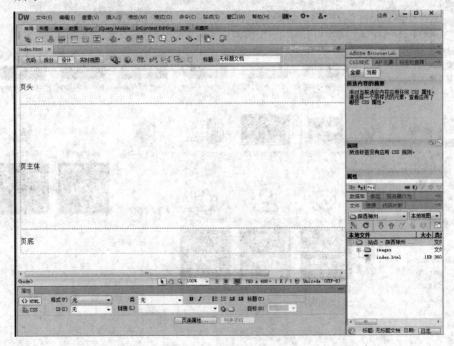

图 6-19　首页全局布局

(5) 页头的布局。利用嵌套表格将页头划分为 Logo、导航和 Banner 三部分。在页头单元格中插入一个 3 行 3 列的嵌套表格，合并第 2 行和第 3 行的单元格，如图 6-20 所示。

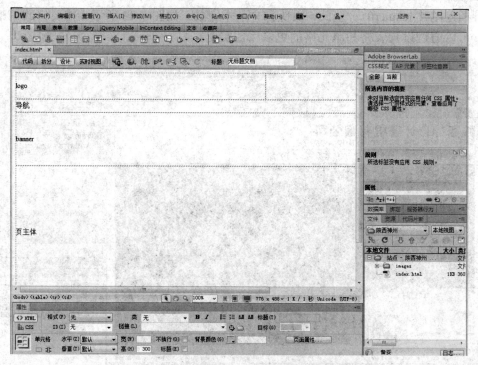

图 6-20　页头布局

(6) 设置页头表格的属性。选中页头中的表格，设置表格居中对齐，如图 6-21 所示。

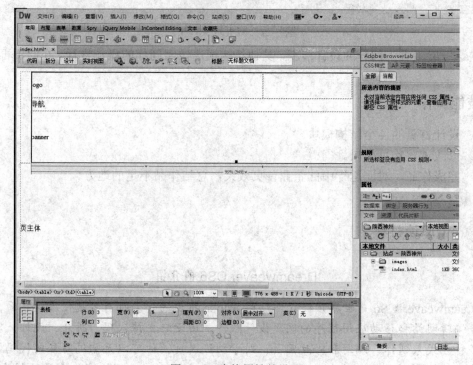

图 6-21　表格属性的设置

(7) 输入文字，插入图片。在页头表格中的第一行插入图片 logo，第二行输入文字，第三行插入图片 banner01。至此，页头部分基本完成，如图 6-22 所示。需要修改调整页头效果，可以通过设置表格和单元格的更多属性实现。

图 6-22　网页页头效果

在这里展示页头部分的设计步骤，其他结构模块按照同样的操作进行。在此不再赘述。

⊠ 技能操作

1. 设计首页的各个结构模块。
2. 修改调整首页效果。
3. 完成作品，对比运行中的企业首页效果，总结作品不足的地方。

　【阅读材料】

Dreamweaver CS6 的介绍

　　Dreamweaver CS6 是世界顶级软件厂商 Adobe 推出的一套拥有可视化编辑界面，用于制作并编辑网站和移动应用程序的网页设计软件。由于它支持代码、拆分、设计、实时视图等多种方式来创作、编写和修改网页，对于初级人员，你可以无需编写任何代码就能快速创建 Web 页面。同时，其成熟的代码编辑工具更适用于 Web 开发高级人员的创作。CS6 新版本使用了自适应网格版面创建页面，在发布前使用多屏幕预览审阅设计，可大大提高工作效率。改善的 FTP 性能，更高效地传输大型文件。"实时视图"和"多屏幕预览"面板可呈现 HTML5 代码，更能够检查自己的工作。

其主要功能有：

(1) FTP。利用重新改良的 FTP 传输工具快速上传大型文件。节省发布项目时批量传输相关文件的时间。

(2) 自适应网格版面。建立复杂的网页设计和版面，无需忙于编写代码。自适应网格版面能够及时响应，以协助用户设计能在台式机和各种设备不同大小屏幕中显示的项目。

(3) 移动支持。借助 jQuery 代码提示加入高级交互性功能。jQuery 可轻松为网页添加互动内容。借助针对手机的启动模板快速开始设计。

(4) PhoneGap 支持。借助 Adobe PhoneGap 为 Android 和 iOS 构建并封装本机应用程序。在 Dreamweaver 中，借助 PhoneGap 框架，将现有的 HTML 转换为手机应用程序。利用提供的模拟器测试版面。

(5) 实时视图。使用支持显示 HTML5 内容的 WebKit 转换引擎，在发布之前检查用户的网页。协助用户确保版面的跨浏览器兼容性和版面显示的一致性。

(6) 多屏幕预览面板。借助"多屏幕预览"面板，为智能手机、平板电脑和台式机进行设计。使用媒体查询支持，为各种不同设备设计样式并将呈现内容可视化。

（资料来源：百度百科 baike.baidu.com）

任务二　第三方电子商务平台企业商城建设

〔任务描述〕

小王继续进一步学习网络平台建设的项目，专业老师布置更深层次的实践任务，要求大家使用第三方平台"凡科建站"完成陕西神舟计算机有限公司网站的商城建设，通过该项目，让大家掌握使用第三方平台建设企业网站、企业商城等的方法。

〔任务分析〕

为了有效完成任务，大家经过充分的酝酿与讨论，在征求了专业老师的意见之后，确定以下操作内容和步骤：

① 第三方平台"凡科建站"的功能分析；

② 企业网站商城的功能分析；

③ 注册成为"凡科建站"的会员，开通企业商城；

④ 设置企业商城的基本信息；

⑤ 设计企业商城的各个结构模块；

⑥ 对比运行中的企业商城，总结作品不足的地方。

一、功能分析

企业网站建设前，先从技术方面分析可选的第三方平台的功能是否满足企业网站的功能，从而确定最终选择的第三方平台。可以通过第三方平台官网的产品和功能介绍获取，形成如表 6-2 所示的功能分析表。

表 6-2　功能分析表

功能方面	"凡科"功能	企业网站功能需求	功能是否合适
独立域名	具备，不同价位绑定数量不同	可以独立自主网址访问	是
绑定公众号	具备	与企业公众号对接	是
网站空间大小	不同价位空间大小不同	不少于 1G	是
网站内容管理	具备	需要发布企业展示信息	是
网站会员管理	具备	与企业客户互动	是
网站产品管理	具备	需要发布产品展示信息	是
网站 B2C 商城	高价位产品具备	对接淘宝旗舰店	是
手机网站	高价位产品具备	客户可以手机访问网站	是
……	以上详情见 jz.fkw.com/blog.html		

二、注册会员，开通商城

打开"凡科建站"官网(jz.fkw.com)，在网页中，根据网页的建站流程指引进行选择、设置等方面操作完成企业建站。

(1) 注册开通企业。在"凡科建站"官网首页的"免费注册"进入注册页面，如图 6-23 所示，填写有关信息，注意电子邮箱填写正常在用的邮箱。也可用微信扫码注册。

图 6-23　注册开通企业账号

（2）登录管理企业网站。在"凡科建设"官网首页的"马上登录"进入企业会员管理后台页面，如图6-24所示。然后选择"进入企业中心"界面，点击"去设计"链接，进入企业网站首页设计界面，如图6-25所示，在这个界面进行网站首页的设置。

图6-24　企业会员管理后台

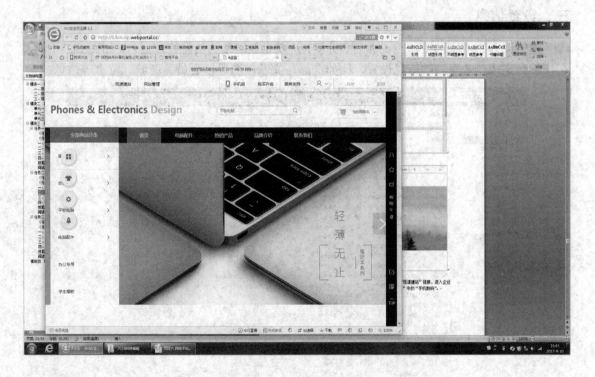

图6-25　企业网站首页设置界面

　　至此，企业网站开通。也可以打开图6-25界面中的"极速建站"链接，进入企业网站的行业选择，如图6-26所示。本任务选择"商城行业"中的"手机数码"。

图 6-26　企业网站类型选择

三、设置信息

通过图 6-25 界面中的"网站管理"链接，进入企业网站的信息管理后台，如图 6-27 所示。在该后台完成企业商城的信息设置，比如产品、文章、图册、会员、商城、留言等信息。

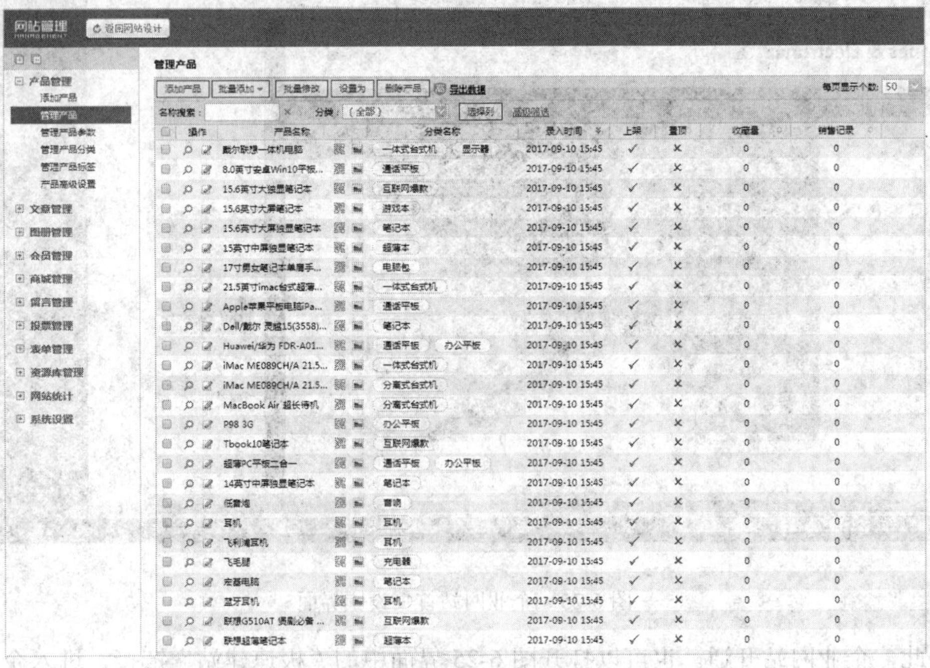

图 6-27　企业网站信息管理后台

企业商城的基本信息设置根据企业实际发布信息确定，在此不再细述具体操作。

四、设计结构模块

通过图 6-25 的企业网站首页设计界面，进行网站首页各个结构模块的设置和设计。

（1）修改 Logo 模块。选择"双击输入网站标题"输入 Logo 中的文字，然后设置文字的颜色、大小等样式，如图 6-28 所示。当然 Logo 模块也可以直接上传 Logo 图片。

图 6-28　Logo 模块的设计

（2）添加搜索模块。点击选择左边"模块"快捷图标，在弹出界面中点击展开"互动"，如图 6-29 所示。将"全站搜索"按着鼠标左键不放拖动到 Logo 右边位置，放开左键，在弹出的界面中选择模块样式，如图 6-30 所示。设置相应信息保存后，效果如图 6-31 所示。

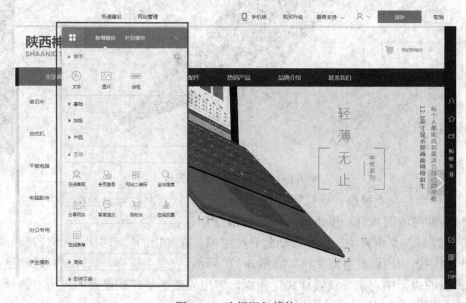

图 6-29　选择添加模块

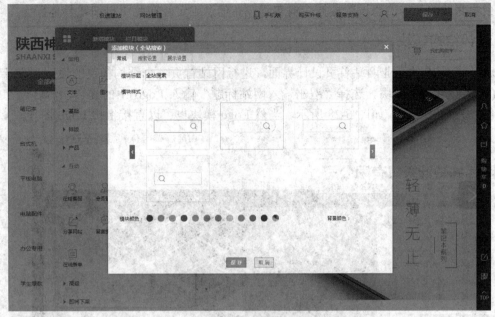

图 6-30　添加搜索模块

图 6-31　搜索模块添加完成

(3) 删除商品分类模块。鼠标移动到"全部商品分类"，在弹出的提示中点击"隐藏模块"图标，即可将商品分类模块删除，如图 6-32 所示。

(4) 设置导航菜单模块。鼠标移动到导航菜单，在弹出的提示中点击"管理栏目"，在弹出的界面中添加或调整导航文字，如图 6-33 所示，设置后保存。同样鼠标移动到导航菜单，在弹出的提示中点击"设置样式"图标，弹出导航菜单样式设置的界面，选择导航的呈现样式，如图 6-34 所示，设置后保存。

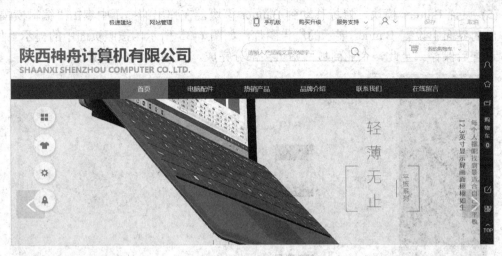

图 6-32 商品分类删除完成

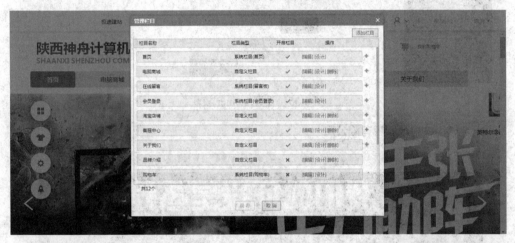

图 6-33 设置导航菜单文字

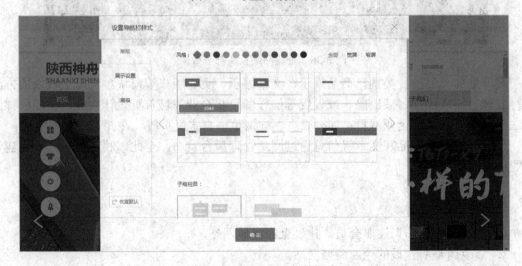

图 6-34 设置导航菜单样式

（5）设置 Banner 模块。鼠标移动到 Banner 模块，在弹出的提示中点击"编辑横幅"，在弹出的界面中设置 Banner 展示的广告图片，如图 6-35 所示，按照页面中的提示上传图片，设置后保存。至此，企业商城网站页头部分完成，效果如图 6-36 所示。

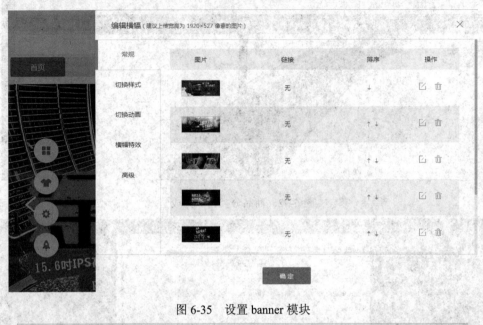

图 6-35　设置 banner 模块

图 6-36　企业网站页头部分效果

接下来如商品图片类别、商品展示、文章展示、页底版权等模块参考以上模块的方法进行或修改、或添加、或删除、或设置等操作即可将企业商城首页设计完成。使用同样的方法设计企业网站的企业网页，如列表页、详情页、自定义页等。在此不再详细赘述。

最后，将企业产品和文章等信息通过网站管理后台发布。至此，利用第三方平台建设企业商城网站完成。

⊠ 技能操作

1. 在"凡科建站"注册会员，建设企业商城网站。
2. 修改调整所建设的企业商城网站。
3. 完成作品，对比运行中的企业商城效果，总结作品不足的地方。

【阅读材料】

第三方电子商务平台的相关介绍

第三方电子商务平台，也可以称为第三方电子商务企业，泛指独立于产品或服务的提供者和需求者，通过网络服务平台，按照特定的交易与服务规范，为买卖双方提供服务，服务内容可以包括但不限于"供求信息发布与搜索、交易的确立、支付、物流"。

第三方电子商务平台按照其业务范围、服务地域范围及一些标准，可以划分为不同的类型。

1. 行业

(1) 专业性。其业务只专注于某一个行业，或者与该行业相关性比较强的若干行业。

(2) 综合性。涉及行业比较广泛，不拘泥于某个固定行业，有规模效应。

2. 地域

(1) 地方性。一般以一个国家或地区，或者更小的范围，特别是以省份为主。地方性第三方电子商务平台大多是根据一定范围内的需求或者供应的特殊性开设的平台，其中以省份为单位的平台多是以政府为主导的。

(2) 全球性。与地方性的主要区别是，全球性第三方电子商务平台涉及多个国家或地区，主要特点是平台功能要包括语言翻译、报关服务和全球货运。

3. 功能

(1) 全程电子商务平台。能够全面参与到企业发生经济行为的"信息流""资金流""物流"等流程，从信息的采集到货物运送，再到资金的支付，能够在一定程度上帮助企业开展业务。其主要特点就是功能全面，而且平台上的辅助功能或者说辅助性业务单元较多，甚至可以与企业内部的管理系统(如 ERP)相对接。

(2) 部分电子商务平台。称某些电子商务平台为"部分电子商务平台"是在全程电子商务平台的概念出现以后，为了加以区别。这种电子商务平台不会全程参与到企业所开展的业务之中，而是与企业本身具有的商务行为相结合，为之提供商业活动中的某些特定服务。

4. 模式

(1) 面向制造业或面向商业的垂直 B2B。垂直 B2B 可以分为两个方向，即上游和下游。生产商或商业零售商可以与上游的供应商之间形成供货关系，比如 Dell 电脑公司与上游的芯片和主板制造商就是通过这种方式进行合作的。生产商与下游的经销商可以形成销货关系，比如 Cisco 与其分销商之间进行的交易。

(2) 面向中间交易市场的 B2B。这种交易模式是水平 B2B，它是将各个行业中相近的交易过程集中到一个场所，为企业的采购方和供应方提供一个交易的机会，像 ECVV 等都是面向中间交易市场模式。B2B 只是企业实现电子商务的一个开始，它的应用将会得到不断发展和完善，并适应所有行业的企业的需要。

第三方电子商务平台的特点：

(1) 独立性。不是买家也不是卖家，而是作为交易的平台，像实体买卖中的交易市场。

(2) 依托网络。第三方电子商务平台是随着电子商务的发展而出现的，和电子商务一样，它必须依托于网络才能发挥其作用。

(3) 专业化。作为服务平台，第三方电子商务平台需要更加专业的技术，包括订单管理、支付安全、物流管理等，能够为买卖双方提供安全便捷的服务。

(资料来源：百度百科 baike.baidu.com)

任务三　　网站搜索引擎的友好性分析

〔任务描述〕

小王需要了解建设运行的企业网站"陕西神舟计算机有限公司网站"在搜索引擎中的搜索情况，也就是了解网站的友好性程度，于是专业老师布置了新的实践任务，要求大家使用站长工具分析陕西神舟计算机有限公司网站在百度搜索引擎的友好性情况，通过该项目，让大家掌握使用互联网网站工具分析运行中的企业网站的友好性，以更好地优化网站，利于网站的推广。

〔任务分析〕

为了有效完成任务，大家经过充分的酝酿与讨论，在征求了专业老师的意见之后，确定以下操作内容和步骤：

① 站长工具分析网站的常用功能；

② 确定网站友好性分析的内容；

③ 利用站长工具进行百度搜索引擎的友好性分析；

④ 形成友好性分析报告，提出网站优化的内容；

⑤ 根据网站优化建议，修改完善企业网站；

⑥ 企业网站运行一定周期后，又开展新一轮的友好性分析。

一、常用功能

打开站长工具官网(tool.chinaz.com)了解与网站分析有关的功能，站长工具提供域名 IP 查询、网站信息查询、SEO 查询、权重查询、辅助工具等分析工具，可以打开工具导航页面(tool.chinaz.com/map.aspx)，看到站长工具提供的全部功能，其中与网站分析有关的功能是"SEO 相关"中列出的功能，如图 6-37 所示，请分别打开各项功能并浏览，将结果归纳整理到表 6-3 中。

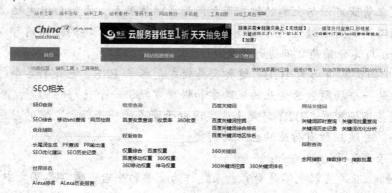

图 6-37　站长工具网站分析的常用功能

表 6-3　站长工具网站分析功能表

功 能 名 称	功 能 描 述
SEO 查询	
收录查询	
优化辅助	
世界排名	
网站关键词	
百度关键词	
360 关键词	
指数查询	

二、内容

根据搜索引擎工具对网站网页的分析、收录、查询等方面的偏好，确定企业网站需要优化的内容，也就是网站友好性分析的内容，本任务以"陕西神舟计算机有限公司"官网作为分析对象，并且是针对百度搜索引擎，请将需要分析的内容整理成如表 6-4 所示内容。

表 6-4　网站友好性分析内容表

序号	友好性分析名称	分 析 描 述
1	比如：网页检测	挖掘高质量的网页 META 信息。分析网页关键词密度，对于页面总字数而言，关键词出现的频率越高，关键词密度也就越大。可以检测页面是否存在死链接，并及时作出修正与改进。网站安全问题(网站漏洞检测、网站挂马监控、网站篡改监控、恶意内容、虚假和欺诈等不良信息)。网站被黑检测(查出网站是否被做了跳转或者禁止搜索引擎索引)
2	......	

三、进行友好性分析

根据分析内容，进入站长工具网站的工具导航(见图 6-37)，打开分析内容对应的网页，对"陕西神舟计算机有限公司"官网(www.maimaike.com)进行查询和分析。

(1) SEO 综合查询。查询结果如图 6-38 至图 6-42 所示。查询结果发现，网站的百度权重低，百度收录页面和反链过低，网页标签中的部分关键词与企业主题不一致，关键词顺序轻重不分明，企业关键词"神舟"与在营企业品牌冲突，不易推广，可以结合长尾词推荐，重建网站关键词。

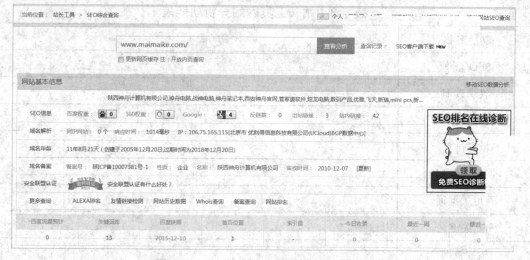

图 6-38　网站在搜索引擎的基本信息(一)

网站 www.maimaike.com 的收录/反链结果				广告	
搜索引擎	百度	谷歌	360	搜狗	bing
收录	265	1万6200	1150	0	-
反链	11	6	2590	查询	

图 6-39　网站在搜索引擎的基本信息(二)

标签	内容长度	内容	优化建议
标题（Title）	73 个字符	陕西神舟计算机有限公司,神舟电脑,战神电脑,神舟笔记本,西安神舟官网,管家婆软件,炫龙电脑,数码产品,优雅,飞天,新瑞,mini pcs,新...	一般不超过80个字符
关键词（KeyWords）	116 个字符	陕西神舟,神舟电脑,战神电脑,神舟笔记本,西安神舟,管家婆,软件,炫龙电脑,数码产品,优雅,飞天,新瑞,mini pcs,新梦,惠朝,PC PAD,辉耀系列,分销系列,财贸安全,服装管理,汽配汽修,千方百剂,食品管理,买家客网上商城	一般不超过100个字符
描述（Description）	188 个字符	陕西神舟电脑公司官方网站,为您提供神舟笔记本电脑,战神电脑,炫龙电脑,数码产品,管家婆软件的销售平台及售后服务,支持西安地区线下现货,网络平台网络销售,陕西神舟计算机有限公司是深圳神舟电脑官方指定授权客户服务中心,神舟电脑笔记本快修中心,神舟电脑四星级服务站,管家婆辉耀系列五星级代理商,分销系列,刻货双全,服装管理,汽配汽修,千方百剂,食品管理代理商,买家客网上电脑商城	一般不超过200个字符

图 6-40　网站首页标签情况

关键词	PC指数	移动指数	360指数	本地排名[一键查询]	异地排名[一键查询]	排名变化	预估带来流量值(IP)
陕西神舟	0	0	0	查询	查询	查询	查询
神舟电脑	194	336	142	查询	查询	查询	查询
战神电脑	0	0	0	查询	查询	查询	查询
神舟笔记本	783	932	458	查询	查询	查询	查询
西安神舟	0	0	0	查询	查询	查询	查询
管家婆	1384	7294	2117	查询	查询	查询	查询
软件	1200	2168	1921	查询	查询	查询	查询
炫龙电脑	0	0	0	查询	查询	查询	查询
数码产品	109	159	46	查询	查询	查询	查询
优雅	220	495	177	查询	查询	查询	查询
飞天	933	9061	8112	查询	查询	查询	查询
新瑞	0	0	0	查询	查询	查询	查询
mini pcs	0	0	0	查询	查询	查询	查询
新梦	0	0	0	查询	查询	查询	查询

图 6-41　网站关键词排名

| 关键词排名 | 长尾词推荐 | | | | 添加关键词 |

关键词	出现频率	2%≤密度≤8%	长尾相关	推荐关键词
陕西神舟	5	0.7%	1	神舟十号陕西榆林
神舟电脑	9	1.3%	1112	神舟电脑官网 神舟电脑怎么样 神舟笔记本电脑官网
战神电脑	3	0.4%	278	斗战神电脑家礼包 qq电脑家斗战神 呼啸战神3电脑玩不了
神舟笔记本	3	0.5%	1394	神舟笔记本官网 神舟笔记本怎么样 神舟笔记本电脑官网
西安神舟	2	0.3%	28	神舟国旅 西安 西安神舟电脑客服 神舟笔记本西安售后
管家婆	6	0.6%	3287	管家婆中特网 管家婆彩图 管家婆免费版 管家婆软件
软件	5	0.4%	862987	软件开发培训 翻墙软件 360软件管家 p图软件 软件商店
炫龙电脑	3	0.4%	1	炫彩泡泡龙电脑版
数码产品	2	0.7%	1578	数码电子产品 数码产品报价 数码产品批发 数码产品ce认证
优雅	2	0.1%	10298	好听的网名女生优雅的 优雅连衣裙 刺绣的优雅 优雅女人 优雅图片
飞天	2	0.1%	17955	飞天小说 飞天茅台 飞天小女警 飞天茅台酒 飞天茅台53度价格
新瑞	2	0.1%	7709	新凯美瑞 新款凯美瑞 全新凯美瑞 奇瑞新款suv 瑞虹新城
mini pcs	2	0.6%	1	神舟mini pcs
新梦	2	0.1%	7432	哆啦a梦新番 梦入神机新书 新版哆啦a梦 多啦a梦新番

图 6-42　网站长尾词推荐

(2) 百度收录查询。查询结果如图 6-43 所示。查询结果发现，百度收录该网站的数量少，网站的信息量和更新频率有待增加。

图 6-43　网站在百度的收录查询

(3) 百度权重查询。查询结果如图 6-44 所示。查询结果发现，网站在百度搜索引擎的权重很低，百度流量低，关键词数量低，关键词排名靠后。

(4) 网页检测。查询结果如图 6-45 和图 6-46 所示。查询结果发现，网站死链、安全、被黑方面检测无异常。百度 PC 权重检测发现关键词"管家婆"对于网站排名最靠前，但"管家婆"在首页的密度为 0.6%，远低于 2%～8%的密度建议值。

图 6-44　网站在百度的权重查询

图 6-45　网站网页检测内容

图 6-46　网站网页检测(关键词密度)查询

　　(5) SEO 优化建议。查询结果如图 6-47 所示。查询结果发现，在 SEO 方面没有技术上的不足。而综合各项查询结果可见，网站缺乏对关键词的规划以及针对搜索引擎的推广工作计划与实施。

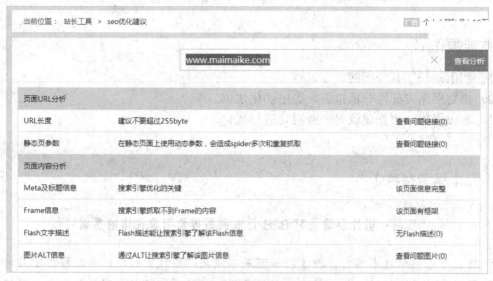

图 6-47　网站 SEO 优化建议查询

以上五个方面查询，基本可以对企业网站的友好性作出判断，并确定基本的优化方案。其他更多方面的分析在此不再列出，大家在任务实施过程中自行选择分析。

四、形成报告，提出优化内容

将分析形成一份报告，报告中最重要的是将分析结果和优化建议表达，可以按照如下表 6-5 所示的方式提出网站优化的内容。

表 6-5　网站友好性分析结果表

序号	友好性分析名称	分析描述	分析结果	优化建议
1	比如：网页检测	挖掘高质量的网页 META 信息。分析网页关键词密度，对于页面总字数而言，关键词出现的频率越高，关键词密度也就越大。可以检测页面是否存在死链接，并及时作出修正与改进。网站安全问题(网站漏洞检测、网站挂马监控、网站篡改监控、恶意内容、虚假和欺诈等不良信息)。网站被黑检测(查出网站是否被做了跳转或者禁止搜索引擎索引)	META 中含有与网站主题无关的词，如服装管理、食品管理等。网站死链、安全、被黑方面检测无异常。百度 PC 权重检测发现关键词"管家婆"对于网站排名最靠前，但"管家婆"在首页的密度为 0.6%，远低于 2%～8% 的密度建议值	去掉 META 中与网站主题无关的词，网站标题将"管家婆"关键词放在更前面的位置，首页多宣传与"管家婆"有关的信息，增加"管家婆"出现密度。当然，如果"管家婆"不是企业的主打产品，就需要重新规划新的关键词
2	……			

⌧ 技能操作

1. 利用站长工具分析网站友好性。
2. 撰写网站友好性分析报告，提出优化建议。
3. 形成报告，根据建议对企业网站进行优化。

 【阅读材料】

实战：图片及动画对 B2B 行业网站搜索引擎优化的影响

就目前搜索引擎技术而言，搜索引擎还是不能判断图片里的内容和链接，图片对用户来讲，很直观，易于阅读，但是对搜索引擎来讲，就必须要配以文字说明和加上链接，才能判断图片所讲的内容及其链接。一个页面，对用户来讲，可能只需看图即可，但是对搜索引擎来讲，既要有图，也要有丰富、详细的文字内容说明。

同时图片及动画对页面的影响，还体现在页面访问速度方面，框架图片、广告及内容图片、GIF 及 Flash 动画都对页面访问速度产生重要的影响，从而影响搜索引擎优化。下面分别加以说明：

(1) 框架图片对搜索引擎优化的影响。

B2B 行业门户网站的框架要尽量简洁，要把更多的空间留给内容、广告，尤其是非专题页面和企业独立主页。框架要尽量采用小图片、小图标，包括采用 1 像素宽度的图片作为背景循环。框架图片尽量要保证都小于 5K，有的甚至是几十个字节，标准就是要把大面积使用图片的地方采用多张小图片组合起来，这样可以提高下载速度。如果网页设计师把一个网页框架图片搞到几十 K，用到 B2B 行业门户网站上，这个设计师肯定是不合格的，只有企业网站才可能这么做。设计师要保证一个页面框架图片加起来不超过 100K，或者小于 50K，这个方面网易、新浪等门户网站做得比较好。同时栏目名称，要加链接的栏目名字，模块名字，最好不用图片来做，或者尽量少用，直接用文字加链接，这样不仅可以充分保证页面的下载速度不受图片太的影响，而且还能保证搜索蜘蛛能抓取。简洁、美观、大方是我们应该追求的。

(2) 广告及内容图片对搜索引擎优化的影响。

一般 B2B 行业门户网站都有许多图片，有的是宣传网站新功能的，有的是客户的图片广告，还有的是把内容制作成图片，或内容需要配图说明等。目的都是要让网站看起来图文并茂，吸引用户眼球，使用户关注广告，达到推广效果，或者达到使用户关注重要内容、精华内容等各种目的。制作广告的时候，尽量使用 JPG 图片，在处理的时候，使用 60%～70%的质量即可。每个广告图片尽量都小于 100K，内容图片都尽量小于 200K，如果一个页面有许多张图片，要采用分页，每张图片一页即可，保证页面浏览起来很流畅，让蜘蛛顺利访问，利于搜索引擎优化。

(3) GIF 及 Flash 动画对搜索引擎优化的影响。

这个也是比较简单的，就是不能把 Flash 做得太大，一般 Flash 是动画中比较小的，GIF 动画就比较大，对于复杂的动画，不能采用 GIF 来制作，要用 Flash。同时，一个页面，不能有太多的 Flash 广告，我曾经见过一个行业门户，由于以广告销售为主，首页很多 Flash，导致打开以后电脑的内存和 CPU 占用很高，对于一些电脑配置稍微差一点的用户，访问的时候就会非常慢，甚至死机。后来我给他们建议以后，他们首页的广告大部分都改成了 GIF 动画，只有一些复杂的用的是 Flash，情况就大为好转了。因此无论是 Flash 动画还是 GIF 动画，其大小不要超过 100K，最好在 50K 以内。

还有一个是许多传统行业出生，对网络了解不深入的人常犯的错误。曾经有一个网站的总经理，要求下面的员工把主导航栏采用 Flash 来制作，他们认为这样更漂亮，鼠标放上去有动感，还可以下拉选择。这是搜索引擎优化中的大忌，因为搜索引擎对 Flash 非常不友好，不能找出其中隐藏的链接，这个绝对是要杜绝的。虽然 Google 现在开始搜录 Flash 里的内容，但是对于主导航这样的重要链接，是绝对不能用 Flash 来制作，而且也不直观，下载速度也慢，无论对于搜索引擎还是用户，都是非常不友好的。

关于图片及动画对搜索引擎优化的影响，就讲这么多，实际就是不恰当的使用动画及图片会使网站的访问速度太慢、蜘蛛不能抓取图片及动画里的内容和链接，从而造成了对搜索引擎优化产生了重要影响。

（资料来源：中国电子商务研究中心 www.100ec.cn）

模块四　项 目 总 结

通过本项目的学习，大家在感受到网络平台对企业从事电子商务的基础性作用的同时，通过各种网络平台形式的认识及其工具的使用，有效完成任务操作的学习。在本项目里，要了解企业网站、B2C 平台、网站内容及其优化等知识，掌握网络平台相关工具的使用及其技巧方法。

在实验操作过程中，要熟练多种网络平台建设的形式及其工具应用，能够区别不同的建设形式对企业有不同的优势，企业结合自身特点，充分利用其优势，通过利用网络平台实现企业产品和文化的传播与社会认可。

 【阅读材料】

倒卖支付接口屡禁不止 多家网络平台仍存漏洞

根据央行 3 月 20 日发布的《2016 年支付体系运行总体情况》，市场上包括支付宝、微信支付在内的 53 家非银行支付机构累计发生网络支付业务 1639 亿笔，交易总额 99.27 万亿元，其中微信、支付宝分别增长 99.53%、100.65%。显然，网络支付已经占据十分重要的地位。

近日，有媒体报道，淘宝多家店铺公开出售支付宝、微信、环迅、智付、国付、汇潮、摩宝、易宝支付、通联支付等第三方支付机构的支付接口，其中还有不少店铺涉及违法业务。

记者调查时发现，除了淘宝网有店铺售卖支付接口之外，在其他一些社交平台上同样充斥着大量的倒卖信息，QQ、百度贴吧、微博等平台同样成为不法分子的目标。

记者在QQ中搜索到支付接口的相关群达上百个，有的直接在群介绍中详细展示服务内容，"支付宝接口"、"抗投诉"、"ssc"、"菠菜"等宣传语随处可见。据了解，开户认证费在2600元～4000元不等，费率大约在0.4%～1%之间。此外，还会帮忙解决客户投诉问题以及账户被封等问题。

事实上，支付接口本应由企业向相关第三方支付方申请而来，但由于网络的便捷，不少商家通过淘宝、QQ群等方式直接购买支付接口，且无需提供企业证明材料。这就让不少赌博、色情等违法行业钻空子，利用这一方式开通第三方支付接口。

除了可以在淘宝、QQ等平台上购买支付接口之外，淘宝一些店铺还提供出售企业的"五证三章"，购买"五证三章"后便可去支付宝等第三方支付平台申请支付接口。数据显示，截至2015年3月26日，已经有270家第三方支付机构获得了牌照。二百多家的第三方支付机构，相关部门管理起来并不容易。

为了优化网络支付系统，有关部门已经开始行动。近期，央行主管的中国支付清算协会宣布，非银行支付机构网络支付清算平台(简称"网联")启动试运行，首批接入部分银行和支付机构，并完成首笔跨行清算交易。

此外，记者还发现，目前，在淘宝上直接搜索"支付接口"等关键词，搜索结果已显示"根据法律法规和政策，无法显示相关宝贝"，一些带有支付接口等关键词的店铺宝贝已清空。相关店铺客服告诉记者，宝贝被下架是因为淘宝不让做了。

(资料来源：《证券日报》www.100ec.cn)

附录 A　网络编辑职业素养

　　网络编辑人才是复合型人才，既要具备传统编辑所自备的基本技能，又要掌握必要的信息技术能力，这是一个具有挑战性的职业。

　　网络编辑人员不但是新媒体时代的"把关人"，更是一位思想者，网络编辑岗位对人员的素质与综合能力要求都较高，因为网络编辑素质的高低，将直接影响到网络编辑队伍的整体水平。根据网络编辑的职业特点，网络编辑应该具备以下基本素养：

一、网络编辑职业道德

1．网络编辑职业道德的定义

　　网络编辑职业道德，是从事网络信息传播活动的人，在长期的职业实践中形成的调整相互关系的行为规范的总和。利益关系是道德的调节对象。网络编辑职业道德正是通过对利益关系的调节，保障网络编辑工作者职业目标的实现，促进网络信息传播良性发展，进而维护社会的整体利益。

2．网络编辑职业道德的调节对象

　　具体来说，网络编辑职业道德主要调节以下关系：

　　(1) 网络编辑与受众的关系。网络编辑面对的受众，是指网络媒介信息的接受者，网络编辑只有满足他们的信息需求，才能实现自己的职业理想和职业利益。

　　(2) 网络编辑与工作对象的关系。包括提供信息来源的机构和个人、采访对象等。这是网络编辑工作者的重要资源。保护他们的权益不受侵害，是网络编辑职业道德的一项重要内容。

　　(3) 网络编辑与同行的关系。网络编辑职业已成为一个充满激烈竞争的职业，这种同行之间的竞争如果是良性的，就会成为网络信息传播事业创新发展的强大动力；否则，恶性竞争势必会损害网络信息传播行业的整体利益和受众利益，进而损害该社会的民主制度。而网络编辑同行之间的竞争关系，有些是法律调节的对象，但更多的是属于道德规范的范围。

　　(4) 网络编辑与所属媒介的关系。现代网络信息是一种组织化的传播，绝大多数网络编辑都隶属于雇用他们的网站并从事网络信息传播。网站必须保障网络编辑享有必要的合法权益，并为网络编辑的职业活动提供必要的条件。

　　(5) 网站与广告客户的关系。网站刊播广告以实现盈利，大大降低了人们获取信息的费用，为媒介的民主化提供了前提，同时，广告对受众而言，也是一种信息服务。但如果盲目追求广告利润，网站可能陷入贪婪的境地，导致其降低道德水准，牺牲社会责任。因此，处理好和广告客户的关系，在网络编辑职业道德建设中有着重要意义。

3．网络编辑职业道德的社会功能

加强网络编辑职业道德建设，既是社会公众对网络编辑工作的一种期待，也是网络编辑事业发展的内在要求。它对网络编辑、网站建设、网络信息传播、全社会道德水平都会产生重大的影响。

(1) 提升网络编辑工作的社会地位。

网络编辑脱胎于新闻工作。网络编辑和传统的新闻工作相比，有许多基于互联网和计算机技术因素的差异，而对其职业内涵的开掘，以及向专业化方向的发展，还处于进行之中。但作为一种职业，在其向专业化发展的进程中，建立相应的职业道德准则，从而提升其社会地位，这是非常重要的。

(2) 营造社会公信力、提高传播效率。

信息经济学表明，社会分工带来了现代文明，也加剧了信息的不对称。这种不对称，使信息传播事实上存在着一种道德风险：受众有可能在付出相关费用后获得的只是劣质信息服务。而这一道德风险给信息传播带来了两个问题：一是导致媒介的传播可能是低效率的(媒介的效率，是指新闻媒介组织通过新闻的制作与传播所取得的实际社会影响)；二是导致受众对媒介的正常需求受到抑制，媒介市场得不到充分发育，甚至出现萎缩。网络传播的过程，与此相似。

4．职业守则

网络编辑，是传统的新闻传播活动体系的补充和发展，与新闻传播有很多相似点，而到目前，网络编辑还是一个新兴的职业，其专业协会尚未建立，推出全面系统的职业守则还有待时日。因此，本教材概括、援用世界各国新闻传播活动的职业道德规范的普遍内容，作为网络编辑职业活动应该遵循的原则和规范。

(1) 遵纪守法，尊重知识产权，爱岗敬业，严守新闻出版规定纪律。

- 新闻要真实、客观、公正，发现错误尽快更正。
- 维护国家安全与司法公正。
- 以正当方式从事本职工作，不受贿、不剽窃，保守职业秘密。
- 尊重他人名誉与隐私，不诽谤中伤他人。
- 不伤风败俗，注意保护青少年。

(2) 实事求是，工作认真，尽职尽责，一丝不苟，精益求精，弘扬团队精神。

- 反对假大空。
- 反对行业不正之风。
- 反对有偿新闻。

国家职业标准规定了网络编辑职业守则的基本内容，一是遵纪守法，尊重知识产权，爱岗敬业，严守新闻出版规定和纪律；二是实事求是，工作认真，尽职尽责，一丝不苟，精益求精，弘扬团队精神。

以上内容从两个方面概括了网络编辑职业守则的特点，首先，网络编辑工作属于传媒出版领域，而新闻发布又是网络编辑工作的重要组成，因此，强调出版及新闻等行业特点，并以相关法律法规约束自身行为，是网络编辑职业守则的基本要义。

二、网络编辑知识结构

1. 计算机及网络基础知识

对于网络编辑而言，计算机是最基本的工具。编辑对于电脑技术的熟练程度，决定编辑工作的熟练程度和整个编辑团队的工作效率。网络编辑应对有关的计算机操作非常熟悉，比如常用的软件如 Dreamweaver、FTP、Animate、WinRAR 技能等。

2. 编辑基本知识

作为网络编辑，了解汉语的基础知识，掌握汉语的基本使用规范，是进行稿件编辑和加工的前提和基础。网络信息的筛选和判断、稿件写作和编辑、稿件标题的拟定、稿件内容的编改和整合等一系列环节都需要网络编辑具备扎实的文字功底，因此，注意汉语用字的规范，基本语法规则。

3. 专业知识

目前大部分网站一般按照内容划分栏目，比如财经、体育、娱乐、教育等，这就要求网络编辑要具备并了解相关领域的专业知识，熟悉本行业的全局和发展动态，包括重要人物、企业、产品等。

4. 相关政策和法律

网络编辑应充分了解国家有关网络信息传播、互联网管理、知识产权等方面的政策和法规。网络媒体需要在意识形态、舆论导向等方面有合适的尺度，这就需要了解国家有关的政策，此外，还应遵守内容发布的一些相关法律，如知识产权、著作权方面的法规等。发布一些敏感的问题时需要谨慎，如对公众隐私权的保护等。

三、网络编辑工作岗位及要求

国内网络媒体内容团队的规模差别较大，少则几人，多则几十甚至数百人。它们有的是独立运转，有的是和所附属传统媒体的其他部门和人员相互交叉、协同工作。网络编辑的部门按照网站内容频道通常分为新闻部、评论部、文体部、资讯部等，不同的网络编辑对其能力要求和工作内容有所不同，一般而言，网络编辑负责网站一般内容的发布与收集，负责内容的维护以及网友的互动；高级编辑除负责一般内容发布外，还可负责网络专题的策划与内容的整合；频道主编负责相关频道的所有内容与专题及其他产品；内容总监负责整个网站内容产品的管理及规划。一般来说，从事网络编辑岗位要求如下：

(1) 编辑、出版、新闻、中文等相关专业大专或以上学历；

(2) 有 SEO(Search Engine Optimization 的英文缩写，中文译为"搜索引擎优化")工作经验者，有媒体编辑领域从业经验者优先；

(3) 熟练操作常用的网页制作软件和网络搜索工具，了解网站开发、运行及维护的知识；

(4) 有良好的文字功底，思维活跃，思路清晰，新闻敏感性强，有较强的网站专题策划和信息采编能力；

(5) 善于信息搜索与编辑整理，具有较强的选题、策划、采编能力，掌握新闻、评论等各类题材文章的撰写，有较强的表达能力、写作能力与分析能力，理解沟通能力强；

(6) 有较高的职业素养，工作责任心强。有敬业精神及团队精神，善于沟通。

四、网络编辑工作内容

由于网站类型和规模、网站频道和栏目以及网站定位和风格的不同，各网站网络编辑的工作内容也不尽相同，一般，网络编辑的工作内容主要包括以下几个方面：

(1) 负责网站频道信息内容的搜集、把关、规范、整合和编辑，并更新上线；

(2) 管理和维护社区，完善网站功能，提升用户体验；

(3) 收集、研究和处理用户的意见和反馈信息；

(4) 组织策划社区的推广活动及相关业内文章撰写；

(5) 协助完成频道管理与栏目的发展规划，促进网站知名度的提高；

(6) 配合技术、市场等其他部门的工作；

(7) 信息的加工，信息的采集；

(8) 专业的编辑，以及网页的推广。

五、网络编辑工作技能

2005 年 3 月，劳动和社会保障部将网络编辑职业定义为：利用相关专业知识及计算机和网络等现代信息技术，从事互联网网站内容建设的人员。2005 年底，千龙研究院与中科院心理所配合，做了一项开创性的工作，通过对千龙网(20 名)、新华网(20 名)、新浪网(21 名)、中青网(20 名)、北青网(9 名)和听盟(10 名)六家网站的 100 名编辑的调查问卷，采用目前国际最先进的职业信息网络系统，对网络编辑的职业做了全面描述，使我们第一次对网络编辑应具备的重要的工作技能和个性特征有了了解。

通过对 100 名网络编辑的总体分析，得到网络编辑工作技能方面高于 3 分(重要)的项目有：

名称	定义	重要性
主动学习	了解新信息对现在、将来解决问题及做出决定时的影响	4.23
阅读理解	明白与工作有关的文件中的句子和段落	4.01
时间管理	管理个人和他人时间	3.68
学习策略	学习或教导新事物时，挑选及采用适合当时要求的培训、指导的方法及程度	3.60
批判性思维	利用逻辑和推理确定问题的各种解决方法、结论或处理优点和不足	3.51
协调	根据他人的行动而调整行动	3.49
主动聆听	完全专注于别人的讲话、花时间去明白所提出的要点、适当地发问和不在不适当的时候中断别人的讲话	3.47
社交的洞察力	察觉到其他人的反应并理解他们为什么有这样的反应	3.46
判断和决策	考虑计划的行动的相对成本和收益，从而选择最合适的一个	3.44
书写	以书写形式有效地沟通，切合读者的需要	3.32
谈话	通过与他人谈话而有效地传达信息	3.32
操作分析	分析需要和产品要求并形成新的设计	3.12
解决复杂问题	辨识复杂问题和检阅有关的数据，从而建立和评价各种选择的优劣，并实施解决方案	3.12

个性特征方面高于 3.5 分(重要)的项目有:

名称	定　义	重要性
承受压力	工作要求接受批评,及镇定和有效地处理压力沉重的情况	4.01
注意细节	工作要求留意细节和完成工作时无微不至	3.09
成就欲	工作要求建立和维持富有挑战性的个人成就目标,及为达到目标而努力	3.86
毅力	工作要求遇到障碍时坚毅不屈	3.86
主动性	工作要求一种承担责任和挑战的主动意愿	3.85
创新	工作要求创造力和用不同的思考方式解答有关工作的问题和建立新概念	3.84
合作性	工作要求对同事和蔼并表现良好且合作的态度	3.83
灵活性	工作要求对正面或负面的改变和工作环境内的变化持开放态度	3.7

对网络编辑来说,重要的工作价值观有:

名称	定　义	重要性
认可	工作能得到认可	6.31
单位政策与实践	单位能公正地对待	6.12
薪酬	薪酬和其他员工比起来是相当的	5.96
道德	不会被强迫做违背自身道德标准的事	5.94
才能发挥	充分利用自己的才能	5.93
责任	对自己的事情做决定	5.93
成就感	带给自己一种成就感	5.91
技术指导	有能很好地培训下属的主管	5.77
创造性	有试验自己的想法的自由	5.75
同事	同事是容易相处的	5.68
社会地位	在单位和团体中得到他人的尊重	5.65
人事关系指导	有在管理中支持下属的上级主管	5.61

(资料来源:应当科学认知网络编辑 media.people.com.cn)

附录 B　相关法律法规

1.　互联网信息服务管理办法

《互联网信息服务管理办法》是为了规范互联网信息服务活动，促进互联网信息服务健康有序发展，经 2000 年 9 月 20 日中华人民共和国国务院第 31 次常务会议通过，2000 年 9 月 25 日中华人民共和国国务院令第 292 号公布，根据 2011 年 1 月 8 日《国务院关于废止和修改部分行政法规的决定》修订公布施行。该《办法》共二十七条，自公布之日起施行。

第一条

为了规范互联网信息服务活动，促进互联网信息服务健康有序发展，制定本办法。

第二条

在中华人民共和国境内从事互联网信息服务活动，必须遵守本办法。本办法所称互联网信息服务，是指通过互联网向上网用户提供信息的服务活动。

第三条

互联网信息服务分为经营性和非经营性两类。

经营性互联网信息服务，是指通过互联网向上网用户有偿提供信息或者网页制作等服务活动。

非经营性互联网信息服务，是指通过互联网向上网用户无偿提供具有公开性、共享性信息的服务活动。

第四条

国家对经营性互联网信息服务实行许可制度；对非经营性互联网信息服务实行备案制度。未取得许可或者未履行备案手续的，不得从事互联网信息服务。

第五条

从事新闻、出版、教育、医疗保健、药品和医疗器械等互联网信息服务，依照法律、行政法规以及国家有关规定须经有关主管部门审核同意的，在申请经营许可或者履行备案手续前，应当依法经有关主管部门审核同意。

第六条

从事经营性互联网信息服务，除应当符合《中华人民共和国电信条例》规定的要求外，还应当具备下列条件：

(一) 有业务发展计划及相关技术方案；

(二) 有健全的网络与信息安全保障措施，包括网站安全保障措施、信息安全保密管理制度、用户信息安全管理制度；

(三) 服务项目属于本办法第五条规定范围的，已取得有关主管部门同意的文件。

第七条

从事经营性互联网信息服务，应当向省、自治区、直辖市电信管理机构或者国务院信息产业主管部门申请办理互联网信息服务增值电信业务经营许可证(以下简称经营许可证)。

省、自治区、直辖市电信管理机构或者国务院信息产业主管部门应当自收到申请之日起 60 日内审查完毕，作出批准或者不予批准的决定。予以批准的，颁发经营许可证；不予批准的，应当书面通知申请人并说明理由。

申请人取得经营许可证后，应当持经营许可证向企业登记机关办理登记手续。

第八条

从事非经营性互联网信息服务，应当向省、自治区、直辖市电信管理机构或者国务院信息产业主管部门办理备案手续。办理备案时，应当提交下列材料：

(一) 主办单位和网站负责人的基本情况；

(二) 网站网址和服务项目；

(三) 服务项目属于本办法第五条规定范围的，已取得有关主管部门的同意文件。

省、自治区、直辖市电信管理机构对备案材料齐全的，应当予以备案并编号。

第九条

从事互联网信息服务，拟开办电子公告服务的，应当在申请经营性互联网信息服务许可或者办理非经营性互联网信息服务备案时，按照国家有关规定提出专项申请或者专项备案。

第十条

省、自治区、直辖市电信管理机构和国务院信息产业主管部门应当公布取得经营许可证或者已履行备案手续的互联网信息服务提供者名单。

第十一条

互联网信息服务提供者应当按照经许可或者备案的项目提供服务，不得为超出经许可或者备案的项目提供服务。

非经营性互联网信息服务提供者不得从事有偿服务。

互联网信息服务提供者变更服务项目、网站网址等事项的，应当提前 30 日向原审核、发证或者备案机关办理变更手续。

第十二条

互联网信息服务提供者应当在其网站主页的显著位置标明其经营许可证编号或者备案编号。

第十三条

互联网信息服务提供者应当向上网用户提供良好的服务，并保证所提供的信息内容合法。

第十四条

从事新闻、出版以及电子公告等服务项目的互联网信息服务提供者，应当记录提供的信息内容及其发布时间、互联网地址或者域名；互联网接入服务提供者应当记录上网用户的上网时间、用户账号、互联网地址或者域名、主叫电话号码等信息。

互联网信息服务提供者和互联网接入服务提供者的记录备份应当保存60日，并在国家有关机关依法查询时，予以提供。

第十五条

互联网信息服务提供者不得制作、复制、发布、传播含有下列内容的信息：

(一) 反对宪法所确定的基本原则的；

(二) 危害国家安全，泄露国家秘密，颠覆国家政权，破坏国家统一的；

(三) 损害国家荣誉和利益的；

(四) 煽动民族仇恨、民族歧视，破坏民族团结的；

(五) 破坏国家宗教政策，宣扬邪教和封建迷信的；

(六) 散布谣言，扰乱社会秩序，破坏社会稳定的；

(七) 散布淫秽、色情、赌博、暴力、凶杀、恐怖或者教唆犯罪的；

(八) 侮辱或者诽谤他人，侵害他人合法权益的；

(九) 含有法律、行政法规禁止的其他内容的。

第十六条

互联网信息服务提供者发现其网站传输的信息明显属于本办法第十五条所列内容之一的，应当立即停止传输，保存有关记录，并向国家有关机关报告。

第十七条

经营性互联网信息服务提供者申请在境内境外上市或者同外商合资、合作，应当事先经国务院信息产业主管部门审查同意；其中，外商投资的比例应当符合有关法律、行政法规的规定。

第十八条

国务院信息产业主管部门和省、自治区、直辖市电信管理机构，依法对互联网信息服务实施监督管理。

新闻、出版、教育、卫生、药品监督管理、工商行政管理和公安、国家安全等有关主管部门，在各自职责范围内依法对互联网信息内容实施监督管理。

第十九条

违反本办法的规定，未取得经营许可证，擅自从事经营性互联网信息服务，或者超出许可的项目提供服务的，由省、自治区、直辖市电信管理机构责令限期改正，有违法所得的，没收违法所得，处违法所得3倍以上5倍以下的罚款；没有违法所得或者违法所得不足5万元的，处10万元以上100万元以下的罚款；情节严重的，责令关闭网站。

违反本办法的规定，未履行备案手续，擅自从事非经营性互联网信息服务，或者超出备案的项目提供服务的，由省、自治区、直辖市电信管理机构责令限期改正；拒不改正的，责令关闭网站。

第二十条

制作、复制、发布、传播本办法第十五条所列内容之一的信息，构成犯罪的，依法追究刑事责任；尚不构成犯罪的，由公安机关、国家安全机关依照《中华人民共和国治安管理处罚法》、《计算机信息网络国际联网安全保护管理办法》等有关法律、行政法规的规定予以处罚；对经营性互联网信息服务提供者，并由发证机关责令停业整顿直至吊销经营许可证，通知企业登记机关；对非经营性互联网信息服务提供者，并由备案机关责令暂时关闭网站直至关闭网站。

第二十一条

未履行本办法第十四条规定的义务的，由省、自治区、直辖市电信管理机构责令改正；情节严重的，责令停业整顿或者暂时关闭网站。

第二十二条

违反本办法的规定，未在其网站主页上标明其经营许可证编号或者备案编号的，由省、自治区、直辖市电信管理机构责令改正，处 5000 元以上 5 万元以下的罚款。

第二十三条

违反本办法第十六条规定的义务的，由省、自治区、直辖市电信管理机构责令改正；情节严重的，对经营性互联网信息服务提供者，并由发证机关吊销经营许可证，对非经营性互联网信息服务提供者，并由备案机关责令关闭网站。

第二十四条

互联网信息服务提供者在其业务活动中，违反其他法律、法规的，由新闻、出版、教育、卫生、药品监督管理和工商行政管理等有关主管部门依照有关法律、法规的规定处罚。

第二十五条

电信管理机构和其他有关主管部门及其工作人员，玩忽职守、滥用职权、徇私舞弊，疏于对互联网信息服务的监督管理，造成严重后果，构成犯罪的，依法追究刑事责任；尚不构成犯罪的，对直接负责的主管人员和其他直接责任人员依法给予降级、撤职直至开除的行政处分。

第二十六条

在本办法公布前从事互联网信息服务的，应当自本办法公布之日起 60 日内依照本办法的有关规定补办有关手续。

第二十七条

本办法自公布之日起施行。

　　　　　　　　　　　（资料来源：《互联网信息服务管理办法》，中国政府网 www.gov.cn）

2.　互联网电子公告服务管理规定

中华人民共和国信息产业部令(第 3 号)《互联网电子公告服务管理规定》已经 2000 年 10 月 8 日第四次部务会议通过，现予发布，自发布之日起施行。

第一条

为了加强对互联网电子公告服务(以下简称电子公告服务)的管理，规范电子公告信息发布行为，维护国家安全和社会稳定，保障公民、法人和其他组织的合法权益，根据《互联网信息服务管理办法》的规定，制定本规定。

第二条

在中华人民共和国境内开展电子公告服务和利用电子公告发布信息，适用本规定。

本规定所称电子公告服务，是指在互联网上以电子布告牌、电子白板、电子论坛、网络聊天室、留言板等交互形式为上网用户提供信息发布条件的行为。

第三条

电子公告服务提供者开展服务活动，应当遵守法律、法规，加强行业自律，接受信息产业部及省、自治区、直辖市电信管理机构和其他有关主管部门依法实施的监督检查。

第四条

上网用户使用电子公告服务系统，应当遵守法律、法规，并对所发布的信息负责。

第五条

从事互联网信息服务，拟开展电子公告服务的，应当在向省、自治区、直辖市电信管理机构或者信息产业部申请经营性互联网信息服务许可或者办理非经营性互联网信息服务备案时，提出专项申请或者专项备案。

省、自治区、直辖市电信管理机构或者信息产业部经审查符合条件的，应当在规定时间内连同互联网信息服务一并予以批准或者备案，并在经营许可证或备案文件中专项注明；不符合条件的，不予批准或者不予备案，书面通知申请人并说明理由。

第六条

开展电子公告服务，除应当符合《互联网信息服务管理办法》规定的条件外，还应当具备下列条件：

(一) 有确定的电子公告服务类别和栏目；

(二) 有完善的电子公告服务规则；

(三) 有电子公告服务安全保障措施，包括上网用户登记程序、上网用户信息安全管理制度、技术保障设施；

(四) 有相应的专业管理人员和技术人员，能够对电子公告服务实施有效管理。

第七条

已取得经营许可或者已履行备案手续的互联网信息服务提供者，拟开展电子公告服务的，应当向原许可或者备案机关提出专项申请或者专项备案。

省、自治区、直辖市电信管理机构或者信息产业部，应当自收到专项申请或者专项备案材料之日起 60 日内进行审查完毕。经审查符合条件的，予以批准或者备案，并在经营许可证或备案文件中专项注明；不符合条件的，不予批准或者不予备案，书面通知申请人并说明理由。

第八条

未经专项批准或者专项备案手续，任何单位或者个人不得擅自开展电子公告服务。

第九条

任何人不得在电子公告服务系统中发布含有下列内容之一的信息：

(一) 反对宪法所确定的基本原则的；

(二) 危害国家安全，泄露国家秘密，颠覆国家政权，破坏国家统一的；

(三) 损害国家荣誉和利益的；

(四) 煽动民族仇恨、民族歧视，破坏民族团结的；

(五) 破坏国家宗教政策，宣扬邪教和封建迷信的；

(六) 散布谣言，扰乱社会秩序，破坏社会稳定的；

(七) 散布淫秽、色情、赌博、暴力、凶杀、恐怖或者教唆犯罪的；

(八) 侮辱或者诽谤他人，侵害他人合法权益的；

(九) 含有法律、行政法规禁止的其他内容的。

第十条

电子公告服务提供者应当在电子公告服务系统的显著位置刊载经营许可证编号或者备案编号、电子公告服务规则，并提示上网用户发布信息需要承担的法律责任。

第十一条

电子公告服务提供者应当按照经批准或者备案的类别和栏目提供服务，不得超出类别或者另设栏目提供服务。

第十二条

电子公告服务提供者应当对上网用户的个人信息保密，未经上网用户同意不得向他人泄露，但法律另有规定的除外。

第十三条

电子公告服务提供者发现其电子公告服务系统中出现明显属于本办法第九条所列的信息内容之一的，应当立即删除，保存有关记录，并向国家有关机关报告。

第十四条

电子公告服务提供者应当记录在电子公告服务系统中发布的信息内容及其发布时间、互联网地址或者域名。记录备份应当保存 60 日，并在国家有关机关依法查询时，予以提供。

第十五条

互联网接入服务提供者应当记录上网用户的上网时间、用户账号、互联网地址或者域名、主叫电话号码等信息，记录备份应当保存 60 日，并在国家有关机关依法查询时，予以提供。

第十六条

违反本规定第八条、第十一条的规定，擅自开展电子公告服务或者超出经批准或者备案的类别、栏目提供电子公告服务的，依据《互联网信息服务管理办法》第十九条的规定处罚。

第十七条

在电子公告服务系统中发布本规定第九条规定的信息内容之一的，依据《互联网信息服务管理办法》第二十条的规定处罚。

第十八条

违反本规定第十条的规定，未刊载经营许可证编号或者备案编号、未刊载电子公告服务规则或者未向上网用户作发布信息需要承担法律责任提示的，依据《互联网信息服务管理办法》第二十二条的规定处罚。

第十九条

违反本规定第十二条的规定，未经上网用户同意，向他人非法泄露上网用户个人信息的，由省、自治区、直辖市电信管理机构责令改正；给上网用户造成损害或者损失的，依法承担法律责任。

第二十条

未履行本规定第十三条、第十四条、第十五条规定的义务的，依据《互联网信息服务管理办法》第二十一条、第二十三条的规定处罚。

第二十一条

在本规定施行以前已开展电子公告服务的，应当自本规定施行之日起 60 日内，按照本规定办理专项申请或者专项备案手续。

第二十二条

本规定自发布之日起施行。

（资料来源：中华人民共和国国家互联网信息办公室 www.cac.gov.cn）

3. 互联网新闻信息服务管理规定

互联网新闻信息服务管理规定，为了规范互联网新闻信息服务，满足公众对互联网新闻信息的需求，维护国家安全和公共利益，保护互联网新闻信息服务单位的合法权益，促进互联网新闻信息服务健康、有序发展，制定本规定，2005 年 9 月 25 日起施行。

由于个别组织和个人在通过新媒体方式提供新闻信息服务时，存在肆意篡改、嫁接、虚构新闻信息等情况。针对这些新问题，对规定予以修订。2017 年 5 月 2 日，国家互联网信息办公室发布新的《互联网新闻信息服务管理规定》，并于 2017 年 6 月 1 日开始施行。

第一章

总则

第一条

为加强互联网信息内容管理，促进互联网新闻信息服务健康有序发展，根据《中华人民共和国网络安全法》《互联网信息服务管理办法》《国务院关于授权国家互联网信息办公室负责互联网信息内容管理工作的通知》，制定本规定。

第二条

在中华人民共和国境内提供互联网新闻信息服务，适用本规定。

本规定所称新闻信息，包括有关政治、经济、军事、外交等社会公共事务的报道、评论，以及有关社会突发事件的报道、评论。

第三条

提供互联网新闻信息服务，应当遵守宪法、法律和行政法规，坚持为人民服务、为社会主义服务的方向，坚持正确舆论导向，发挥舆论监督作用，促进形成积极健康、向上向善的网络文化，维护国家利益和公共利益。

第四条

国家互联网信息办公室负责全国互联网新闻信息服务的监督管理执法工作。地方互联网信息办公室依据职责负责本行政区域内互联网新闻信息服务的监督管理执法工作。

第二章

许可

第五条

通过互联网站、应用程序、论坛、博客、微博客、公众账号、即时通信工具、网络直播等形式向社会公众提供互联网新闻信息服务，应当取得互联网新闻信息服务许可，禁止未经许可或超越许可范围开展互联网新闻信息服务活动。

前款所称互联网新闻信息服务，包括互联网新闻信息采编发布服务、转载服务、传播平台服务。

第六条

申请互联网新闻信息服务许可，应当具备下列条件：

(一) 在中华人民共和国境内依法设立的法人；

(二) 主要负责人、总编辑是中国公民；

(三) 有与服务相适应的专职新闻编辑人员、内容审核人员和技术保障人员；

(四) 有健全的互联网新闻信息服务管理制度；

(五) 有健全的信息安全管理制度和安全可控的技术保障措施；

(六) 有与服务相适应的场所、设施和资金。

申请互联网新闻信息采编发布服务许可的，应当是新闻单位(含其控股的单位)或新闻宣传部门主管的单位。

符合条件的互联网新闻信息服务提供者实行特殊管理股制度，具体实施办法由国家互联网信息办公室另行制定。

提供互联网新闻信息服务，还应当依法向电信主管部门办理互联网信息服务许可或备案手续。

第七条

任何组织不得设立中外合资经营、中外合作经营和外资经营的互联网新闻信息服务单位。

互联网新闻信息服务单位与境内外中外合资经营、中外合作经营和外资经营的企业进行涉及互联网新闻信息服务业务的合作，应当报经国家互联网信息办公室进行安全评估。

第八条

互联网新闻信息服务提供者的采编业务和经营业务应当分开，非公有资本不得介入互联网新闻信息采编业务。

第九条

申请互联网新闻信息服务许可，申请主体为中央新闻单位(含其控股的单位)或中央新闻宣传部门主管的单位的，由国家互联网信息办公室受理和决定；申请主体为地方新闻单位(含其控股的单位)或地方新闻宣传部门主管的单位的，由省、自治区、直辖市互联网信息办公室受理和决定；申请主体为其他单位的，经所在地省、自治区、直辖市互联网信息办公室受理和初审后，由国家互联网信息办公室决定。

国家或省、自治区、直辖市互联网信息办公室决定批准的，核发《互联网新闻信息服务许可证》。《互联网新闻信息服务许可证》有效期为三年。有效期届满，需继续从事互联网新闻信息服务活动的，应当于有效期届满三十日前申请续办。

省、自治区、直辖市互联网信息办公室应当定期向国家互联网信息办公室报告许可受理和决定情况。

第十条

申请互联网新闻信息服务许可，应当提交下列材料：

(一) 主要负责人、总编辑为中国公民的证明；

(二) 专职新闻编辑人员、内容审核人员和技术保障人员的资质情况；

(三) 互联网新闻信息服务管理制度；

(四) 信息安全管理制度和技术保障措施；

(五) 互联网新闻信息服务安全评估报告；

(六) 法人资格、场所、资金和股权结构等证明；

(七) 法律法规规定的其他材料。

第三章

运行

第十一条

互联网新闻信息服务提供者应当设立总编辑，总编辑对互联网新闻信息内容负总责。

总编辑人选应当具有相关从业经验，符合相关条件，并报国家或省、自治区、直辖市互联网信息办公室备案。

互联网新闻信息服务相关从业人员应当依法取得相应资质，接受专业培训、考核。互联网新闻信息服务相关从业人员从事新闻采编活动，应当具备新闻采编人员职业资格，持有国家新闻出版广电总局统一颁发的新闻记者证。

第十二条

互联网新闻信息服务提供者应当健全信息发布审核、公共信息巡查、应急处置等信息安全管理制度，具有安全可控的技术保障措施。

第十三条

互联网新闻信息服务提供者为用户提供互联网新闻信息传播平台服务，应当按照《中华人民共和国网络安全法》的规定，要求用户提供真实身份信息。用户不提供真实身份信息的，互联网新闻信息服务提供者不得为其提供相关服务。

互联网新闻信息服务提供者对用户身份信息和日志信息负有保密的义务，不得泄露、篡改、毁损，不得出售或非法向他人提供。

互联网新闻信息服务提供者及其从业人员不得通过采编、发布、转载、删除新闻信息，干预新闻信息呈现或搜索结果等手段谋取不正当利益。

第十四条

互联网新闻信息服务提供者提供互联网新闻信息传播平台服务，应当与在其平台上注册的用户签订协议，明确双方权利义务。

对用户开设公众账号的，互联网新闻信息服务提供者应当审核其账号信息、服务资质、服务范围等信息，并向所在地省、自治区、直辖市互联网信息办公室分类备案。

第十五条

互联网新闻信息服务提供者转载新闻信息，应当转载中央新闻单位或省、自治区、直辖市直属新闻单位等国家规定范围内的单位发布的新闻信息，注明新闻信息来源、原作者、原标题、编辑真实姓名等，不得歪曲、篡改标题原意和新闻信息内容，并保证新闻信息来源可追溯。

互联网新闻信息服务提供者转载新闻信息，应当遵守著作权相关法律法规的规定，保护著作权人的合法权益。

第十六条

互联网新闻信息服务提供者和用户不得制作、复制、发布、传播法律、行政法规禁止的信息内容。

互联网新闻信息服务提供者提供服务过程中发现含有违反本规定第三条或前款规定内容的，应当依法立即停止传输该信息、采取消除等处置措施，保存有关记录，并向有关主管部门报告。

第十七条

互联网新闻信息服务提供者变更主要负责人、总编辑、主管单位、股权结构等影响许可条件的重大事项，应当向原许可机关办理变更手续。

互联网新闻信息服务提供者应用新技术、调整增设具有新闻舆论属性或社会动员能力的应用功能，应当报国家或省、自治区、直辖市互联网信息办公室进行互联网新闻信息服务安全评估。

第十八条

互联网新闻信息服务提供者应当在明显位置明示互联网新闻信息服务许可证编号。

互联网新闻信息服务提供者应当自觉接受社会监督，建立社会投诉举报渠道，设置便捷的投诉举报入口，及时处理公众投诉举报。

第四章

监督检查

第十九条

国家和地方互联网信息办公室应当建立日常检查和定期检查相结合的监督管理制度，依法对互联网新闻信息服务活动实施监督检查，有关单位、个人应当予以配合。

国家和地方互联网信息办公室应当健全执法人员资格管理制度。执法人员开展执法活动，应当依法出示执法证件。

第二十条

任何组织和个人发现互联网新闻信息服务提供者有违反本规定行为的，可以向国家和地方互联网信息办公室举报。

国家和地方互联网信息办公室应当向社会公开举报受理方式，收到举报后，应当依法予以处置。互联网新闻信息服务提供者应当予以配合。

第二十一条

国家和地方互联网信息办公室应当建立互联网新闻信息服务网络信用档案，建立失信黑名单制度和约谈制度。

国家互联网信息办公室会同国务院电信、公安、新闻出版广电等部门建立信息共享机制，加强工作沟通和协作配合，依法开展联合执法等专项监督检查活动。

第五章

法律责任

第二十二条

违反本规定第五条规定，未经许可或超越许可范围开展互联网新闻信息服务活动的，由国家和省、自治区、直辖市互联网信息办公室依据职责责令停止相关服务活动，处一万元以上三万元以下罚款。

第二十三条

互联网新闻信息服务提供者运行过程中不再符合许可条件的，由原许可机关责令限期改正；逾期仍不符合许可条件的，暂停新闻信息更新；《互联网新闻信息服务许可证》有效期届满仍不符合许可条件的，不予换发许可证。

第二十四条

互联网新闻信息服务提供者违反本规定第七条第二款、第八条、第十一条、第十二条、第十三条第三款、第十四条、第十五条第一款、第十七条、第十八条规定的，由国家和地方互联网信息办公室依据职责给予警告，责令限期改正；情节严重或拒不改正的，暂停新闻信息更新，处五千元以上三万元以下罚款；构成犯罪的，依法追究刑事责任。

第二十五条

互联网新闻信息服务提供者违反本规定第三条、第十六条第一款、第十九条第一款、第二十条第二款规定的，由国家和地方互联网信息办公室依据职责给予警告，责令限期改正；情节严重或拒不改正的，暂停新闻信息更新，处二万元以上三万元以下罚款；构成犯罪的，依法追究刑事责任。

第二十六条

互联网新闻信息服务提供者违反本规定第十三条第一款、第十六条第二款规定的，由国家和地方互联网信息办公室根据《中华人民共和国网络安全法》的规定予以处理。

第六章

附则

第二十七条

本规定所称新闻单位，是指依法设立的报刊社、广播电台、电视台、通讯社和新闻电影制片厂。

第二十八条

违反本规定，同时违反互联网信息服务管理规定的，由国家和地方互联网信息办公室根据本规定处理后，转由电信主管部门依法处置。

国家对互联网视听节目服务、网络出版服务等另有规定的，应当同时符合其规定。

第二十九条

本规定自 2017 年 6 月 1 日起施行。本规定施行之前颁布的有关规定与本规定不一致的，按照本规定执行。

（资料来源：中华人民共和国国家互联网信息办公室 www.cac.gov.cn）

4. 著作权法实施条例

著作权法实施条例是中华人民共和国国务院令第 359 号，现公布《中华人民共和国著作权法实施条例》，自 2002 年 9 月 15 日起施行。

第一条

根据《中华人民共和国著作权法》（以下简称著作权法），制定本条例。

第二条

著作权法所称作品，是指文学、艺术和科学领域内具有独创性并能以某种有形形式复制的智力成果。

第三条

著作权法所称创作，是指直接产生文学、艺术和科学作品的智力活动。

为他人创作进行组织工作，提供咨询意见、物质条件，或者进行其他辅助工作，均不视为创作。

第四条

著作权法和本条例中下列作品的含义：

（一）文字作品，是指小说、诗词、散文、论文等以文字形式表现的作品；

（二）口述作品，是指即兴的演说、授课、法庭辩论等以口头语言形式表现的作品；

（三）音乐作品，是指歌曲、交响乐等能够演唱或者演奏的带词或者不带词的作品；

（四）戏剧作品，是指话剧、歌剧、地方戏等供舞台演出的作品；

（五）曲艺作品，是指相声、快书、大鼓、评书等以说唱为主要形式表演的作品；

（六）舞蹈作品，是指通过连续的动作、姿势、表情等表现思想情感的作品；

（七）杂技艺术作品，是指杂技、魔术、马戏等通过形体动作和技巧表现的作品；

（八）美术作品，是指绘画、书法、雕塑等以线条、色彩或者其他方式构成的有审美意义的平面或者立体的造型艺术作品；

（九）建筑作品，是指以建筑物或者构筑物形式表现的有审美意义的作品；

（十）摄影作品，是指借助器械在感光材料或者其他介质上记录客观物体形象的艺术作品；

（十一）电影作品和以类似摄制电影的方法创作的作品，是指摄制在一定介质上，由一系列有伴音或者无伴音的画面组成，并且借助适当装置放映或者以其他方式传播的作品；

（十二）图形作品，是指为施工、生产绘制的工程设计图、产品设计图，以及反映地理现象、说明事物原理或者结构的地图、示意图等作品；

（十三）模型作品，是指为展示、试验或者观测等用途，根据物体的形状和结构，按照一定比例制成的立体作品。

第五条

著作权法和本条例中下列用语的含义：

（一）时事新闻，是指通过报纸、期刊、广播电台、电视台等媒体报道的单纯事实消息；

（二）录音制品，是指任何对表演的声音和其他声音的录制品；

（三）录像制品，是指电影作品和以类似摄制电影的方法创作的作品以外的任何有伴音或者无伴音的连续相关形象、图像的录制品；

（四）录音制作者，是指录音制品的首次制作人；

（五）录像制作者，是指录像制品的首次制作人；

（六）表演者，是指演员、演出单位或者其他表演文学、艺术作品的人。

第六条

著作权自作品创作完成之日起产生。

第七条

著作权法第二条第三款规定的首先在中国境内出版的外国人、无国籍人的作品，其著作权自首次出版之日起受保护。

第八条

外国人、无国籍人的作品在中国境外首先出版后，30日内在中国境内出版的，视为该作品同时在中国境内出版。

第九条

合作作品不可以分割使用的，其著作权由各合作作者共同享有，通过协商一致行使；不能协商一致，又无正当理由的，任何一方不得阻止他方行使除转让以外的其他权利，但是所得收益应当合理分配给所有合作作者。

第十条

著作权人许可他人将其作品摄制成电影作品和以类似摄制电影的方法创作的作品的，视为已同意对其作品进行必要的改动，但是这种改动不得歪曲篡改原作品。

第十一条

著作权法第十六条第一款关于职务作品的规定中的"工作任务"，是指公民在该法人或者该组织中应当履行的职责。

著作权法第十六条第二款关于职务作品的规定中的"物质技术条件"，是指该法人或者该组织为公民完成创作专门提供的资金、设备或者资料。

第十二条

职务作品完成两年内，经单位同意，作者许可第三人以与单位使用的相同方式使用作品所获报酬，由作者与单位按约定的比例分配。

作品完成两年的期限，自作者向单位交付作品之日起计算。

第十三条

作者身份不明的作品，由作品原件的所有人行使除署名权以外的著作权。作者身份确定后，由作者或者其继承人行使著作权。

第十四条

合作作者之一死亡后，其对合作作品享有的著作权法第十条第一款第(五)项至第(十七)项规定的权利无人继承又无人受遗赠的，由其他合作作者享有。

第十五条

作者死亡后，其著作权中的署名权、修改权和保护作品完整权由作者的继承人或者受遗赠人保护。

著作权无人继承又无人受遗赠的，其署名权、修改权和保护作品完整权由著作权行政管理部门保护。

第十六条

国家享有著作权的作品的使用，由国务院著作权行政管理部门管理。

第十七条

作者生前未发表的作品，如果作者未明确表示不发表，作者死亡后 50 年内，其发表权可由继承人或者受遗赠人行使；没有继承人又无人受遗赠的，由作品原件的所有人行使。

第十八条

作者身份不明的作品，其著作权法第十条第一款第五项至第十七项规定的权利的保护期截止于作品首次发表后第 50 年的 12 月 31 日。作者身份确定后，适用著作权法第二十一条的规定。

第十九条

使用他人作品的，应当指明作者姓名、作品名称；但是，当事人另有约定或者由于作品使用方式的特性无法指明的除外。

第二十条

著作权法所称已经发表的作品，是指著作权人自行或者许可他人公之于众的作品。

第二十一条

依照著作权法有关规定，使用可以不经著作权人许可的已经发表的作品的，不得影响该作品的正常使用，也不得不合理地损害著作权人的合法利益。

第二十二条

依照著作权法第二十三条、第三十二条第二款、第三十九条第三款的规定使用作品的付酬标准，由国务院著作权行政管理部门会同国务院价格主管部门制定、公布。

第二十三条

使用他人作品应当同著作权人订立许可使用合同，许可使用的权利是专有使用权的，应当采取书面形式，但是报社、期刊社刊登作品除外。

第二十四条

著作权法第二十四条规定的专有使用权的内容由合同约定，合同没有约定或者约定不明的，视为被许可人有权排除包括著作权人在内的任何人以同样的方式使用作品；除合同另有约定外，被许可人许可第三人行使同一权利，必须取得著作权人的许可。

第二十五条

与著作权人订立专有许可使用合同、转让合同的，可以向著作权行政管理部门备案。

第二十六条

著作权法和本条例所称与著作权有关的权益，是指出版者对其出版的图书和期刊的版式设计享有的权利，表演者对其表演享有的权利，录音录像制作者对其制作的录音录像制品享有的权利，广播电台、电视台对其播放的广播、电视节目享有的权利。

第二十七条

出版者、表演者、录音录像制作者、广播电台、电视台行使权利，不得损害被使用作品和原作品著作权人的权利。

第二十八条

图书出版合同中约定图书出版者享有专有出版权但没有明确其具体内容的，视为图书出版者享有在合同有效期限内和在合同约定的地域范围内以同种文字的原版、修订版出版图书的专有权利。

第二十九条

著作权人寄给图书出版者的两份订单在 6 个月内未能得到履行，视为著作权法第三十一条所称图书脱销。

第三十条

著作权人依照著作权法第三十二条第二款声明不得转载、摘编其作品的，应当在报纸、期刊刊登该作品时附带声明。

第三十一条

著作权人依照著作权法第三十九条第三款声明不得对其作品制作录音制品的，应当在该作品合法录制为录音制品时声明。

第三十二条

依照著作权法第二十三条、第三十二条第二款、第三十九条第三款的规定，使用他人作品的，应当自使用该作品之日起 2 个月内向著作权人支付报酬。

第三十三条

外国人、无国籍人在中国境内的表演，受著作权法保护。

外国人、无国籍人根据中国参加的国际条约对其表演享有的权利，受著作权法保护。

第三十四条

外国人、无国籍人在中国境内制作、发行的录音制品，受著作权法保护。

外国人、无国籍人根据中国参加的国际条约对其制作、发行的录音制品享有的权利，受著作权法保护。

第三十五条

外国的广播电台、电视台根据中国参加的国际条约对其播放的广播、电视节目享有的权利，受著作权法保护。

第三十六条

有著作权法第四十七条所列侵权行为，同时损害社会公共利益的，著作权行政管理部门可以处非法经营额 3 倍以下的罚款；非法经营额难以计算的，可以处 10 万元以下的罚款。

第三十七条

有著作权法第四十七条所列侵权行为，同时损害社会公共利益的，由地方人民政府著作权行政管理部门负责查处。

国务院著作权行政管理部门可以查处在全国有重大影响的侵权行为。

第三十八条

本条例自 2002 年 9 月 15 日起施行。1991 年 5 月 24 日国务院批准、1991 年 5 月 30 日国家版权局发布的《中华人民共和国著作权法实施条例》同时废止。

资料来源：中华人民共和国国务院新闻办公室 www.scio.gov.cn

5. 互联网站从事登载新闻业务管理暂行规定

第一条

为了促进我国互联网新闻传播事业的发展，规范互联网站登载新闻的业务，维护互联网新闻的真实性、准确性、合法性，制定本规定。

第二条

本规定适用于在中华人民共和国境内从事登载新闻业务的互联网站。

本规定所称登载新闻，是指通过互联网发布和转载新闻。

第三条

互联网站从事登载新闻业务，必须遵守宪法和法律、法规。

国家保护互联网站从事登载新闻业务的合法权益。

第四条

国务院新闻办公室负责全国互联网站从事登载新闻业务的管理工作。

省、自治区、直辖市人民政府新闻办公室依照本规定负责本行政区域内互联网站从事登载新闻业务的管理工作。

第五条

中央新闻单位、中央国家机关各部门新闻单位以及省、自治区、直辖市和省、自治区人民政府所在地的市直属新闻单位依法建立的互联网站(以下简称新闻网站)，经批准可以从事登载新闻业务。其他新闻单位不单独建立新闻网站，经批准可以在中央新闻单位或者省、自治区、直辖市直属新闻单位建立的新闻网站建立新闻网页从事登载新闻业务。

第六条

新闻单位建立新闻网站(页)从事登载新闻业务，应当依照下列规定报国务院新闻办公室或者省、自治区、直辖市人民政府新闻办公室审核批准：

(一) 中央新闻单位建立新闻网站从事登载新闻业务，报国务院新闻办公室审核批准。

(二) 中央国家机关各部门新闻单位建立新闻网站从事登载新闻业务，经主管部门审核同意，报国务院新闻办公室批准。

(三) 省、自治区、直辖市和省、自治区人民政府所在地的市直属新闻单位建立新闻网站从事登载新闻业务，经所在地省、自治区、直辖市人民政府新闻办公室审核同意，报国务院新闻办公室批准。

(四) 省、自治区、直辖市以下新闻单位在中央新闻单位或者省、自治区、直辖市直属新闻单位的新闻网站建立新闻网页从事登载新闻业务，报所在地省、自治区、直辖市人民政府新闻办公室审核批准，并报国务院新闻办公室备案。

第七条

非新闻单位依法建立的综合性互联网站(以下简称综合性非新闻单位网站)，具备本规定第九条所列条件的，经批准可以从事登载中央新闻单位、中央国家机关各部门新闻单位以及省、自治区、直辖市直属新闻单位发布的新闻的业务，但不得登载自行采写的新闻和其他来源的新闻。非新闻单位依法建立的其他互联网站，不得从事登载新闻业务。

第八条

综合性非新闻单位网站依照本规定第七条从事登载新闻业务，应当经主办单位所在地省、自治区、直辖市人民政府新闻办公室审核同意，报国务院新闻办公室批准。

第九条

综合性非新闻单位网站从事登载新闻业务，应当具备下列条件：

(一) 有符合法律、法规规定的从事登载新闻业务的宗旨及规章制度；

(二) 有必要的新闻编辑机构、资金、设备及场所；

(三) 有具有相关新闻工作经验和中级以上新闻专业技术职务资格的专职新闻编辑负责人，并有相应数量的具有中级以上新闻专业技术职务资格的专职新闻编辑人员；

(四) 有符合本规定第十一条规定的新闻信息来源。

第十条

互联网站申请从事登载新闻业务，应当填写并提交国务院新闻办公室统一制发的《互联网站从事登载新闻业务申请表》。

第十一条

综合性非新闻单位网站从事登载中央新闻单位、中央国家机关各部门新闻单位以及省、自治区、直辖市直属新闻单位发布的新闻的业务，应当同上述有关新闻单位签订协议，并将协议副本报主办单位所在地省、自治区、直辖市人民政府新闻办公室备案。

第十二条

综合性非新闻单位网站登载中央新闻单位、中央国家机关各部门新闻单位以及省、自治区、直辖市直属新闻单位发布的新闻，应当注明新闻来源和日期。

第十三条

互联网站登载的新闻不得含有下列内容：

(一) 违反宪法所确定的基本原则；

(二) 危害国家安全，泄露国家秘密，煽动颠覆国家政权，破坏国家统一；

(三) 损害国家的荣誉和利益；

(四) 煽动民族仇恨、民族歧视，破坏民族团结；

(五) 破坏国家宗教政策，宣扬邪教，宣扬封建迷信；

(六) 散布谣言，编造和传播假新闻，扰乱社会秩序，破坏社会稳定；

(七) 散布淫秽、色情、赌博、暴力、恐怖或者教唆犯罪；

(八) 侮辱或者诽谤他人，侵害他人合法权益；

(九) 法律、法规禁止的其他内容。

第十四条

互联网站链接境外新闻网站，登载境外新闻媒体和互联网站发布的新闻，必须另行报国务院新闻办公室批准。

第十五条

违反本规定，有下列情形之一的，由国务院新闻办公室或者省、自治区、直辖市人民政府新闻办公室给予警告，责令限期改正；已取得从事登载新闻业务资格的，情节严重的，撤销其从事登载新闻业务的资格：

（一）未取得从事登载新闻业务资格，擅自登载新闻的；

（二）综合性非新闻单位网站登载自行采写的新闻或者登载不符合本规定第七条规定来源的新闻的，或者未注明新闻来源的；

（三）综合性非新闻单位网站未与中央新闻单位、中央国家机关各部门新闻单位以及省、自治区、直辖市直属新闻单位签订协议擅自登载其发布的新闻，或者签订的协议未履行备案手续的；

（四）未经批准，擅自链接境外新闻网站，登载境外新闻媒体和互联网站发布的新闻的。

第十六条

互联网站登载的新闻含有本规定第十三条所列内容之一，构成犯罪的，依法追究刑事责任；尚不构成犯罪的，由公安机关或者国家安全机关依照有关法律、行政法规的规定给予行政处罚。

第十七条

互联网站登载新闻含有本规定第十三条所列内容之一或者有本规定第十五条所列情形之一的，国务院信息产业主管部门或者省、自治区、直辖市电信管理机构依照有关法律、行政法规的规定，可以责令关闭网站，并吊销其电信业务经营许可证。

第十八条

在本规定施行前已经从事登载新闻业务的互联网站，应当自本规定施行之日起60日内依照本规定办理相应的手续。

第十九条

本规定自发布之日起施行。

（二〇〇〇年十一月六日国务院新闻办公室 信息产业部发布）

（资料来源：中国互联网协会 www.isc.org.cn）

参 考 文 献

[1] 卢金燕. 网络营销实务技能教程[M]. 北京：清华大学出版社，2017.

[2] 钟金虎. 录音技术基础与数字音频处理指南[M]. 北京：清华大学出版社，2017.

[3] 程禹，蒋小汀，张敏. 数字媒体平面艺术设计[M]. 北京：中国青年出版社，2017.

[4] Russell Chun.Adobe Animate CC 2017 中文版经典教程[M]. 北京：人民邮电出版社，2017.

[5] 张书艳，张亚利. Premiere Pro CC 2015 影视编辑[M]. 北京：清华大学出版社，2016.

[6] 蔡元萍. 电子商务网站建设与管理[M]. 大连：东北财经大学出版社，2016.

[7] 郭伟业，毕兰兰，汤桂. 电子商务网站建设与规划[M]. 北京：北京师范大学出版社，2016.

[8] 廖敏慧，倪莉莉. 电子商务文案策划与写作[M]. 北京：人民邮电出版社，2016.

[9] 张书艳，张亚利. Premiere Pro CC 2015 影视编辑 从新手到高手[M]. 北京：清华大学出版社，2016.

[10] 陈维华，郭健辉，宿静茹. Photoshop cc 图像设计与制作[M]. 北京：清华大学出版社，2015.

[11] 商玮. 电子商务网页设计与制作[M]. 北京：中国人民大学出版社，2014.

[12] 寇紫遐. 网络社区营销传播的路径与模式研究[M]. 武汉：武汉大学出版社，2014.

[13] 陈晓燕，关井春. 电子商务网页制作[M]. 上海：上海财经大学出版社，2014.

[14] 岳超，成威. 数字媒体非线性编辑项目教程[M]. 北京：清华大学出版社，2013.

[15] 胡国钰. Flash 经典课堂：动画、游戏与多媒体制作案例教程[M]. 北京：清华大学出版社，2013.

[16] 数字艺术教育研究室 .中文版 Photoshop CS6 基础培训教程[M]. 北京：人民邮电出版社，2012.

[17] 王晓明. 网络信息编辑[M]. 成都：西南财经大学出版社，2011.

[18] 郭春燕. 网络媒体策划[M]. 北京：中央广播电视大学出版社，2011

[19] 范生万，张磊. 网络信息采集与编辑[M]. 北京：北京大学出版社，2010.

[20] 方玲玉. 网络营销实务项目教程[M]. 北京：电子工业出版社，2010.

[21] 张冰. GoldWave 音频视频信息处理技术应用指南[M]. 郑州：黄河水利出版社，2009.

[22] 谭云明. 网络信息编辑[M]. 北京：中央广播电视大学出版社，2007.

[23] 韩隽，吴晓辉.网络编辑[M]. 大连：东北财经大学出版社，2007.

[24] 邓炘炘. 网络新闻编辑[M]. 北京：中国广播电视出版社，2005.

[25] 劳动和社会保障部，中国就业培训技术指导中心.助理网络编辑师[M]. 北京：电子工业出版社，2005.

[26] 蒋小丽. 网络新闻传播学[M]. 北京：高等教育出版社，2004.

[27] 中国政府网. http://www.gov.cn/

[28]　中华人民共和国国家互联网信息办公室. http://www.cac.gov.cn/
[29]　中华人民共和国国务院新闻办公室. http://www.scio.gov.cn/
[30]　中国互联网协会. http://www.isc.org.cn/
[31]　中国电子商务研究中心. http://www.100ec.cn
[32]　百度文库. https://wenku.baidu.com/
[33]　淘宝网. HTTP://www.taobao.com
[34]　淘宝大学. HTTP://daxue.taobao.com
[35]　新浪网. HTTP://www.sina.com.cn
[36]　网易. HTTP://www.163.com
[37]　凤凰网. http://www.ifeng.com/
[38]　新华网. http://www.xinhuanet.com/